Packt>

Python
自动化运维实战

[美] 巴塞姆 · 阿利（Bassem Aly）著
王文峰 袁洪艳 译

人 民 邮 电 出 版 社
北 京

图书在版编目（CIP）数据

Python自动化运维实战 / （美）巴塞姆·阿利
(Bassem Aly) 著 ; 王文峰, 袁洪艳译. -- 北京 : 人民
邮电出版社, 2020.4（2020.9重印）
ISBN 978-7-115-53018-9

Ⅰ. ①P… Ⅱ. ①巴… ②王… ③袁… Ⅲ. ①软件工
具—程序设计 Ⅳ. ①TP311.561

中国版本图书馆CIP数据核字(2019)第299928号

版权声明

◆ 著　　[美] 巴塞姆·阿利（Bassem Aly）
译　　王文峰　袁洪艳
责任编辑　谢晓芳
责任印制　王　郁　焦志炜

◆ 人民邮电出版社出版发行　北京市丰台区成寿寺路 11 号
邮编 100164　电子邮件 315@ptpress.com.cn
网址 http://www.ptpress.com.cn
固安县铭成印刷有限公司印刷

◆ 开本：800×1000　1/16
印张：20.75
字数：408 千字　　2020 年 4 月第 1 版
印数：2 401－3 200 册　　2020 年 9 月河北第 2 次印刷

著作权合同登记号　图字：01-2018-8403 号

定价：79.00 元

读者服务热线：(010)81055410　印装质量热线：(010)81055316
反盗版热线：(010)81055315
广告经营许可证：京东市监广登字20170147号

内 容 提 要

本书介绍了如何通过 Python 来自动完成服务器的配置与管理，自动完成系统的管理任务（如用户管理、数据库管理和进程管理），以及完成这些工作所需的模块、库和工具。此外，本书还讲述了如何使用 Python 脚本自动执行测试，如何通过 Python 在云基础设施和虚拟机上自动执行任务，如何使用基于 Python 的安全工具自动完成与安全相关的任务。

本书适合运维人员和开发人员阅读，也可作为相关专业人士的参考书。

作 者 简 介

Bassem Aly 是 Juniper Networks 公司经验丰富的 SDN/NFV 解决方案顾问，过去 9 年来一直在电信行业工作。他擅长使用不同的自动化工具以及 DevOps 框架设计和实现下一代自动化解决方案。此外，他在使用 OpenStack 构建和部署电信应用程序方面拥有丰富的经验，同时他还负责网络自动化和网络编程方面的企业培训。

技术审稿人简介

Jere Julian 是一名高级网络自动化工程师，在网络自动化方面拥有近 20 年的工作经验，当前的研究方向是自动化运维。过去几年，他还在 DevOps Days 和 Interop ITX 会议上发言，同时定期为网络计算技术的发展贡献自己的力量。他与妻子和两个儿子一起住在北卡罗来纳州。在 Twitter 上通过@julianje 能联系到他。

前　言

本书从 Python 安装环境开始，一直介绍到如何使用 Python 实现自动化任务，同时会介绍所用到的模块（module）、库（library）和工具。

本书不仅会介绍如何使用简单的 Python 程序自动管理系统和网络，还将分析如何使用 Python 库、模块、工具自动管理系统。另外，通过一些系统管理任务（例如，用户管理、数据库管理，以及进程管理），介绍如何配置和管理服务器。随着内容的深入，你将能够使用 Python 脚本自动完成一些测试服务，在虚拟机和云基础设施上使用 Python 完成自动化任务。在最后几章中，你将接触到基于 Python 的安全工具并学会如何自动完成安全任务。

读完本书，你将学到如何使用 Python 自动完成多种系统管理任务。

在 WordPress 网站上搜索 basimaly，即可查看作者的博客。

本书读者对象

本书适合那些希望替换主流自动化框架（如 Puppet 和 Chef）的系统管理员、开发人员、运维人员阅读。阅读本书需要具备 Python 以及 Linux shell 脚本编程基础的知识。

本书内容

第 1 章探讨如何下载、安装 Python 解释器和 Python 集成开发环境（Integrated Development Environment，IDE）——JetBrains PyCharm。IDE 为我们提供智能的自动补全、智能的代码分析、强大的重构功能，并集成了 Git、virtualenv、Vagrant 和 Docker。这些功能和工具将帮助我们编写专业的、功能强大的 Python 代码。

第 2 章涵盖当前可用的与自动化相关的 Python 库。我们将根据用途（系统、网络和云）对它们进行分类，并分别介绍。随着内容的继续深入，你会深入了解每一个库，详细了解它们的用法。

第 3 章讨论网络自动化的优点以及网络运营商如何自动管理当前的设备。该章展示当前用来实现 Cisco、Juniper 和 Arista 自动化的网络节点的主流库。该章介绍如何搭建网络实验室，用来运行 Python 脚本。我们会用到一款开源网络仿真工具 EVE-NG。

第 4 章介绍如何使用 netmiko、Paramiko 和 telnetlib 通过 Telnet 与 SSH 建立连接、管理网络设备。该章讲述如何编写 Python 代码来访问交换机和路由器，并在终端上执行命令，然后返回输出。该章还讨论如何利用不同的 Python 技术进行备份和推送配置。该章结尾给出现代网络环境中的一些用例。

第 5 章首先介绍如何在 Python 中使用不同的工具和方法，从返回的输出结果中提取有用的数据并对数据进行操作，然后讨论如何使用 CiscoConfParse 库来审核配置，最后讲述如何使用 Matplotlib 可视化数据，生成图形和报告。

第 6 章介绍对拥有数百个网络节点的网络生成通用配置的方法，即创建模板，并使用模板语言 Jinja2 来生成一个配置模板。

第 7 章讲述如何实例化和并行执行 Python 代码。只要这些脚本之间没有相互依赖，并行运行能够更快地完成自动化工作流。

第 8 章介绍虚拟实验室环境的安装过程和准备工作。该章不仅介绍如何在 CentOS 或 Ubuntu 系统上使用不同的虚拟机软件安装自动化服务器，还讨论如何使用 Cobbler 自动安装操作系统。

第 9 章介绍如何将命令从 Python 脚本直接发送到操作系统 shell 并分析返回的输出内容。

第 10 章介绍如何使用 Fabric 执行系统管理任务。Fabric 是一个通过 SSH 执行系统管理任务的 Python 库。Fabric 还可以用来部署大型应用程序。该章还介绍如何用 Fabric 在远程服务器上执行任务。

第 11 章介绍如何生成系统报告、管理用户和监控系统。从系统中收集数据并定期生成报告是每一个系统管理员的基本任务。自动执行这项任务能够帮助我们尽早发现问题，及时准备解决方案。该章将用到一些经过实践检验的方法，从服务器上自动收集数据并生成正式的报告。该章还介绍如何使用 Python 与 Ansible 管理新用户和现有用户。此外，该章还深入讨论如何监控系统 KPI 和分析日志。同时，还可以定期运行监控脚本并将结果发送到指定的邮箱中。

第 12 章介绍如何与数据库进行交互。如果你是数据库管理员或数据库开发人员，那么 Python 提供了大量的库和模块，它们支持主流的数据库管理系统（Database Management System，DBMS），如 MySQL、Postgress 和 Oracle。该章介绍如何使用 Python 连接器与数据库管理系统进行交互。

第 13 章介绍一款强大的配置管理软件 Ansible。Ansible 在系统管理方面功能非常强大，能够同时准确地对数百甚至数千台服务器进行相同的配置。

第 14 章介绍如何在 VMware 虚拟机管理程序（hypervisor）上自动创建虚拟机。我们将在 ESXi 上使用 VMware 官方提供的库，使用几种不同的方法来创建和管理虚拟机。

第 15 章解释为什么使用 OpenStack 在私有云上创建私有 IaaS。我们将使用 Python 模块（如 requests）通过 REST 接口与 OpenStack 中的一些服务（如 nova、cinder 和 neutron）进行交互，并通过 OpenStack 创建资源。在该章的后半部分，我们将使用 Ansible playbook 再执行一次同样的操作。

第 16 章介绍如何使用亚马逊官方的 Boto3 自动处理常见的 AWS 服务，如 EC2 和 S3。Boto3 为我们访问亚马逊相关的服务提供了一个非常好用的 API。

第 17 章介绍一个功能强大的 Python 工具——Scapy，它能够根据需要组建数据包（packet）[①]，并通过网络将报文发送出去。使用 Scapy 可以创造出任意类型的数据包，并可将它发送到网络上。Scapy 还可以抓取报文并将在网络上重播。

第 18 章展示使用 Python 编写网络扫描程序的完整例子。使用这个例子，可以扫描整个子网，查找子网中开放的各种协议和端口，并对扫描到的每个主机生成一份报告。最后该章

① 除非特别强调，为行文方便，本书将不加区分地使用数据包、报文、网络数据报文这些名词。——译者注

展示如何使用 Git 在开源社区（GitHub）上共享代码。

如何充分利用本书

读者应该熟悉基本的 Python 编程范例，并且具备 Linux 系统和 Linux shell 脚本的基础知识。

下载示例代码

利用 packtpub 网站上的账户可以下载本书中所有示例的代码。如果你在其他地方购买了本书，访问 packtpub 网站，注册之后，示例代码将直接通过电子邮件发送给你。

按照下列步骤下载代码。

（1）在 packtpub 网站上登录或注册。

（2）选择 **SUPPORT** 选项卡。

（3）单击 **Code Downloads & Errata**。

（4）在 **Search** 框中输入本书的名字，然后根据屏幕提示进行操作。

从下列软件中选择一个，解压缩下载的文件。注意，使用以下最新版本的解压缩软件：

- Windows 版的 WinRAR/7-Zip；
- Mac 版的 Zipeg/iZip/UnRarX；
- Linux 版的 7-Zip/PeaZip。

本书示例代码也托管在 GitHub 上，在该网站上搜索 Hands-On Enterprise Automation with Python 即可查看源代码。任何更新都将同步到 GitHub 上。

版式约定

为方便阅读，本书中使用约定的版式来表示不同的内容。

整段代码通常以下列形式表示。

```
from netmiko import ConnectHandler
```

```
from devices import R1,SW1,SW2,SW3,SW4

nodes = [R1,SW1,SW2,SW3,SW4]

for device in nodes:
    net_connect = ConnectHandler(**device)
    output = net_connect.send_command("show run")
    print output
```

当我们希望读者注意代码段的某部分时，相应的行或文字将以粗体显示，如下所示。

```
hostname {{hostname}}
```

任何命令行的输入或输出都会使用下面的格式。

```
pip install jinja2
```

表示警告或重要说明。

表示提示和技巧。

保持联络

欢迎读者对我们提出宝贵意见和建议。

建议：发送电子邮件至 feedback@packtpub.com，并在邮件主题中注明书名。如果你对本书的任何方面有疑问，请发送电子邮件至 questions@packtpub.com。

错误反馈：我们将尽力确保本书内容的准确性，但仍然不能避免所有问题。如果你发现了本书的任何错误，请访问 packtpub 网站，选择图书名称，单击 Errata Submission Form 链接，然后输入详细信息。

盗版问题：如果在互联网上发现任何关于 Packt 图书的非法版本，欢迎提供地址或网站名称，我们将不胜感激。请通过 copyright@packtpub.com 与我们联系，告诉我们相关材料的链接。

投稿：如果你关于某个主题想写书，请访问 packtpub 网站。

评论

欢迎评论。阅读本书后，读者可以在网站上发表评论。其他读者可以查看并根据你的意见决定是否购买本书，同时 Packt 还可以了解你对相关图书的看法，作者也可以看到你的反馈。

有关 Packt 的更多信息，请访问 packtpub 网站。

致谢

感谢我的妻子 Sarah 和女儿 Mariam。为了撰写本书我很少陪伴她们，谢谢她们对我的包容。我希望有一天 Mariam 会读到这本书，并能够理解为什么我花了这么多时间伏案工作而没能陪她一起玩耍。感谢我父母的鼓励，正是这些鼓励成就了今天的我。最后，感谢我的导师 Ashraf Albasti，他通过各种方式在我的职业生涯中帮助我。

资源与支持

本书由异步社区出品，社区（https://www.epubit.com/）为您提供相关资源和后续服务。

配套资源

本书配套资源包括相关示例的源代码。

要获得源代码，请在异步社区本书页面中单击 配套资源 ，跳转到下载界面，按提示进行操作即可。注意，为保证购书读者的权益，该操作会给出相关提示，要求输入提取码进行验证。

如果您是教师，希望获得教学配套资源，请在社区本书页面中直接联系本书的责任编辑。

提交勘误

作者和编辑尽最大努力来确保书中内容的准确性，但难免会存在疏漏。欢迎您将发现的问题反馈给我们，帮助我们提升图书的质量。

当您发现错误时，请登录异步社区，按书名搜索，进入本书页面，单击“提交勘误”，输入勘误信息，单击“提交”按钮即可（见下图）。本书的作者和编辑会对您提交的勘误进行审核，确认并接受后，您将获赠异步社区的 100 积分。积分可用于在异步社区兑换优惠券、样书或奖品。

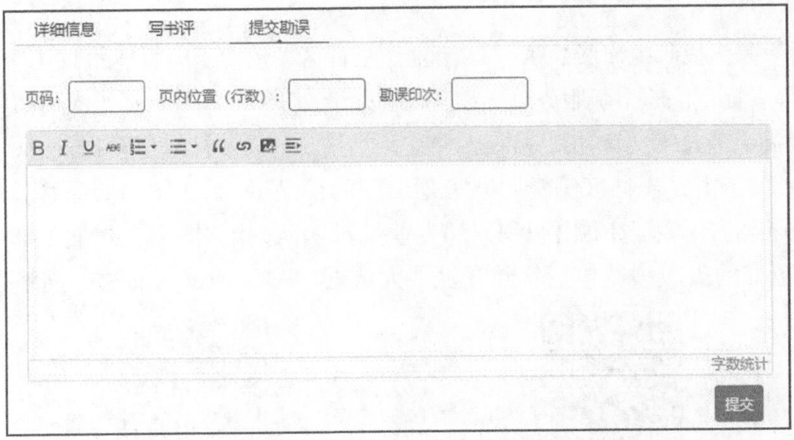

扫码关注本书

扫描下方二维码，您将会在异步社区微信服务号中看到本书信息及相关的服务提示。

与我们联系

我们的联系邮箱是 contact@epubit.com.cn。

如果您对本书有任何疑问或建议，请您发邮件给我们，并请在邮件标题中注明本书书名，以便我们更高效地做出反馈。

如果您有兴趣出版图书、录制教学视频，或者参与图书翻译、技术审校等工作，可以发邮件给我们；有意出版图书的作者也可以到异步社区在线提交投稿（直接访问 www.epubit.com/selfpublish/submission 即可）。

如果您所在学校、培训机构或企业想批量购买本书或异步社区出版的其他图书，也可以发邮件给我们。

如果您在网上发现有针对异步社区出品图书的各种形式的盗版行为，包括对图书全部或部分内容的非授权传播，请您将怀疑有侵权行为的链接通过邮件发送给我们。您的这一举动是对作者权益的保护，也是我们持续为您提供有价值的内容的动力之源。

关于异步社区和异步图书

"异步社区"是人民邮电出版社旗下 IT 专业图书社区，致力于出版精品 IT 技术图书和相关学习产品，为作译者提供优质出版服务。异步社区创办于 2015 年 8 月，提供大量精品 IT 技术图书和电子书，以及高品质技术文章和视频课程。更多详情请访问异步社区官网 https://www.epubit.com。

"异步图书"是由异步社区编辑团队策划出版的精品 IT 专业图书的品牌，依托于人民邮电出版社近 30 年的计算机图书出版积累和专业编辑团队，相关图书在封面上印有异步图书的 LOGO。异步图书的出版领域包括软件开发、大数据、AI、测试、前端、网络技术等。

异步社区

微信服务号

目　录

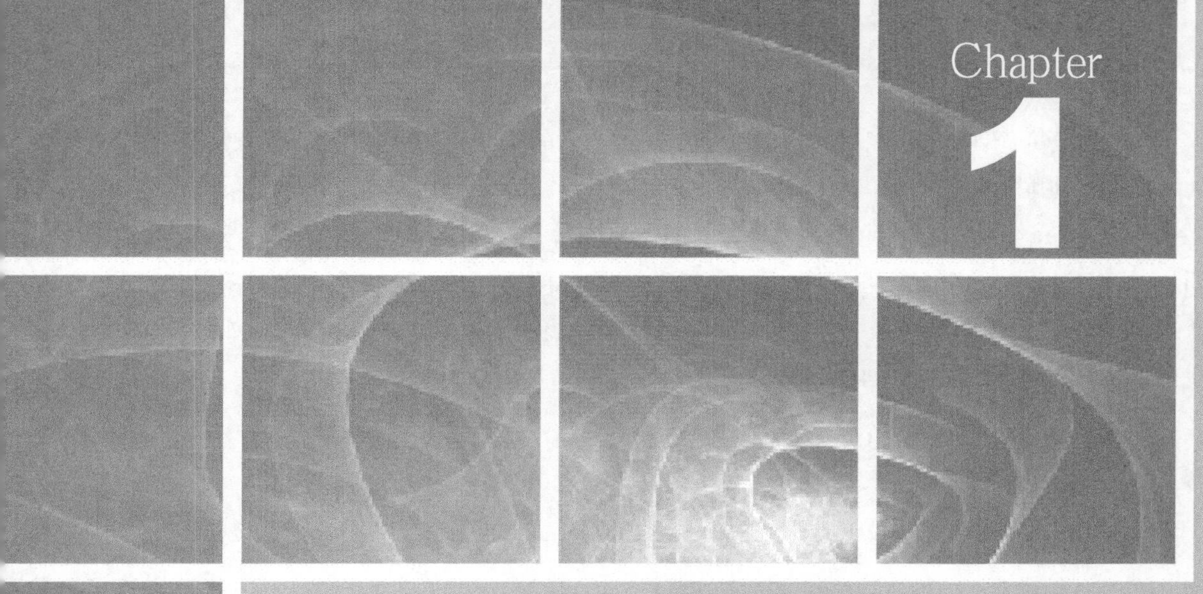

第 1 章 搭建 Python 环境

本章简要介绍 Python 编程语言以及当前各版本之间的差异。现在 Python 主要有两大活跃版本，选择哪个版本进行开发非常重要。在本章中我们会在操作系统中下载并安装 Python。

在本章结尾部分，我们将安装一个非常先进的**集成开发编辑器**（Integrated Development Editor，IDE）——PyCharm，这款 IDE 在全球的专业开发者中非常流行。PyCharm 为我们提供了智能补全代码，检查代码，实时突出显示错误和快速修复，自动重构代码，以及丰富的导航功能。在输入或者开发本书中的 Python 代码时，都会用到这些特性。

本章主要介绍以下内容：

- Python；
- PyCharm IDE 的安装；
- PyCharm 典型特性。

1.1 Python 简介

Python 是一种高级编程语言，其语法规则简单易学。无论对于初学者还是有经验的程序员，Python 都非常简单。

Guido van Rossum 在 1991 年基于 C、C++和一些 UNIX shell 工具开发了 Python。Python 是一种编程语言，至今已经广泛应用于各个领域，例如，软件开发、Web 开发、网络自动化、系统管理，以及科学领域。Python 能够极大限度地节约开发时间。

Python 的语法有点接近于英语，阅读起来比较轻松，代码本身的结构也很优美。Python 核心开发者定下了 20 条指导原则，也就是是 Python 之禅（Zen of Python），它对 Python 的设计产生了非常积极的影响。这 20 条原则主要介绍了如何编写整洁、条理清晰、可读的代码。下面列出了几条原则。

优美胜于丑陋。

明了胜于晦涩。

简单胜于复杂。

复杂胜于杂乱。

可以在 Python 网站上查看“The Zan of Python”的全文。

1.1.1 Python 版本

Python 有两大版本——Python 2.*x* 和 Python 3.*x*。这两个版本有着本质上的差别，其中 `print` 函数对多个字符串的处理方式最能说明这种差异。另外，所有的新特性都只应用在 3.*x* 版本上，在完全废弃 2.*x* 之前仅对其提供安全升级。但由于许多应用都是基于 2.*x* 的，因此从 2.*x* 迁移到 3.*x* 并没有那么容易，2.*x* 也不会很快废弃。

1. 为什么有两个活跃版本

这里引用 Python 官方网站上给出的原因。

Guido van Rossum（Python 的原创者）决定在尽可能减少对 2.*x* 系列中新版本的后向兼容性影响的前提下，正确地清理 Python 2.*x*。其中最主要的改进就是提高对 Unicode 的支持（所有的文本字符串默认使用 Unicode），彻底将正常的字节和 Unicode 分开。

另外，核心语言的某些部分（比如 `print` 和 `exec` 由语句变成函数，整数采用向下取整）进行了一些调整，以方便初学者学习，并使其与整个语言更加趋于一致。同时移除一些老旧的错误设计（例如，现在所有的类都使用新风格，`range()` 返回一个值，而不是 2.*x* 中的列表）。

关于这个话题可以参考 Python 网站上的相关内容。

2. 是否应该只学习 Python 3

是否应该只学习 Python 3 完全取决于你自己。学习 Python 3 将使你的代码面向未来，并且有机会用到 Python 开发人员提供的最新功能。但请注意，某些第三方模块和框架缺乏对 Python 3 的支持，并将继续保持这种状态，直到他们将自己的库完全移植到 Python 3 中。

另请注意，某些网络设备供应商（如 Cisco）对 Python 3.*x* 仅提供有限的支持，因为 Python 2.*x* 版本已经涵盖了大多数必需的功能。例如，下图展示了 Cisco 设备支持的 Python 版本，你会看到所有设备都支持 2.*x*，而不是 3.*x*。

	CAT 3650	CAT 3850	ISR 4K	Nexus 3K/9K	Nexus 5K/6K	Nexus 7K
Python 2.7	IOS-XE 16.5.1	IOS-XE 16.5.1	IOS-XE 16.5.1	N3K NX-OS 6.0 N9K NX-OS 7.0	N5K NX-OS 5.2 N6K NX-OS 6.0	NX-OS 6.1
Python 3.x	N/A	N/A	IOS-XE 16.5.1			

（图片来自 Cisco 网站）

3. Python 有两个版本是否意味着我无法写出可以同时在 Python 2 和 Python 3 上运行的代码

不，当然可以基于 Python 2.*x* 编写代码并同时兼容这两个版本。前提是要导入一些库（例如`__future__`模块）来帮助你完成后向兼容。该模块包含一些调整 Python 2.*x* 行为的函数，以使其与 Python 3.*x* 保持一致。通过下面的例子来简单了解一下两个版本之间的差异。

```
#Python 2 only
print "Welcome to Enterprise Automation"
```

下面的代码同时支持 Python 2 和 Python 3。

```
# Python 2 and 3
print("Welcome to Enterprise Automation")
```

下面是 Python 2 中输出多个字符串的语法。

```
# Python 2, multiple strings
print "welcome", "to", "Enterprise", "Automation"

# Python 3, multiple strings
print ("welcome", "to", "Enterprise", "Automation")
```

如果试图在 Python 2 中使用圆括号输出多个字符串，Python 会错误地将其解释为元组。正是这个原因，才需要在代码的开头导入`__future__`模块，防止出现这种行为，并告诉 Python 我们需要输出多个字符串。

代码运行结果如下图所示。

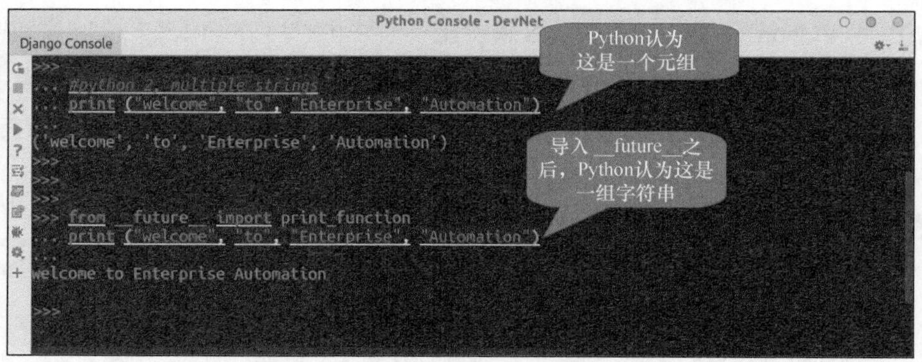

1.1.2 安装 Python

不管你选择的是目前广泛使用的 Python 2.*x* 还是面向未来的 Python 3.*x*，都需要从官方网站下载 Python 安装包并将其安装在操作系统中。Python 支持不同的平台（Windows、Mac、Linux、Raspberry PI 等）。

（1）打开 Python 官网并选择 2.*x* 或 3.*x* 系列的最新版本。

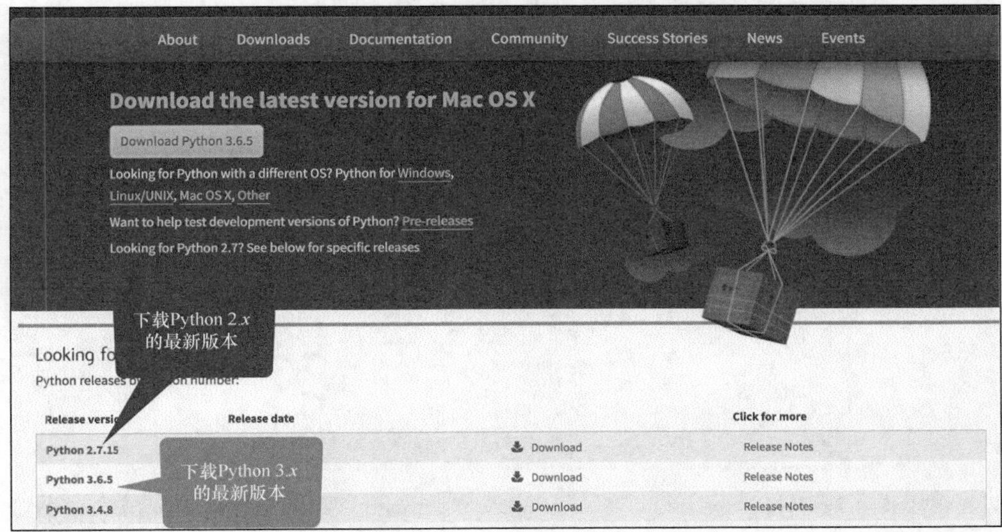

（2）根据自己的操作系统在 **Download** 页面上选择 x86 或 x64 版本。

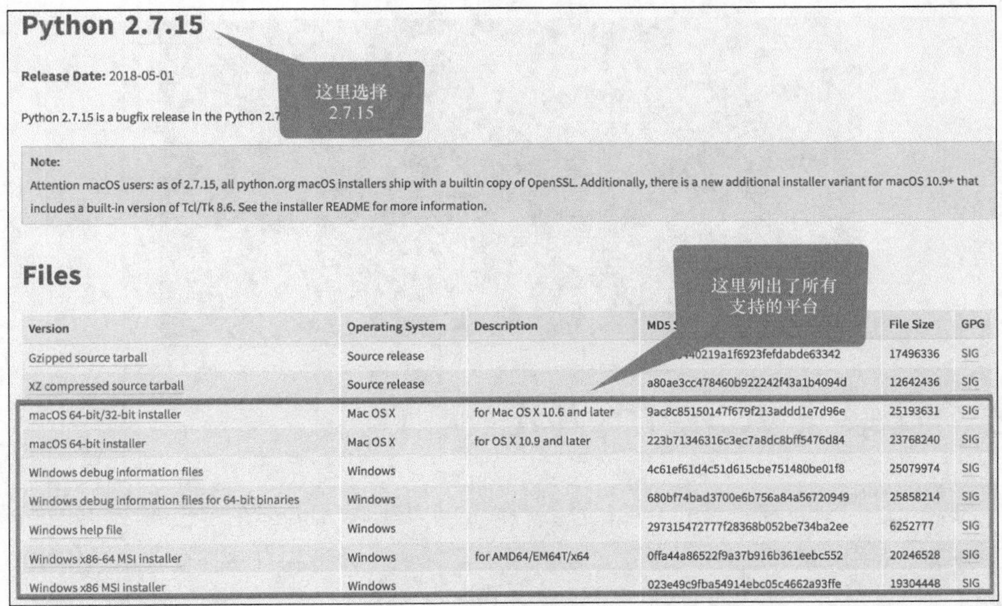

（3）像安装普通应用程序一样安装 Python。注意，在安装过程中一定要勾选 **Add python .exe to Path** 选项，这样就可以（在 Windows 系统中）在命令行中直接访问 Python 了。否则，会导致 Windows 无法识别 Python 命令并报错。

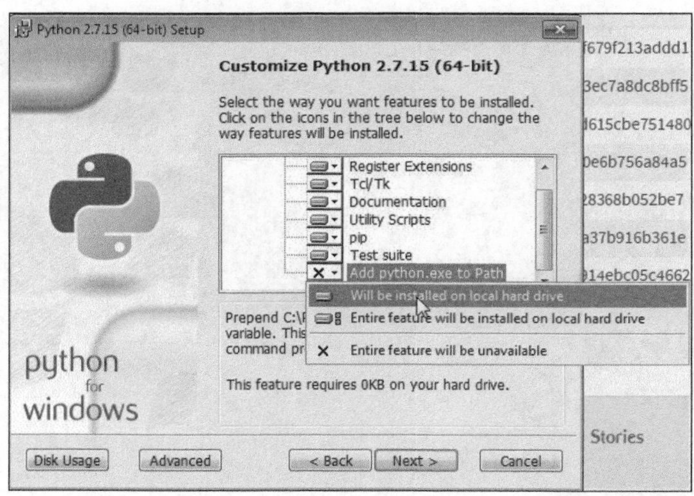

（4）在操作系统中打开命令行或终端，输入 python，验证安装是否完成。该命令会尝试进入 Python 控制台并验证 Python 是否正确地安装到操作系统中。

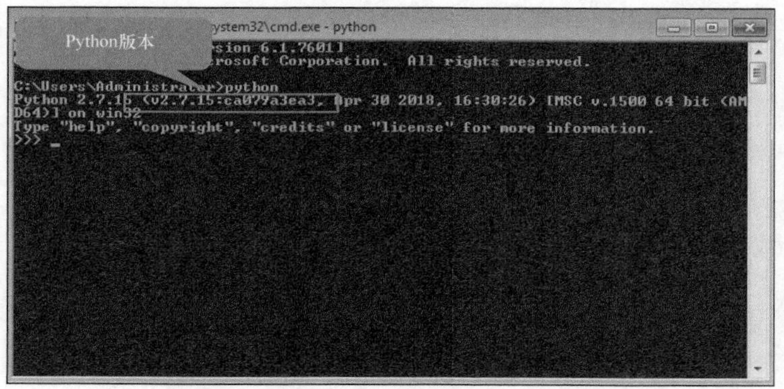

1.2 安装 PyCharm IDE

PyCharm 是一个非常完善的 IDE，世界各地的众多开发人员都在用它编写和开发 Python 代码。PyCharm 由 Jetbrains 公司开发，提供了丰富的代码分析和自动补全、语法突出显示、单元测试、代码覆盖、错误发现功能以及其他 Python 分析操作。

此外，PyCharm 专业版支持 Python Web 框架（如 Django、web2py 和 Flask），同时集成了 Docker 和 vagrant，可以通过它们运行代码。PyCharm 专业版还可以集成多个代码版本的控制系统，例如 Git（和 GitHub）、CVS 和 subversion。

接下来将分步演示 PyCharm 社区版（Community Edition）的安装过程。

（1）打开 PyCharm 下载页面（见下图），根据自己的系统选择相应版本。然后选择社区版（永久免费）或专业版（本书中的代码完全可以在社区版中运行）。

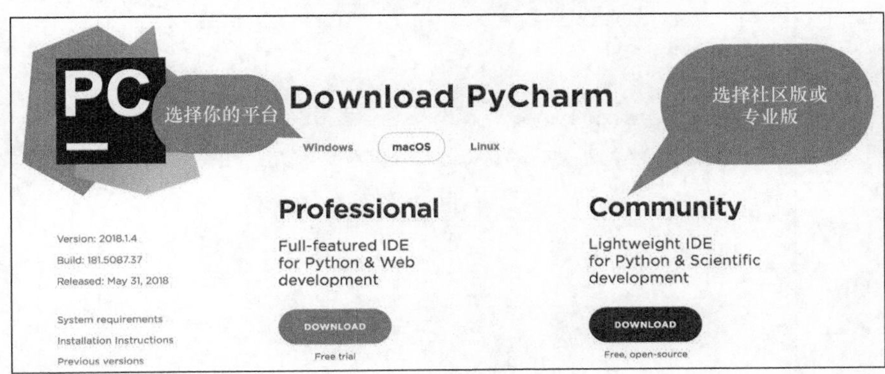

（2）正常安装软件，根据实际情况，选择正确的选项（见下图）。

- 这里勾选 **64-bit launcher** 复选框（根据操作系统或系统中的 JRE 版本）。
- 勾选 **Create Associations** 选项下的. py 复选框（关联文件打开方式，将 PyCharm 作为 Python 文件的默认应用程序）。
- 勾选 **Download and install JRE x86 by JetBrains** 复选框，用于通过 JetBrains 下载与安装 JRE x86。

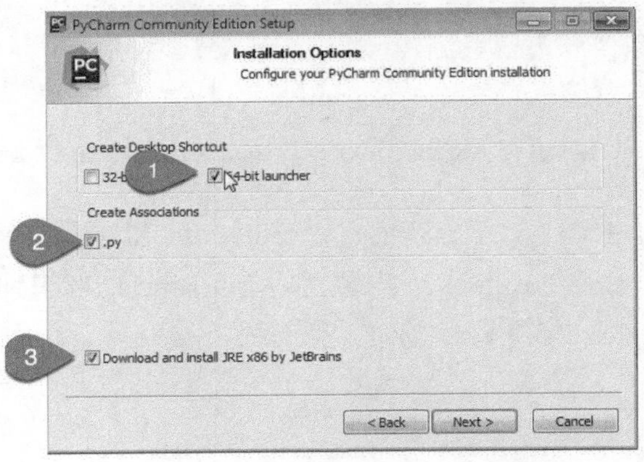

（3）等待 PyCharm 从互联网下载并安装其他必要的软件包（见下图），然后选择 **Run PyCharm Community Edition**。

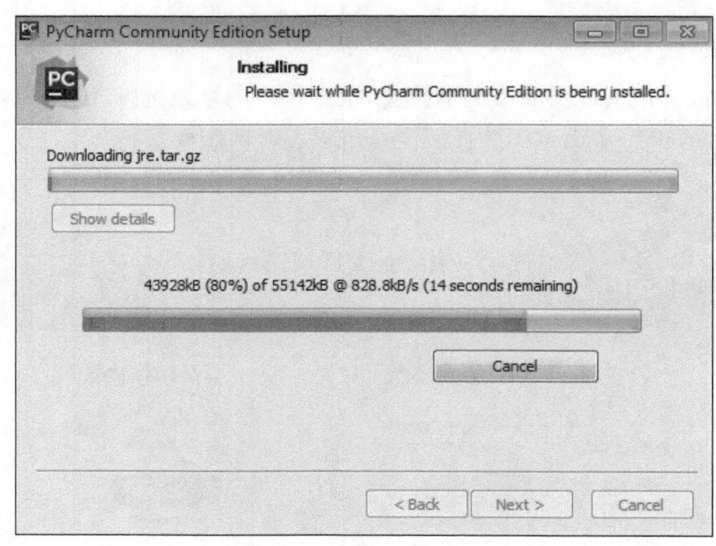

（4）由于这是一次全新安装，因此这里不会导入任何设置（见下图）。

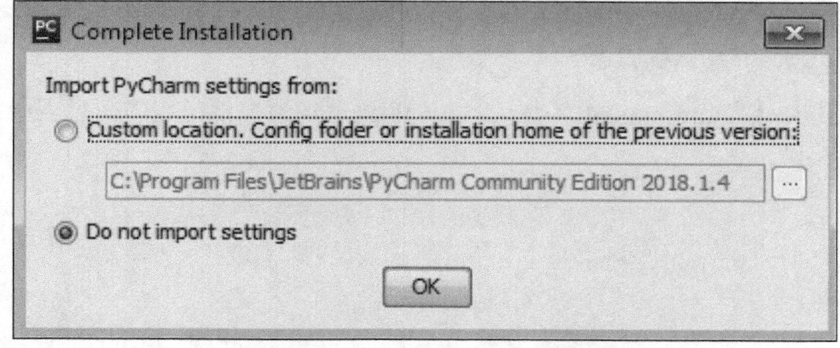

（5）选择喜欢的 UI 主题（对于黑暗模式，有 **default** 和 **darcula**），还可以安装一些其他插件（如 **Markdown** 和 **BashSupport**），安装之后 PyCharm 能够识别并支持相应的语言。安装完成后，单击 **Start using PyCharm** 按钮（见下图）。

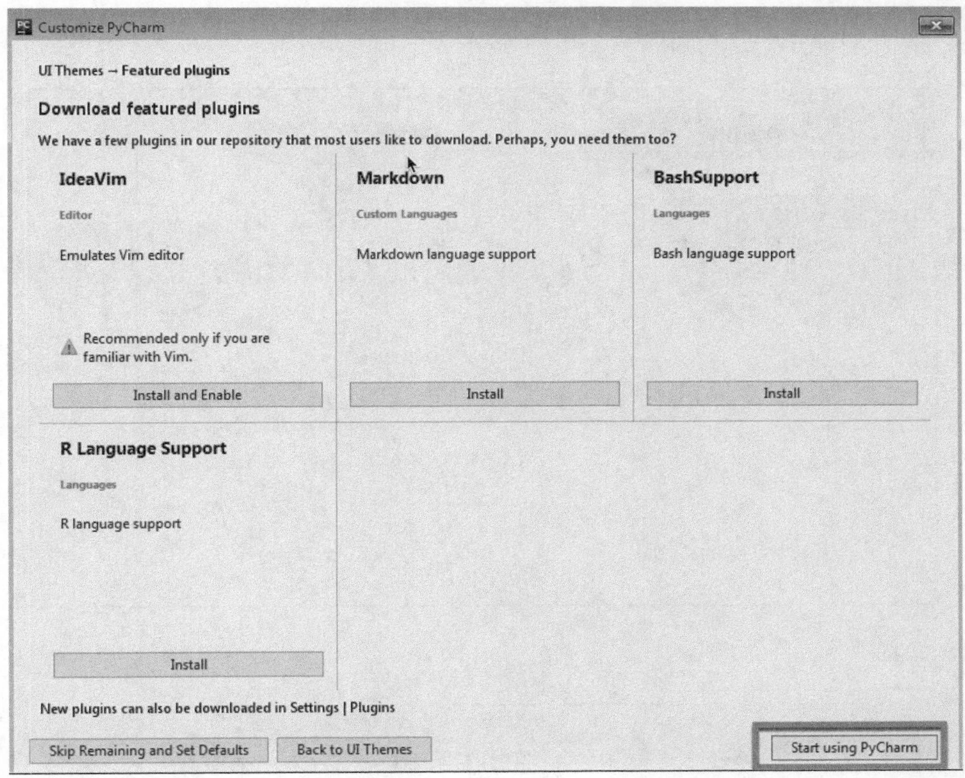

在 PyCharm 中创建 Python 项目

PyCharm 中的 Python 项目指的是我们编写的 Python 文件的集合，以及内置或从第三方安装的 Python 模块。在开始开发代码之前，需要创建一个新项目并将其保存到计算机的某个文件夹中。此外，还需要为该项目选择默认解释器。默认情况下，PyCharm 会在系统目录中搜索 Python 解释器，也可以使用 Python virtualenv 创建一个完全隔离的环境。virtualenv 能够帮助解决包的依赖性问题。假如你正在同时处理多个不同的 Python 项目，其中一个需要某个版本的 x 包。同时，另一个项目需要这个包的其他版本。注意，系统中安装的所有 Python 包都存储在`/usr/lib/python2.7/site-packages`目录下，并且无法为同一个包保存两个不同的版本。为了解决这个问题，virtualenv 会创建一个独立的环境，在这个环境中有自己的安装目录和包。当你在这两个项目之间进行切换时，PyCharm（在 virtualenv 的帮助下）将激活相应的环境，避免包冲突。

按照下面的步骤创建项目。

（1）选择 **Create New Project**（见下图）。

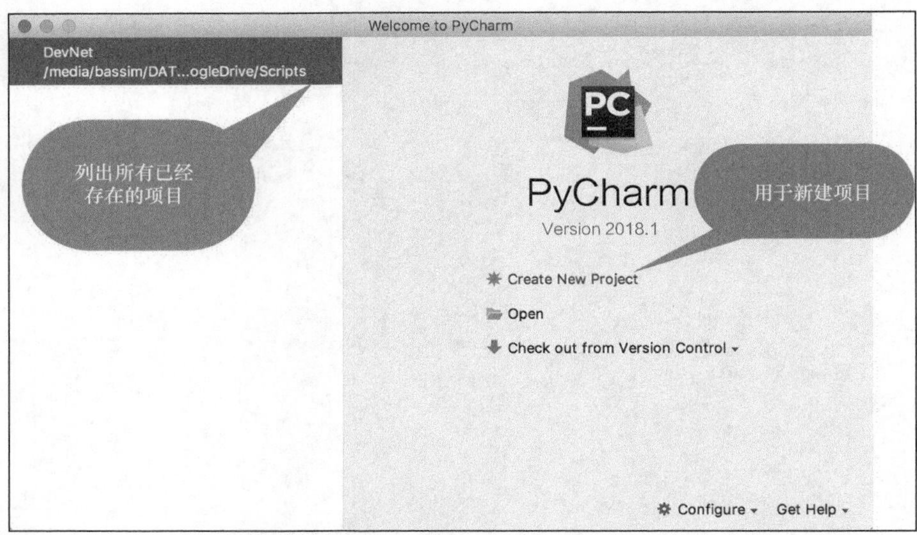

（2）设置项目（见下图）。

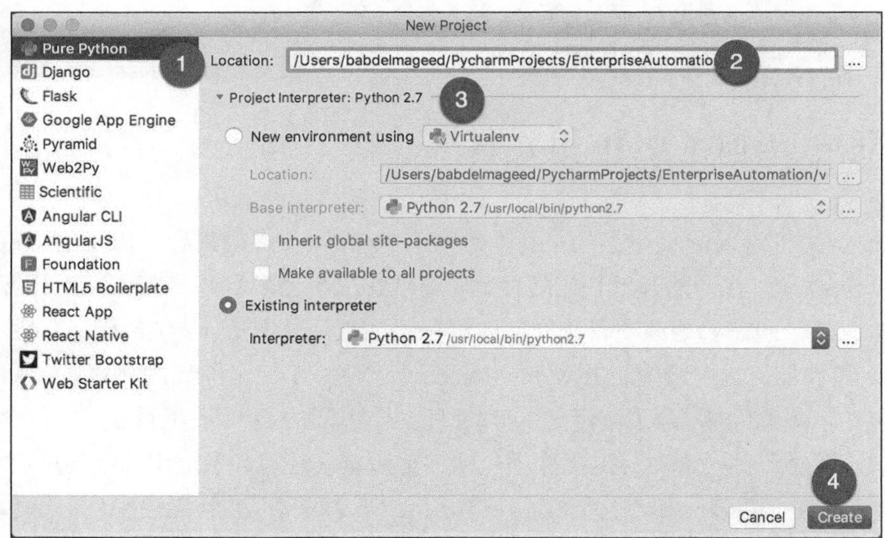

① 选择项目类型。在该例子中使用的是 **Pure Python**。

② 在本地硬盘驱动器上选择项目的存储目录。

③ 选择项目的解释器。可使用默认目录中已经存在的 Python 解释器，或者为该项目创

建新的虚拟环境。

④ 单击 **Create** 按钮。

（3）在项目中创建一个新的 **Python File**，右击项目名称，然后选择 **New→Python File**（见下图），然后输入文件名。

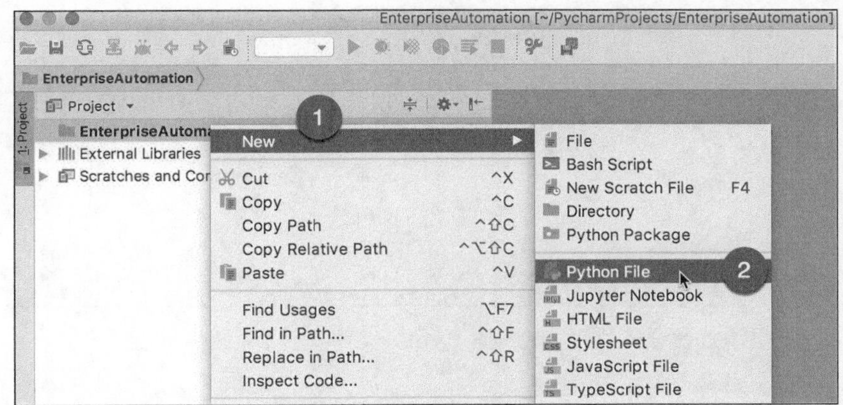

PyCharm 将打开一个新的空白文件，可以直接在里面编写 Python 代码。例如，从__future__模块中导入 print，在这个过程中 PyCharm 将自动弹出一个窗口，其中列出了所有可能自动补全的内容，如下图所示。

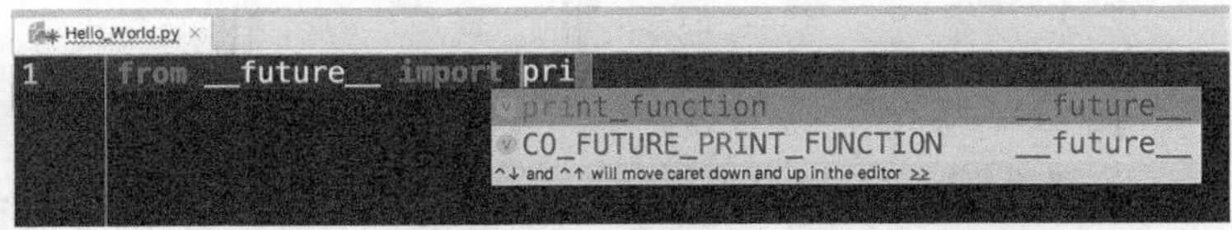

（4）运行代码（见下图）。

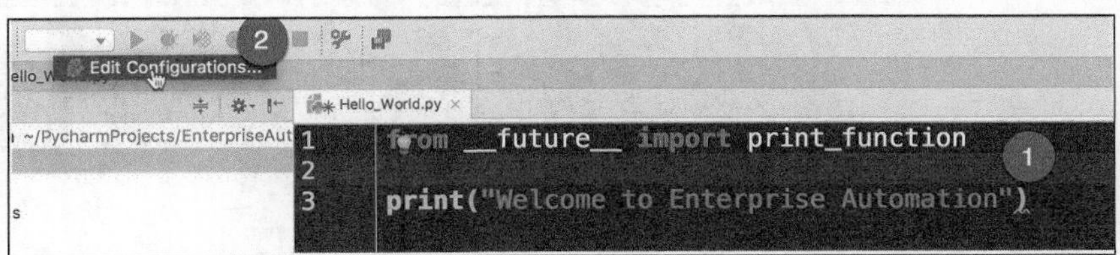

① 输入你想要运行的代码。

② 选择 **Edit Configuration** 来配置 Python 文件的运行参数。

（5）设置新的 Python 环境，运行 Python 文件。

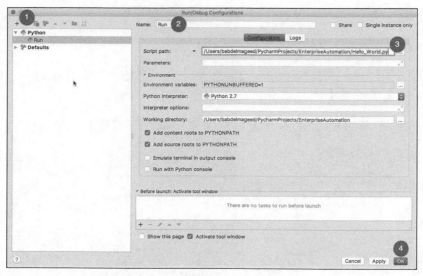

① 单击 + 按钮添加新的配置，并选择 **Python**。

② 填写配置的名称。

③ 选择项目中的脚本路径。

④ 单击 **OK** 按钮。

（6）运行代码（见下图）。

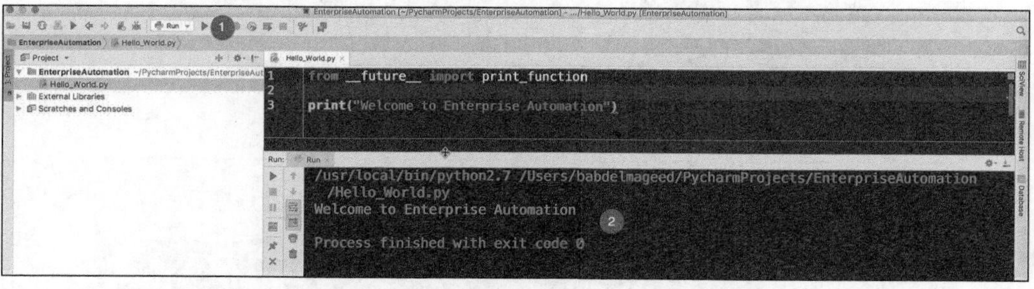

① 单击 Run 旁边的 **play** 按钮。

② PyCharm 将执行配置中指定文件内的代码，并在终端中显示输出结果。

1.3 PyCharm 的高级功能

本节将探讨 PyCharm 的一些高级功能。PyCharm 不仅拥有大量现成的工具（包括集成的调试器和测试运行器、Python 分析器、内置终端和集成的 SSH 终端），还与主流的 VCS（版本控制系统）、内置数据库工具、Docker 和 Vagrant 集成，同时还拥有远程解释器，支持远程开发。如果要了解这些功能，可以访问 JetBrains 官方网站。

1.3.1 调试代码

调试代码是一个帮助我们找出程序出错原因的过程。具体做法是给代码一些输入并遍历代码的每一行，最后完成对代码的评估。Python 自身包含了一些调试工具，它们可以帮助我们分析代码：从简单的 `print` 函数开始，断言命令，直到对代码进行完整的单元测试。PyCharm 提供了一种简单方法来调试代码并查看结果。

要调试 PyCharm 中的代码（例如，带 `if` 子句的嵌套 `for` 循环），需要在期望 PyCharm 程序停止执行的行中设置断点。当 PyCharm 执行到这一行时，将暂停并转储内存以查看每个变量的内容（见下图）。

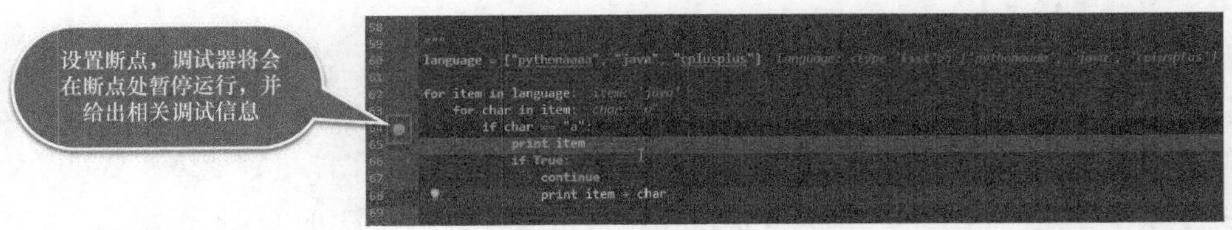

请注意，在第一次遍历时，除了遍历次数之外，还会输出每个变量的值（见下图）。

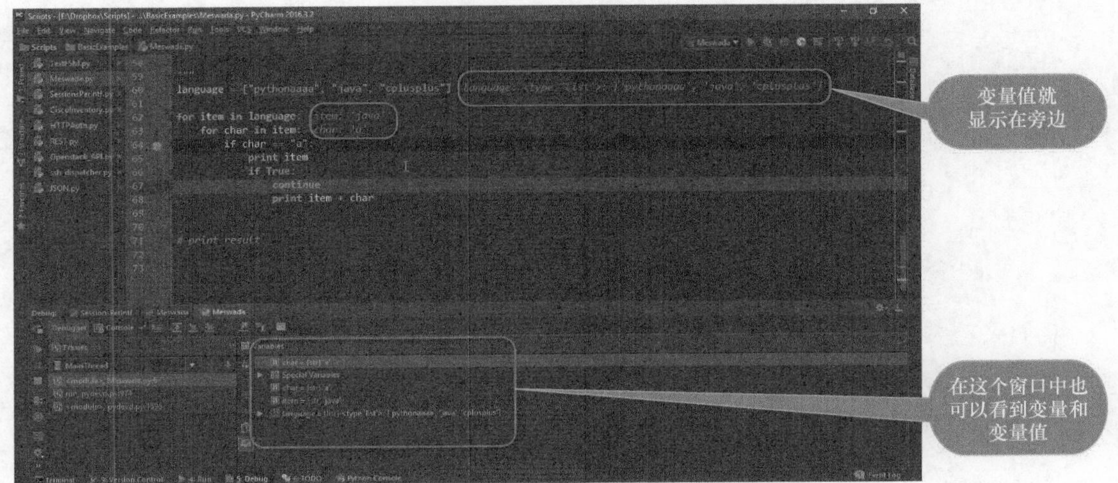

此外，还可以右击断点，为变量设置条件（见下图）。当变量满足指定条件时，将暂停运行并输出日志消息。

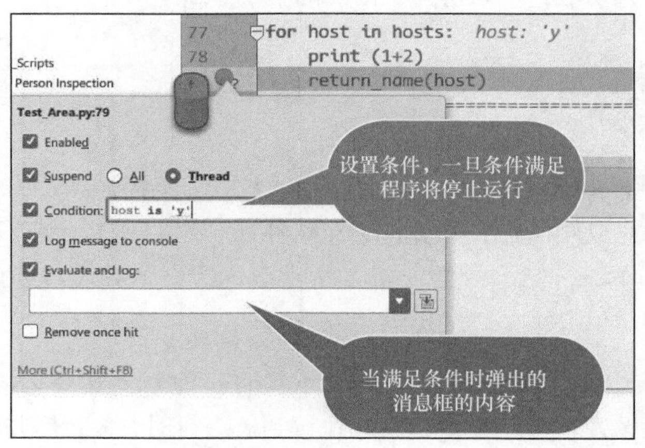

1.3.2 重构代码

重构代码是指更改代码中某些变量名称及结构的过程。例如，在一个包含多个源文件的项目开始时，先为某个变量指定了名字，随着项目的推进，为了能更好地体现变量的意义，决定改变这个变量的名字。PyCharm 提供了许多重构方法，它们可以在不干扰正常工作的情况下更新代码。

PyCharm 支持下列功能。

- 重构。
- 扫描项目中的每个文件，并更新对变量的引用。
- 如果某些内容无法自动更新，它会弹出警告并打开一个菜单，接下来的操作由用户决定。
- 在重构之前保存代码，方便用户回退。

我们来看一个例子。假设某个项目中有 3 个 Python 文件，分别是 `refactor_1.py`、`refactor_2.py` 和 `refactor_3.py`。第一个文件定义了函数 `important_funtion(x)`，同时在 `refactor_2.py` 和 `refactor_3.py` 中也用到了该函数（见下图）。

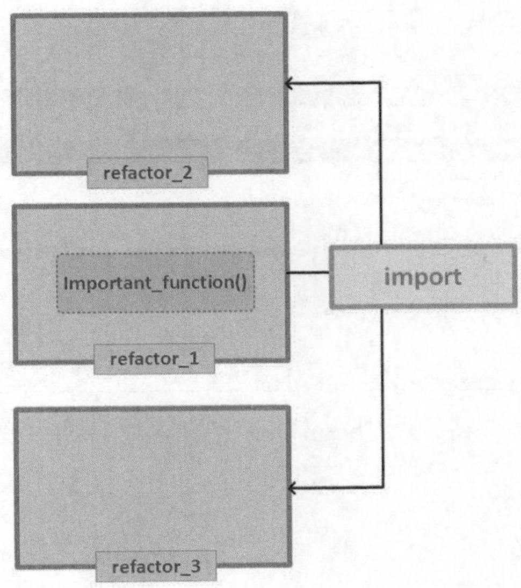

将下列代码复制到 refactor_1.py 中。

```
def important_function(x):
    print(x)
```

将下列代码复制到 refactor_2.py 中。

```
from refactor_1 import important_function
important_function(2)
```

将下列代码复制到 refactor_3.py 中。

```
from refactor_1 import important_function
important_function(10)
```

右击需要重构的部分，选择 **Refactor →Rename**（见下图），然后输入新的函数名。

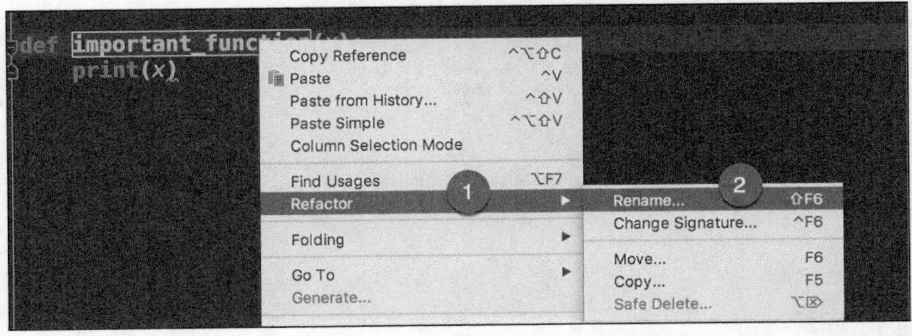

注意，IDE 底部会显示一个窗口（见下图），其中列出了该函数的所有引用、函数的当前名称以及重构后会受影响的文件。

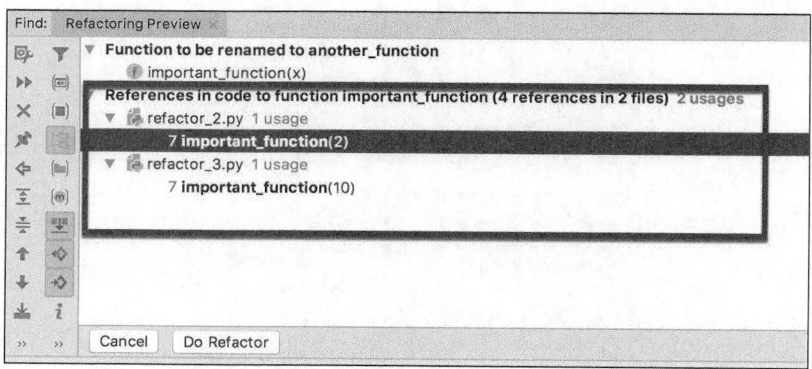

如果单击 **Do Refactor** 按钮，PyCharm 将使用新名字替换该变量的所有引用，而不会破坏原有的代码。

1.3.3　从 GUI 安装包

PyCharm 可以通过 GUI 为当前解释器（或 `virtualenv`）安装 package（包）。此外，你还可以看到所有已安装的包列表，以及是否有可用的升级版本。

首先，在菜单栏中选择 **File→Settings→Project→Project Interpreter**。从下图中可以看到，PyCharm 列出了已安装的软件包及其当前版本。只需要单击+号，然后在搜索框中输入包的首字母，即可在解释器中添加新包。

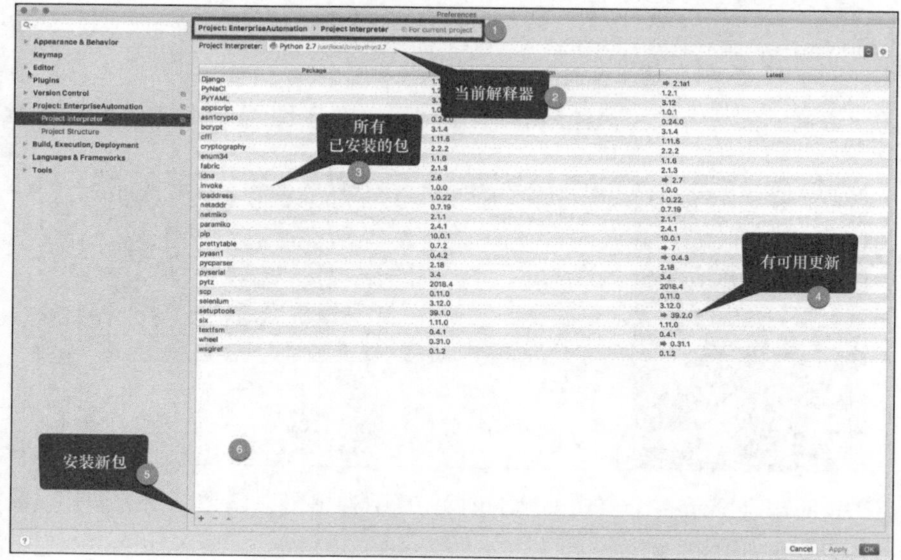

在下图中你将会看到当前可用的包列表，以及每个包的名字和描述。此外，还可以指定包的版本。单击 **Install Package** 按钮后，PyCharm 将在系统上执行 `pip` 命令（可能会要求安装授权），然后将软件包下载到安装目录下并运行 `setup.py` 文件完成安装。

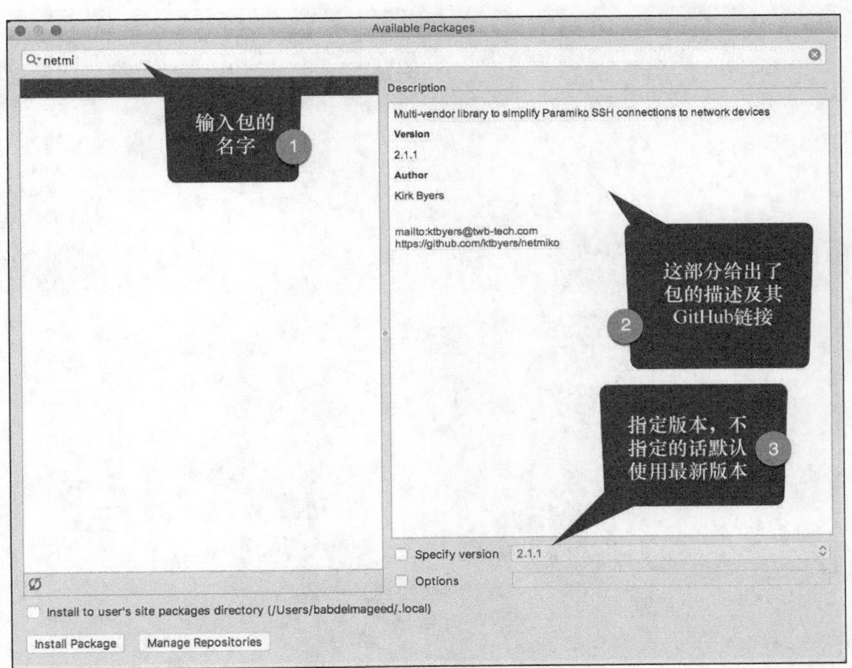

1.4 小结

本章介绍了 Python 2 和 Python 3 之间的差异，以及怎样根据自己的需要选择合适的版本。此外，本章还讲述了如何安装 Python 解释器以及怎样使用 PyCharm 作为高级编辑器来编写和管理代码。

下一章将讨论 Python 包结构和自动化过程中常用的 Python 包。

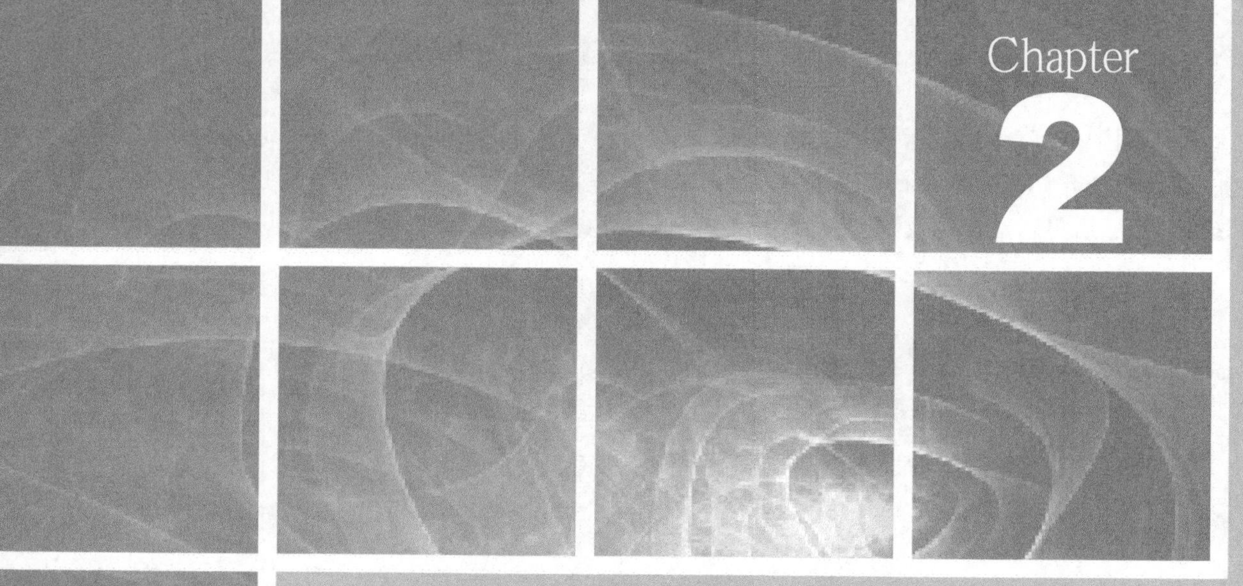

第 2 章

常用的自动化库

本章将介绍 Python 包的结构以及现在流行的一些与自动化系统和网络基础设施相关的库。这些 Python 包广泛应用于网络自动化、系统管理以及公共云和私有云的管理。

同时，了解如何获取模块的源代码以及 Python 包内各个代码段相互之间的关系也非常重要，这样才能方便我们修改代码，添加或删除某些功能，以及将代码分享给社区。

本章主要介绍以下内容：

- Python 包；
- 常见的 Python 库；
- 获取模块源代码的方式。

2.1 Python 包

为了保持简洁，Python 核心代码非常精简。大多数功能是通过添加第三方软件包（package）和模块（module）实现的。

一方面，模块是一个 Python 文件，包括函数、语句和类。使用模块前需要先在代码中导入它。另一方面，**包**（package）也可以看作一个层级结构，其中集合了相关模块并将它们相互关联起来。一些大型包（如 Matplotlib 或 Django）内部有数百个模块，开发人员通常会将不同的模块放到不同的子目录中。例如，netmiko 包中有多个子目录（见下图），每个子目录中的模块用来连接不同厂商的网络设备。

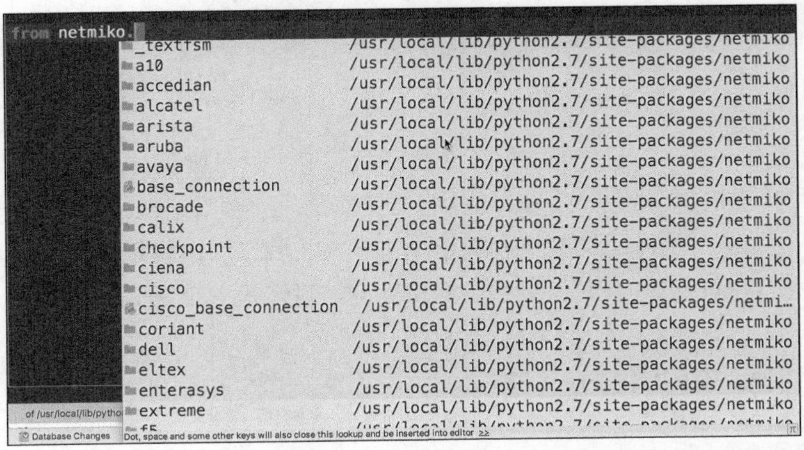

```
from netmiko.
  _textfsm                 /usr/local/lib/python2.7/site-packages/netmiko
  a10                      /usr/local/lib/python2.7/site-packages/netmiko
  accedian                 /usr/local/lib/python2.7/site-packages/netmiko
  alcatel                  /usr/local/lib/python2.7/site-packages/netmiko
  arista                   /usr/local/lib/python2.7/site-packages/netmiko
  aruba                    /usr/local/lib/python2.7/site-packages/netmiko
  avaya                    /usr/local/lib/python2.7/site-packages/netmiko
  base_connection          /usr/local/lib/python2.7/site-packages/netmiko
  brocade                  /usr/local/lib/python2.7/site-packages/netmiko
  calix                    /usr/local/lib/python2.7/site-packages/netmiko
  checkpoint               /usr/local/lib/python2.7/site-packages/netmiko
  ciena                    /usr/local/lib/python2.7/site-packages/netmiko
  cisco                    /usr/local/lib/python2.7/site-packages/netmiko
  cisco_base_connection    /usr/local/lib/python2.7/site-packages/netmi…
  coriant                  /usr/local/lib/python2.7/site-packages/netmiko
  dell                     /usr/local/lib/python2.7/site-packages/netmiko
  eltex                    /usr/local/lib/python2.7/site-packages/netmiko
  enterasys                /usr/local/lib/python2.7/site-packages/netmiko
  extreme                  /usr/local/lib/python2.7/site-packages/netmiko
Database Changes   Dot, space and some other keys will also close this lookup and be inserted into editor >>
```

这种做法使包的维护者能够在不破坏全局的情况下灵活地为各个模块添加或删除功能。

包搜索路径

通常，Python 在默认的系统路径中搜索模块。导入 sys 模块并通过 sys.path 可以看到这些搜索路径（见下图）。sys.path 实际上返回的是环境变量 PYTHONPATH 和操作系统的环境变量。注意，返回结果是一个普通的 Python 列表，可以使用多种函数（如 insert()）向其中添加更多路径，以扩大搜索范围。

```
bassim:~$ python
Python 2.7.15rc1 (default, Apr 15 2018, 21:51:34)
[GCC 7.3.0] on linux2
Type "help", "copyright", "credits" or "license" for more information.
>>> import sys
>>> sys.path
['', '/usr/lib/python2.7', '/usr/lib/python2.7/plat-x86_64-linux-gnu', '/usr/lib/python2.7/lib-tk', '/usr/lib/python2.7/lib-old', '/usr/lib/python2.7/lib-dynload', '/home/bassim/.local/lib/python2.7/site-packages', '/usr/local/lib/python2.7/dist-packages', '/usr/local/lib/python2.7/dist-packages/pycontrail-2.20b64-py2.7.egg', '/usr/lib/python2.7/dist-packages']
>>> 
```

但是，最好将软件包安装在默认搜索路径中，以避免与其他开发人员共享代码时出现问题。

下图展示了一个简单的 Python 包结构，其中包含了若干模块。

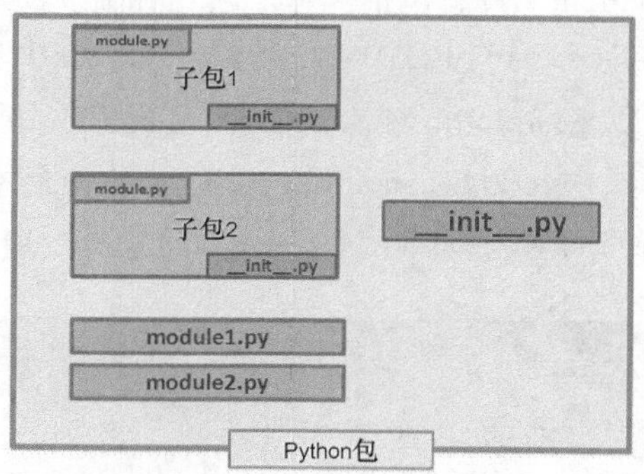

每个包都会有一个__init__文件（在全局目录或子目录中），用来告诉 Python 解释器该目录是一个 Python 包。每个以.py 结尾的文件都是一个模块文件，可以把.py 文件导入其他文件中。__init__文件的第二个功能是在包导入之后自动执行其中的代码。然而，大多数开发人员不会在这里添加代码，只是用它来标记该目录是一个 Python 包。

2.2　常用 Python 库

本节将探讨一些自动管理网络、系统以及云的常用 Python 库。

2.2.1 与网络相关的 Python 库

当前网络环境通常包含各个厂商的多种设备，每个设备扮演不同的角色。设计一个自动化运维网络设备的框架对于网络工程师来说就显得尤为重要，它可以自动完成重复任务并改进网络工程师的工作方式，减少人为错误。大型企业和服务提供商通常倾向于使用工作流（workflow）来自动执行不同的网络任务，提高网络弹性和灵活性。工作流由一系列相关任务构成，在需要的时候能够执行相关任务，改变网络配置。

在没有人为干预的情况下，网络自动化框架可以完成下列任务。

- 分析缺陷根源。
- 检查和更新设备的操作系统。
- 发现节点之间的关系和拓扑结构。
- 进行安全审核并生成合规性报告。
- 根据应用需求在网络设备中配置和删除路由。
- 管理设备配置与回滚配置。

下表列出了在自动管理网络设备时常用的 Python 库。

网络库	描述	网站
Netmiko	支持多种厂商的网络设备，包括 Cisco、Arista、Juniper、HP、Ciena 和其他众多厂商。通过 SSH 和 Telnet 连接到网络设备并执行相关命令	GitHub 网站
NAPALM	封装官方 API 的 Python 库。它提供了一种抽象方法，使其连接到不同厂商的设备并从返回的格式化内容中提取信息。这些可以方便地使用软件来处理	GitHub 网站
PyEZ	用于管理和自动化 Juniper 设备的 Python 库。它可以在 Python 客户端上对设备执行 CRUD 操作。另外，它还可以获取设备相关信息，如管理 IP、序列号和版本，以 JSON 或 XML 格式返回输出结果	GitHub 网站
infoblox-client	Python 客户端，通过基于 WAPI 的 REST 接口与 infoblox NIOS 进行交互	GitHub 网站
NX-API	Cisco Nexus（仅限某些平台）系列 API，通过 HTTP 和 HTTPS 开放 CLI。在其提供的沙盒入口中输入 show 命令，它将会把该命令转换为 API 调用，并以 JSON 和 XML 格式返回输出结果	GitHub 网站
pyeapi	封装了 Arista EOS eAPI 的 Python 库，用于配置 Arista EOS 设备。通过 HTTP 和 HTTP 可以进行 eAPI 调用	GitHub 网站

续表

网络库	描述	网站
netaddr	用于处理 IPv4、IPv6 和第二层地址（MAC 地址）等网络地址的 Python 库。它可以对 IP 包头进行重复、切片、排序和汇总	GitHub 网站
ciscoconfparse	能够解析 Cisco IOS 风格的配置并以结构化格式返回输出结果的 Python 库。该库还支持以括号为配置分隔符（如 Juniper 和 F5）的设备	GitHub 网站
NSoT	用于跟踪网络设备清单和元数据的数据库，前端 GUI 由 Python Django 提供，后端使用 SQLite 数据库存储数据。此外，通过 Python 语言绑定的库 pynsot 对外提供 API，用来操作设备清单	GitHub 网站
Nornir	新的基于 Python 的自动化框架。无须使用 DSL（领域特定语言），可直接在 Python 代码中使用。Python 代码在这里称为 Runbook，它描述了想要完成的任务，并可以对设备清单中的设备执行这些任务（也支持 Ansible 清单格式）。在这些任务中还可以利用其他库（例如 NAPALM）来获取信息或配置设备	GitHub 网站

2.2.2 与系统和云相关的 Python 库

下表展示了一些管理系统和云的 Python 包。Amazon Web 服务（AWS）和 Google 等公有云提供商倾向于使用开放的标准接口来访问其资源，以方便与 DevOps 模型进行集成。持续集成、测试和部署等操作需要在代码的整个生命周期内持续访问基础设施（虚拟或裸机服务器）。这些操作单靠人工很难实现，需要自动化工具来辅助完成。

库	描述	网站
ConfigParser	Python 标准库，用于解析和使用 INI 文件	GitHub 网站
Paramiko	Paramiko 是 SSHv2 协议的 Python（2.7、3.4+）实现，具有客户端和服务器功能	GitHub 网站
Pandas	提供了方便使用的高性能的数据结构和数据分析工具	GitHub 网站
Boto3	操作 AWS 的官方 Python 接口，如创建 EC2 实例和 S3 存储	GitHub 网站
google-api-python-client	Google 官方 API 客户端，适用于 Google 云平台	GitHub 网站
pyVmomi	VMWare 官方 Python SDK，用于管理 ESXi 和 vCenter	GitHub 网站
PyMYSQL	纯 Python 的 MySQL 驱动程序，用于 MySQL DBMS	GitHub 网站
Psycopg	适用于 Python 的 PostgreSQL 适配器，符合 DB-API 2.0 标准。	initd 网站
Django	基于 Python 的高级开源 Web 框架。该框架遵循 **MVT**（**模型、视图和模板**）架构设计，用来创建 Web 应用程序，能够避免 Web 开发中的常见问题以及普通安全问题	Djangoproject 网站

续表

库	描述	网站
Fabric	简单的 Python 工具，通过 SSH 在远程设备上执行命令、部署软件	GitHub 网站
SCAPY	基于 Python 的智能数据报文操作工具，能够处理各种协议，能够任意组合各个网络层，创建数据包，并将数据包通过网络发送出去	GitHub 网站
Selenium	自动执行 Web 浏览器任务和 Web 验收测试的 Python 库，与 Selenium Webdriver（支持 Firefox、Chrome 和 Internet Explorer）配合使用，可在 Web 浏览器上运行测试	PyPI 网站

访问 GitHub 网站，可以看到更多的应用于其他领域的 Python 包。

2.3 查看模块源代码

通过两种方法可以查看所使用模块的源代码。方法一是打开 GitHub 网站上相应模块的页面，查看所有文件、各个发布版本、每次提交的代码以及所存在的问题，如下图所示。作者通过 netmiko 模块的维护者获得了所有共享代码的阅读权限，可以看到完整的提交列表和文件内容。

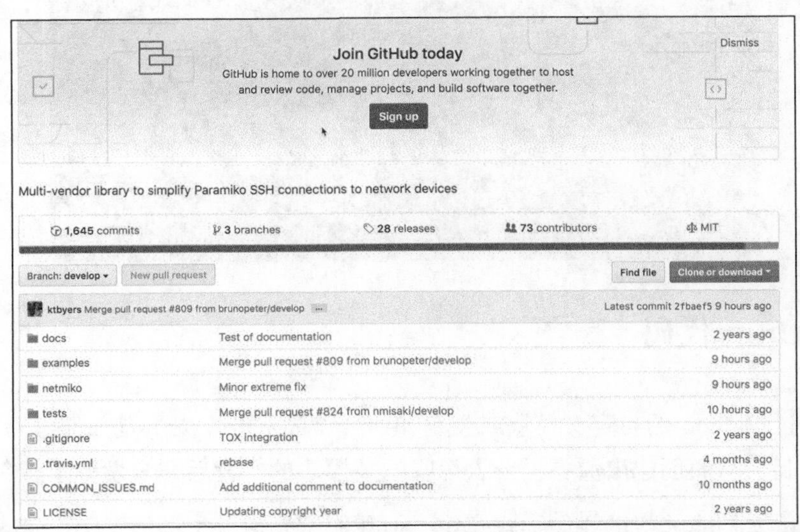

方法二是使用 `pip` 或 PyCharm GUI 将包安装在 Python site-package 目录中。实际上 `pip` 要先从 GitHub 网站下载模块，然后运行 `setup.py` 来安装和注册模块。安装完成后就可以看到所有文件，但这次你拥有所有文件的读/写权限，可以更改原始代码。让我们来看一个例子，下面的代码利用 netmiko 库连接到 Cisco 设备并在上面执行 `show arp` 命令。

```
from netmiko import ConnectHandler

device = {"device_type": "cisco_ios",
          "ip": "10.10.88.110",
          "username": "admin",
          "password": "access123"}

net_connect = ConnectHandler(**device)
output = net_connect.send_command("show arp")
```

如果要查看 netmiko 的源代码，可以打开 site-packages，netmiko 就安装在这里，这里能找到所有相关文件。另外，可以按住 Ctrl 键并单击 PyCharm 中的模块名称，在新窗口中会显示源代码（见下图）。

```
from __future__ import unicode_literals
import logging

# Logging configuration
log = logging.getLogger(__name__)  # noqa
log.addHandler(logging.NullHandler())  # noqa

from netmiko.ssh_dispatcher import ConnectHandler
from netmiko.ssh_dispatcher import ssh_dispatcher
from netmiko.ssh_dispatcher import redispatch
from netmiko.ssh_dispatcher import platforms
from netmiko.ssh_dispatcher import FileTransfer
from netmiko.scp_handler import SCPConn
from netmiko.cisco.cisco_ios import InLineTransfer
from netmiko.ssh_exception import NetMikoTimeoutException
from netmiko.ssh_exception import NetMikoAuthenticationException
from netmiko.ssh_autodetect import SSHDetect
from netmiko.base_connection import BaseConnection
from netmiko.scp_functions import file_transfer

# Alternate naming
NetmikoTimeoutError = NetMikoTimeoutException
NetmikoAuthError = NetMikoAuthenticationException
Netmiko = ConnectHandler

__version__ = '2.1.1'
__all__ = ('ConnectHandler', 'ssh_dispatcher', 'platforms', 'SCPConn', 'FileTransfer',
           'NetMikoTimeoutException', 'NetMikoAuthenticationException',
           'NetmikoTimeoutError', 'NetmikoAuthError', 'InLineTransfer', 'redispatch',
           'SSHDetect', 'BaseConnection', 'Netmiko', 'file_transfer')

# Cisco cntl-shift-six sequence
CNTL_SHIFT_6 = chr(30)
```


可视化 Python 代码

有没有想过 Python 的自定义模块或类是如何开发的？开发人员是如何编写 Python 代码并将其放在一起，从而创建出漂亮且令人惊叹的某模块的？背后究竟发生了什么？

当然，阅读文档能够帮助我们了解模块，但我们都知道，文档通常不会记录开发人员添加的每个新步骤或细节。

例如，我们都知道由 Kirk Byers 创建和维护的强大的 netmiko 库（参见 GitHub 网站），他利用了另一个主流 SSH 库——Paramiko。但是我们不了解细节以及这些类之间的关系。如果要了解 netmiko 是如何处理请求并返回结果的，就需要明白 netmiko（或任何其他库）是如何工作的。下面给出了具体步骤（这里需要 PyCharm 专业版）。

PyCharm 社区版不支持代码可视化和检查，这些仅在专业版中支持。

请按照下面的步骤进行操作。

（1）在 Python 库的安装路径（Windows 系统下，通常位于 `C:\ Python27\Lib\site-packages`；Linux 系统下，通常位于`/usr/local/lib/pyhon2.7/dist-package`）中找到 netmiko 模块的源代码，然后利用用 PyCharm 打开源文件。

（2）右击地址栏中显示的模块名称，然后选择 **Diagrams →Show Diagram**（见下图）。从弹出的窗口中选择 Python class diagram。

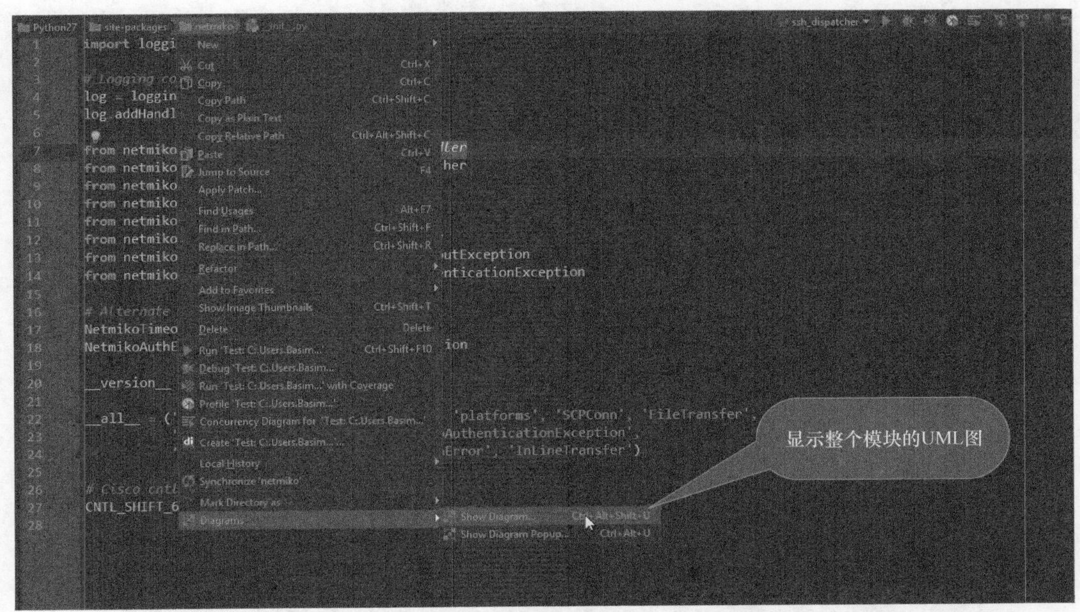

（3）PyCharm 将开始创建 netmiko 模块中所有类和文件之间的依赖关系树，然后显示在同一窗口中。请注意，这个过程可能需要一些时间，具体取决于计算机内存。此外，最好将图形另存成图片以方便查看（见下图）。

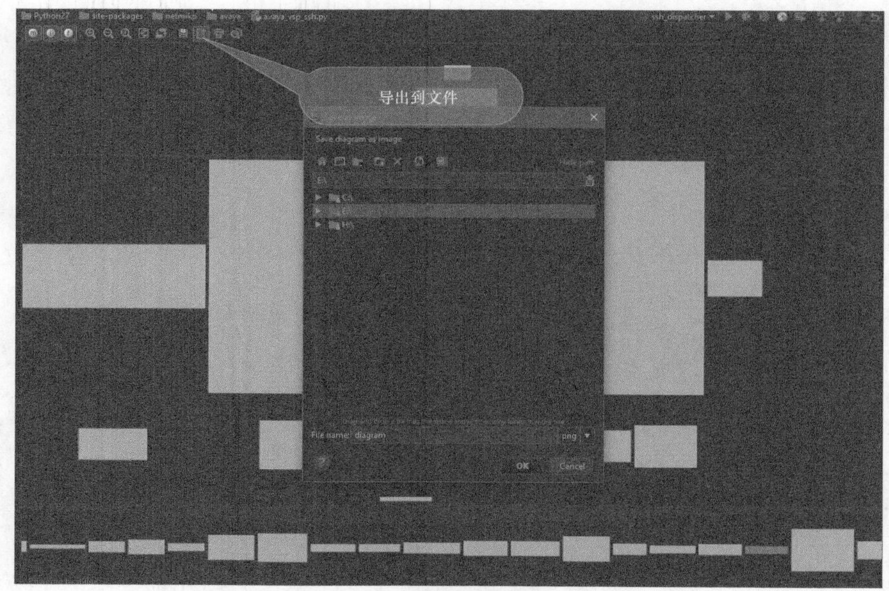

从生成的图上可以看出 netmiko 支持许多厂商的设备，如 HP Comware、entrasys、Cisco ASA、Force10、Arista、Avaya 等，所有这些类都继承自父类 `netmiko.cisco_base_connection.CicsoSSHConnection`（这可能因为它们使用了和 Cisco 相同的 SSH 风格），而它又是从另一个大型父类 `netmiko.cisco_base_connection.BaseConnection` 继承而来的（见下图）。

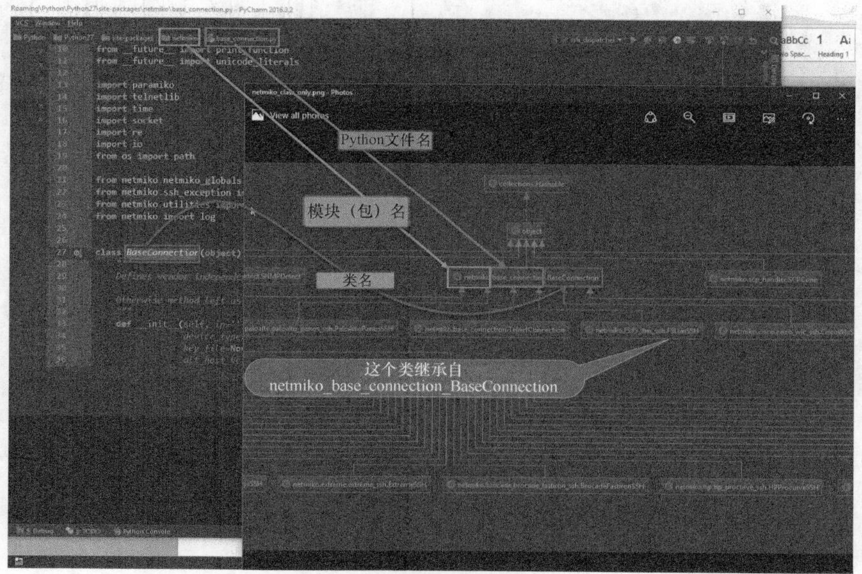

此外，还可以看到 Juniper 有自己的类（`netmiko.juniper.juniper_ssh.JuniperSSH`），它直接继承自 BaseConnection。最后连接到 Python 中所有父节点的父节点——`Object` 类（记住，Python 中的所有内容最终都是一个对象）。

从中可以发现许多有趣的东西，比如 SCP 传输类和 SNMP 类。对于每个类，都可以找到用来初始化类的方法和参数。

`ConnectHandler` 方法主要用于检查设备厂商类中的 `device_type` 是否可用，并根据返回数据使用相应的 SSH 类。

可视化代码的另一种方法是在代码执行期间查看具体运行了哪些模块和函数。我们将这种方法称为分析。它能够让你在运行时检查代码的相关功能。

首先，和平常一样编写代码。在运行代码时，如下图所示，需要右击空白区域并选择 **Profile 'profile-code'**，而不是直接运行。

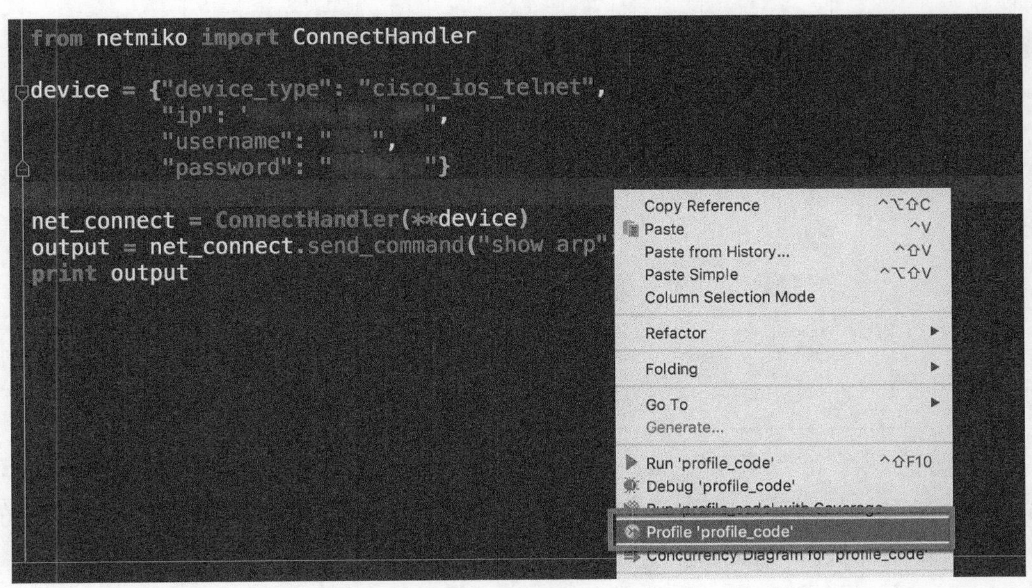

在代码运行过程中，PyCharm 将检查代码中调用到的每个文件并生成函数调用图（见下图），这样就可以很容易地看到代码运行时使用了哪些文件和函数，以及它们的运行时间。

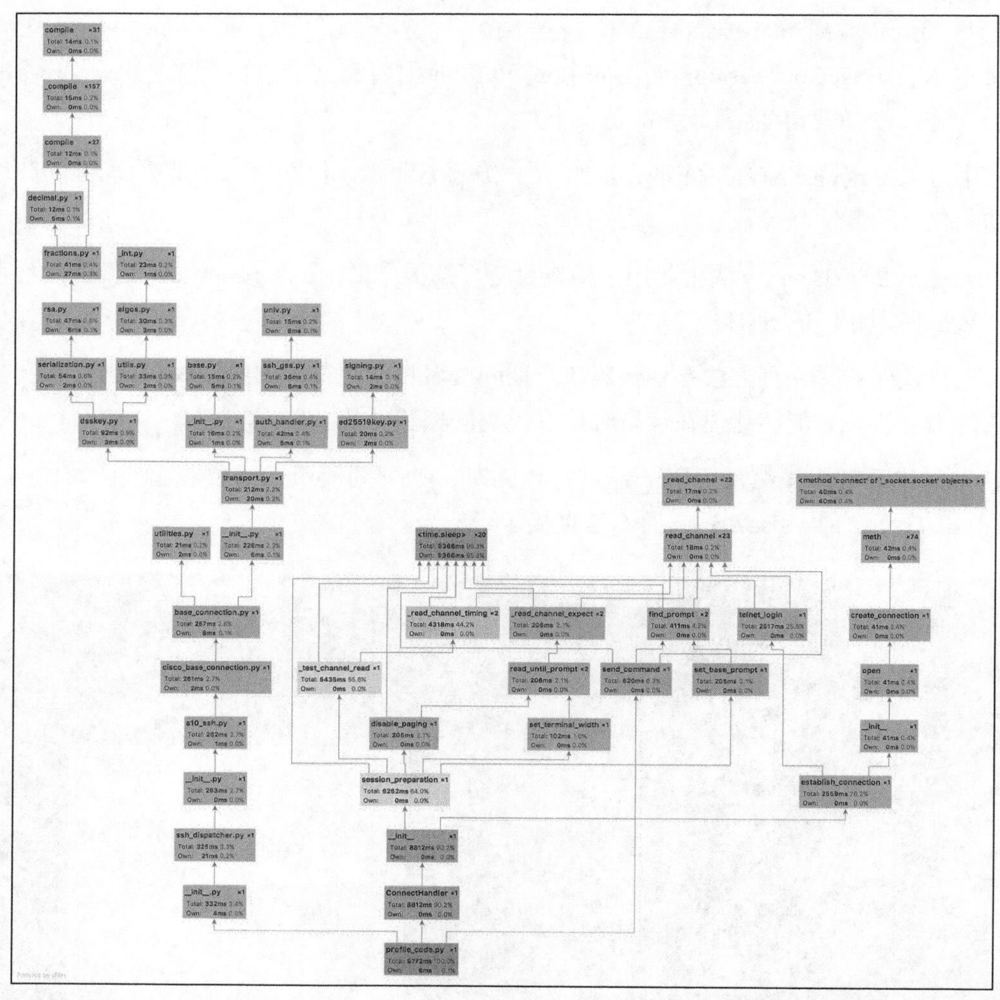

从上面的图中可以看到，`profile_code.py`（见上图底部）中的代码将调用 `ConnectHandler()` 函数，而该函数又执行了 `__init__.py` 并且将继续执行。在上图的左侧，你可以看到代码运行期间使用的所有文件。

2.4 小结

本章探讨了一些与网络、系统和云相关的常用 Python 包。此外，本章还讲述了如何获取模块的源代码并将代码可视化，从而更好地理解这些代码。同时本章还演示了如何查看代码运行时的调用关系。在下一章中，我们将开始搭建实验室环境，为运行后面的代码做好准备。

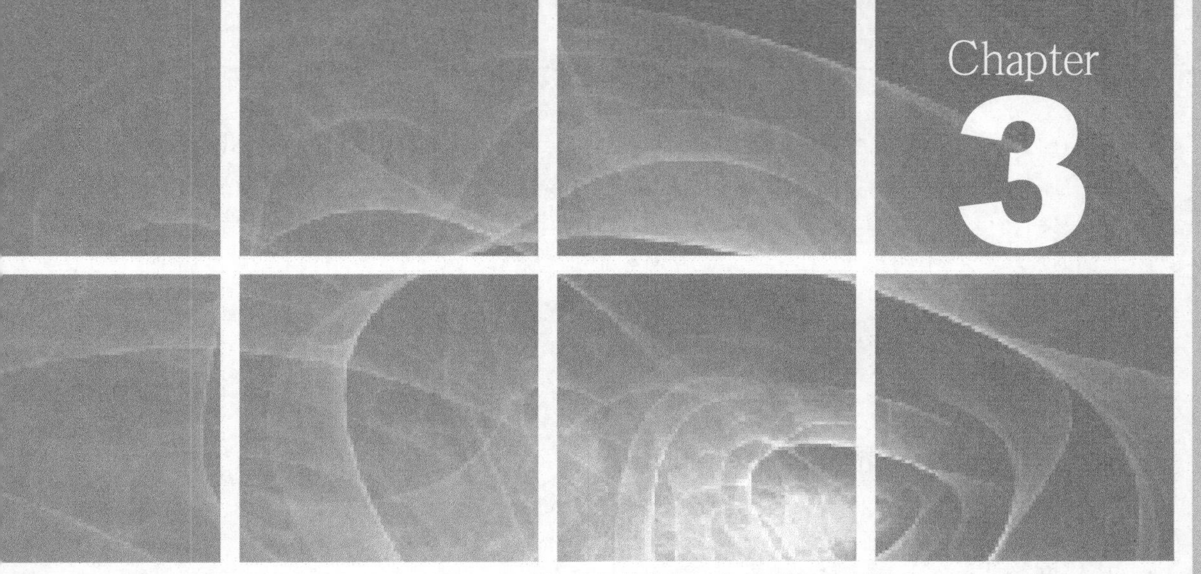

第 3 章 搭建网络实验室环境

我们现在已经理解了如何编写和开发 Python 脚本与模块，以及如何创建 Python 程序。接下来我们研究自动化已经成为当前网络维护中重要主题的原因。然后使用非常流行的软件 EVE-NG，来构建网络自动化实验环境，该软件可以帮助我们虚拟化网络设备。

本章主要介绍以下内容：

- 需要自动化网络的时间和原因；
- 自动化的两种方式——屏幕抓取与 API；
- 使用 Python 进行网络自动化的原因；
- 网络自动化的未来；
- 搭建网络实验室；
- 准备工作——安装 EVE-NG；
- 创建企业网络拓扑。

3.1 技术要求

本章将介绍 EVE-NG 的安装步骤以及如何创建网络实验室。我们将使用 VMware Workstation、VMware ESXi 以及 Red Hat KVM 演示安装过程，因此需要读者熟悉虚拟化这个概念。在建立实验室环境之前，首先根据自己的情况，选择一款前面提到的虚拟机管理程序，试着学习如何启动和使用虚拟机。

3.2 需要自动化网络的时间和原因

网络自动化的比例在网络世界中不断增加。在决定进行自动化之前，首先要弄清楚为什么以及什么时候需要自动化网络。如果你是少数几个网络设备（三四个交换机）的管理员，并且没有太多需要定期执行的任务，那么可能不需要完全自动化。实际上，编写与开发脚本以及测试和排除脚本中的故障所需的时间很可能超过手动执行简单任务所需的时间。而如果你负责的是一个大型企业网络，其中包含多种来自不同厂商的设备，同时又经常需要重复执行某些任务，那么强烈建议你使用脚本自动完成这些重复性任务。

需要自动化的原因

为什么说自动化对现在的网络来说非常重要？下面给出了几个原因。

- **降低成本**：使用自动化解决方案（内部开发或从供应商处购买）能够降低网络运营的复杂性，缩短准备、配置以及操作网络设备所需的时间。
- **保持业务连续性**：自动化将减少在当前基础设施上创建服务时的人为错误，从而使企业能够缩短服务**上市时间**（Time to Market，TTM）。
- **保持业务敏捷性**：大多数网络任务是重复的，通过自动化，能够提高生产力并推动业务创新。
- **保持相关性**：可靠的自动化工作流程使网络和系统管理员通过将多个事件关联起来更快地分析问题根源，提高解决问题的可能性。

3.3 自动化的两种方式——屏幕抓取与 API

CLI 在很长一段时间内都是管理和操作网络设备的唯一方法。以前，操作员与管理员通常使用 SSH 和 Telnet 登录网络设备，进行配置和故障排除。Python 或其他任何编程语言通常都提供两种与设备通信的方法。

一种是像以前一样通过 SSH 或 Telnet 登录设备，获取信息然后进行处理。这就是所谓的**屏幕抓取**方法，它需要能够与设备建立连接并直接在终端上执行命令的库，然后用其他库处理返回的信息以便从中提取有用的数据。此方法通常需要了解解析语言（parsing language），如正则表达式，根据输出结果的数据模式从中提取有用数据。

另一种方法是**应用程序编程接口**（Application Programming Interface，API），使用 REST 或 SOAP 向设备发送结构化请求，返回以 JSON 或 XML 编码的结构化输出。与第一种方法相比，这种方法处理返回数据所需的时间非常短，但使用之前需要对网络设备进行设置。

3.4 使用 Python 进行网络自动化的原因

Python 是一种结构非常良好且易于编程的语言，目前已广泛应用于 Web 开发、数据挖掘和可视化、桌面 GUI、分析、游戏创作和自动化测试等多个领域。这也是 Python 能够被称为通用语言的一个原因。

这里列出了选择 Python 的 3 个原因。

- **具有可读性和易用性**：在编写 Python 代码时，你会发现自己像是在用英语写作。Python 中的许多关键字和程序结构本身具有很好的可读性。此外，Python 不要求使用分号（;）或者花括号（{}）来标记代码段的开始和结束，这让 Python 的学习曲线变得十分平缓。最后，Python 有一些可选的编码规范（即 PEP 8），它可以指导 Python 开发人员格式化程序，提高代码可读性。

  对 PyCharm 进行一些配置就可以支持这些规则了。在 **Settings** 界面中，选择左侧窗格中的 **Inspections** 并勾选右侧窗格中的 **PEP 8 coding style violation** 复选框（见下图），来检查你的代码是否违反了这些规则。

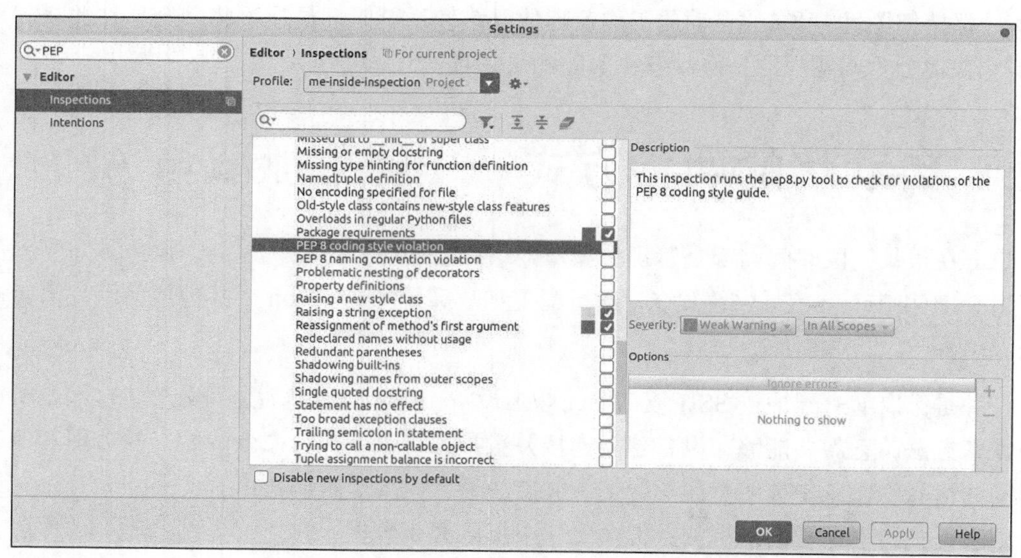

- **具有各种库**：Python 真正强大的功能在于库和包。很多领域中有各种各样的 Python 库。任何一个 Python 开发人员都可以非常轻松地开发 Python 库并将其上传到网上供其他开发人员使用。库可上传到 PyPI 上，并链接到相应的 GitHub 存储库。如果要在自己的计算机上下载某个库，可以使用 `pip` 连接到 PyPI，然后将所选的库下载到本地。Cisco、Juniper 和 Arista 等网络设备厂商也开发了自己的库，方便用户访问其设备。大多数厂商在努力优化自己的库，使其变得更加容易使用，即仅需要极少的几步就可完成安装、配置，然后就可以利用这些库从设备中获取期望的信息。

- **功能强大**：Python 试图尽力减少达到最终结果所需的步骤数。比如，如果使用 Java 输出 hello world，可能需要编写下图所示 Java 代码。

```
public class Main {
  public static void main(String[] args) {
     System.out.println("hello world");
   }
}
```

而如果使用 Python，仅用一行就能实现同样的功能，如下图所示。

```
print('hello world')
```

综合上述原因，Python 实际上已经成为自动化的标准，并成为各厂商在自动管理网络设备时的首选。

3.5 网络自动化的未来

在很长一段时间内，网络自动化只能使用 Perl、TcL 或 Python 等编程语言开发脚本，在不同的网络平台上执行任务，这称为**脚本驱动的网络自动化**。但随着网络的复杂度越来越高，越来越以服务为导向，开始出现以下新的自动化方式。

- **软件定义的网络自动化**：网络设备只有转发面，控制面使用外部软件——**SDN 控制器**来实现和创建。这样做的好处是，任何网络变化都可以通过一个端点来传达，SDN 控制器可以通过精心设计的北向接口（northbound interface）接受来自其他软件（如外部接口）的变更请求。

- **高级编排**：这种方法需要使用编排软件——orchestrator，orchestrator 与 SDN 控制器集成在一起，使用诸如 YANG 之类的语言创建网络服务模型，这些语言可以从底层设备中抽象服务。此外，orchestrator 还可以与如 OpenStack 和 vCenter 等**虚拟基础设施管理器**（Virtual Infrastructure Manager，VIM）集成在一起，将虚拟机作为网络服务建模的一部分进行管理。

- **基于策略的网络**：在这种类型的自动化中，只需要描述你对网络的需求，系统就会给出详细信息来描述应该如何在底层设备中满足这种需求。在这种网络中，软件工程师和开发人员可以使用“策略”来描述应用程序的需求并修改网络。

3.6　搭建网络实验室

现在，我们将开始在 EVE-NG 平台上搭建一个网络实验室。当然，也可以使用物理节点实现同样的网络拓扑，但虚拟化环境为我们提供了一个隔离的沙盒，以方便测试各种不同的配置。只要动动鼠标就可以灵活地在网络拓扑中添加/删除节点。此外，还可以对设置好的环境创建多张快照，方便随时恢复到之前的某个环境。

EVE-NG（原名为 UNetLab，统一网络实验室）是最受欢迎的网络仿真软件之一。它能够虚拟出多个厂商的各种设备。当然，还有别的仿真软件，如 GNS3。我们将在本章和下一章中看到，EVE-NG 支持很多功能，从而树立了它在网络建模方面的坚实地位。

EVE-NG 有 3 个版本——社区版、专业版和学习中心。这里选择了社区版，因为它已经能够提供本书中所需的全部功能。

3.7　准备工作——安装 EVE-NG

EVE-NG 社区版提供了 OVA 和 ISO 两种格式。开放虚拟化设备（Open Virtualization Appliance，OVA）包含所有用于部署虚拟机的必要信息，如虚拟机描述文件、虚拟机磁盘等。如果你已经安装了 VMware Player/Workstation/Fusion、VMware ESXi 或 Red Hat KVM，使用 OVA 可以简化安装过程；如果没有虚拟机管理程序，可以选择 ISO，直接在物理服务器上安装，这次使用的是 Ubuntu 16.06 LTS OS。下图展示了这两种选择。

在安装了虚拟机管理程序的服务器上安装EVE-NG　　在物理服务器上安装EVE-NG

使用 ISO 选项需要一些高级的 Linux 技能来准备安装环境，并且安装文件将会直接存储在操作系统中。

Oracle VirtualBox 不支持 EVE-NG 所需的硬件加速功能，最好使用 VMware 或 KVM。

首先打开 EVE-NG 的网站，下载最新版本的 EVE-NG，然后将其导入虚拟机管理程序中。作者为虚拟机分配了 8 GB 内存和 4 个 vCPU，你可以根据自己的硬件情况为其添加其他资源①。下一节将介绍如何在虚拟机管理程序中导入下载的镜像文件以及如何配置这些虚拟机。

3.7.1 在 VMware Workstation 上安装

接下来，将下载的 EVE-NG OVA 镜像导入 VMware Workstation 中。OVA 镜像包含虚拟机描述文件，涉及硬盘、CPU 和 RAM 等信息。导入镜像之后，可以根据需要修改这些配置。

在 Vmware Workstation 上安装 EVG-NG 的步骤如下。

（1）打开 VMware Workstation，从 **File** 中选择 **Open**，导入 OVA。

（2）导入完成之后，右击新创建的虚拟机并选择 **Edit Settings**。

（3）将处理器数量改成 4，内存分配到 8 GB（如果还有更多硬件资源，可以继续增加。目前这种配置对于网络实验室已经足够了）。

（4）勾选 **Virtualize Intel VT-x/EPT or AMD-V/RVI** 复选框，Vmware Workstation 将虚拟化标志传递给子操作系统（嵌套虚拟化）。

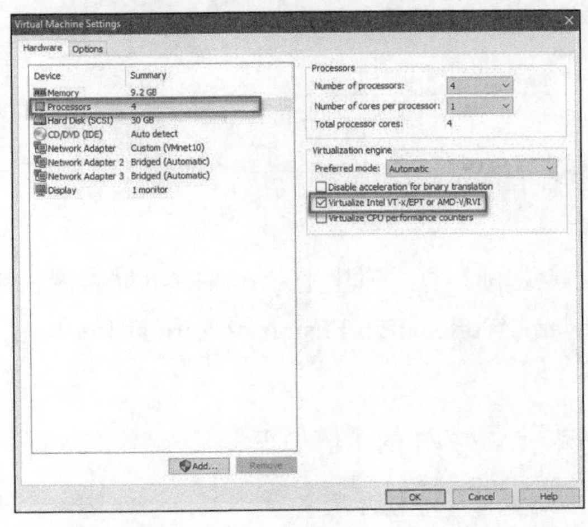

① 注意选择合适的网卡类型，方便 VM 和主机（host）以及外网通信。——译者注

同时，为了有足够的空间存放不同厂商的镜像文件，推荐扩大硬盘容量（见下图）。

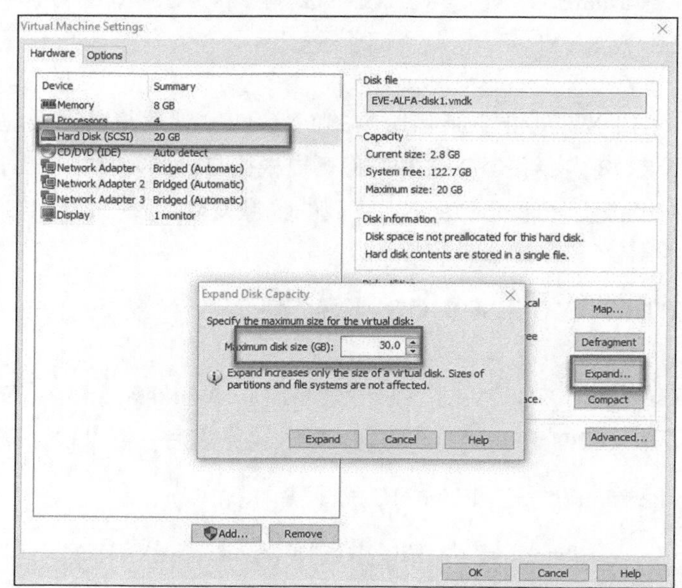

扩大硬盘容量之后，会弹出一个消息框，提示操作成功（见下图）。你需要在子操作系统（VM）中执行一些操作才能完成新旧空间的合并。幸运的是，我们不需要这么做，因为 EVE-NG 会在系统启动期间自动合并这些空间。

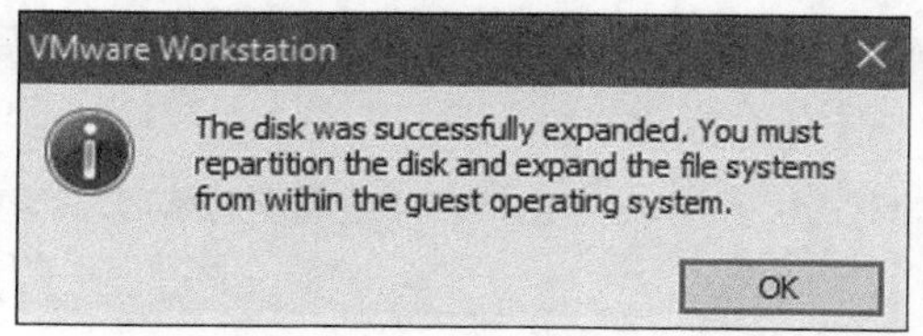

3.7.2　通过 VMware ESXi 安装

VMware ESXi 是一款典型的 1 型虚拟化平台，有时也称为裸机虚拟机管理程序。与 2 型虚拟机管理程序（如 VMware Workstation/Fusion 或 VirtualBox）相比，1 型虚拟机管理程序的功能更加强大。

通过 VMware ESXi 安装 EVE-NG 的步骤如下。

（1）打开 vSphere 客户端，连上 ESXi 服务器。

（2）从 **File** 菜单中，选择 **Deploy OVF Template**。

（3）输入下载的 OVA 镜像路径并单击 **Next** 按钮（见下图）。

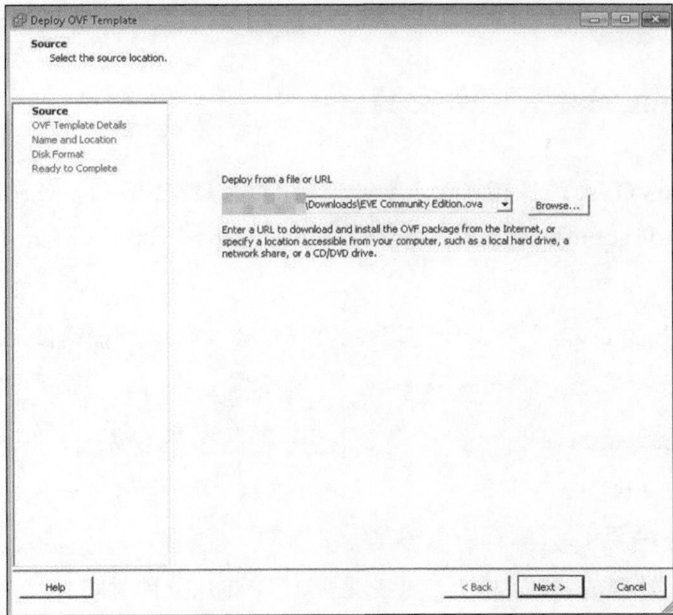

（4）使用虚拟机管理程序的默认设置，一直单击 Next 按钮，直到出现 **Ready to Complete** 界面，然后单击 **Finish** 按钮（见下图）。

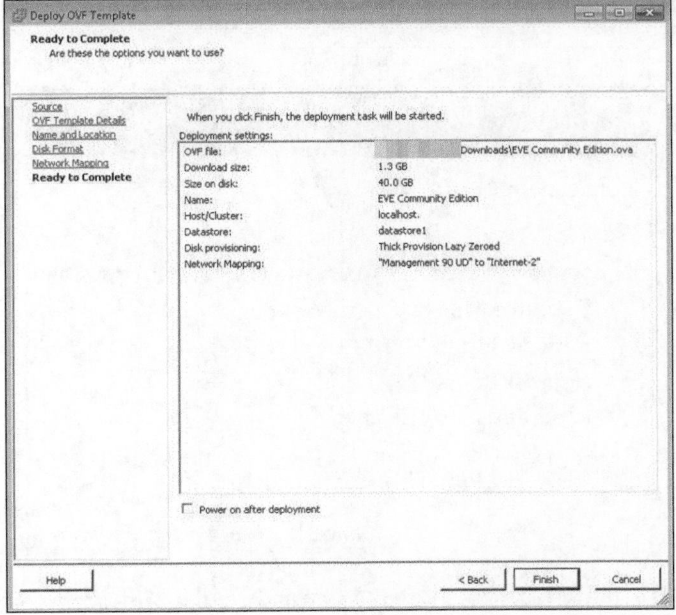

ESXi 开始使用该镜像启动虚拟机，像在之前的 VMware Workstation 中那样，我们可以改变虚拟机的设置，为其添加资源。

3.7.3 通过 Red Hat KVM 安装

首先将下载到的 OVA 镜像转换为 KVM 支持的 QCOW2 格式。格式转换需要用到软件包 qemu-utils 中的 `qemu-img` 程序。下面给出了通过 Red Hat KVM 安装 EVE-NG 的具体步骤。

（1）解压缩下载的 OVA 文件，找到其中的 VMDK 文件（硬盘镜像）。

```
tar -xvf EVE\ Community\ Edition.ova
EVE Community Edition.ovf
EVE Community Edition.vmdk
```

（2）安装 `qemu-utils` 工具。

```
sudo apt-get install qemu-utils
```

（3）将 VMDK 转换成 QCOW2，转换过程可能需要几分钟时间。

```
qemu-img convert -O qcow2 EVE\ Community\ Edition.vmdk eve-ng.qcow
```

这样，我们有了自己的 `qcow2` 文件，可以开始在 Red Hat KVM 中创建虚拟机了。打开 KVM 控制台，在 New VM 界面中选择 **Import existing disk image** 单选按钮（见下图）。

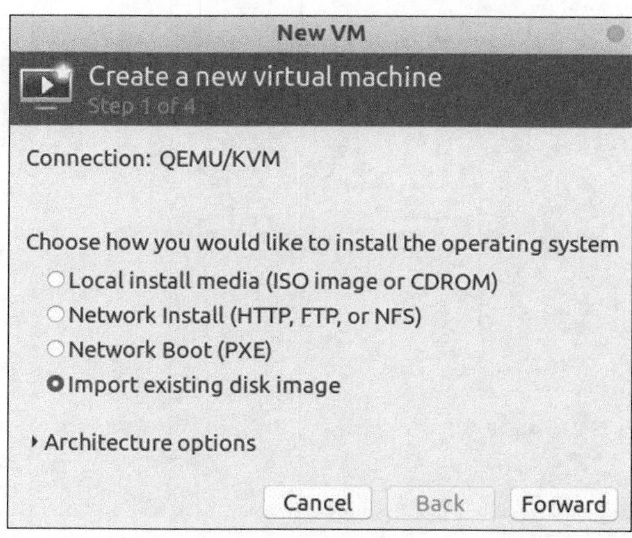

然后，选择转换后的镜像路径，并单击 **Forward** 按钮（见下图）。

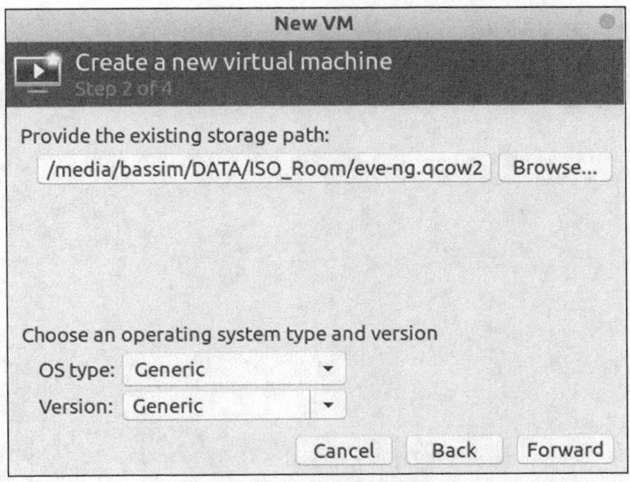

3.7.4 访问 EVE-NG

将镜像导入虚拟机管理程序后，启动虚拟机，系统需要你输入一些必要信息才能完成安装。首先会出现 EVE 标记，这表示镜像已成功通过虚拟机管理程序导入，已准备进入启动阶段。

按以下步骤填写具体信息。

（1）填写 Root 密码（见下图），通过 SSH 连接到 EVE 虚拟机时需要此密码。默认的 root 密码是 eve。

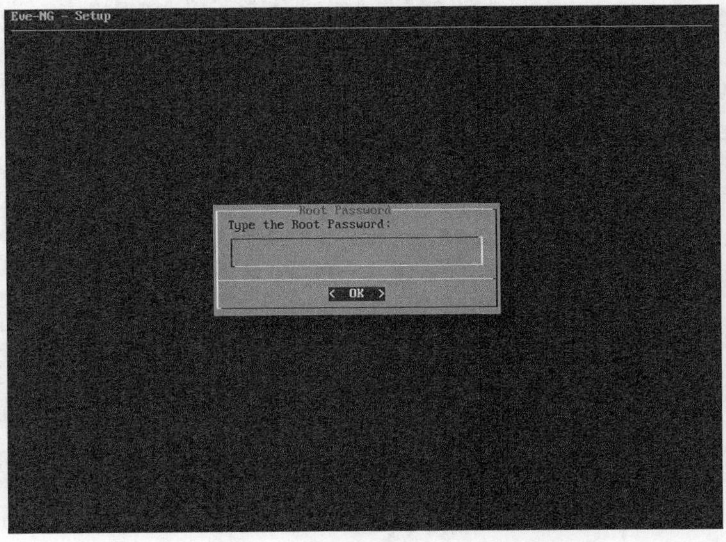

（2）如下图所示，填写主机名，将其作为 Linux 主机名。

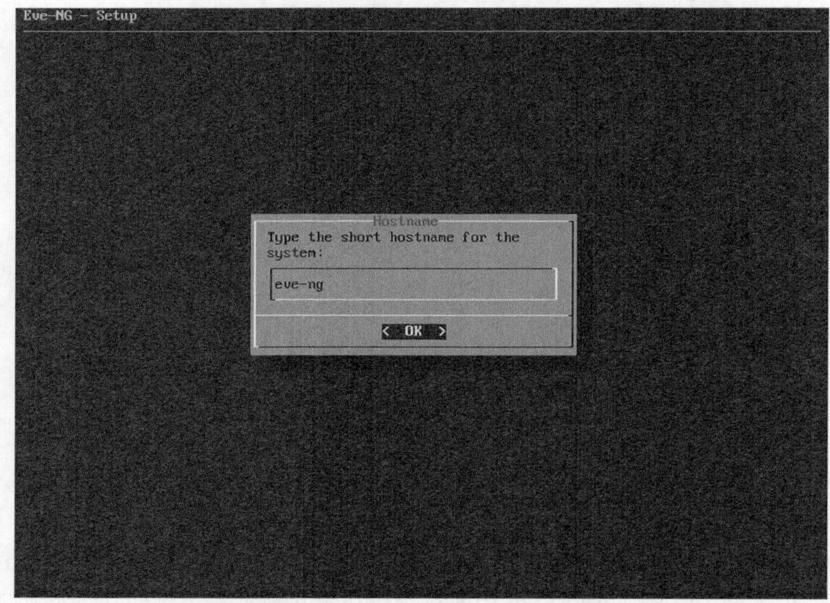

（3）如下图所示，填写机器的域名。

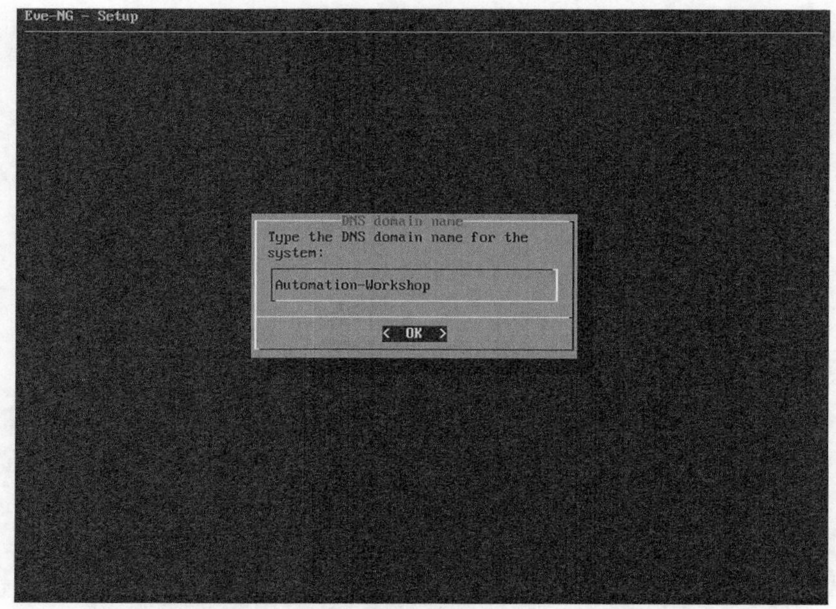

（4）如下图所示，选择使用静态（static）网络，确保机器重启之后 IP 地址不会改变。

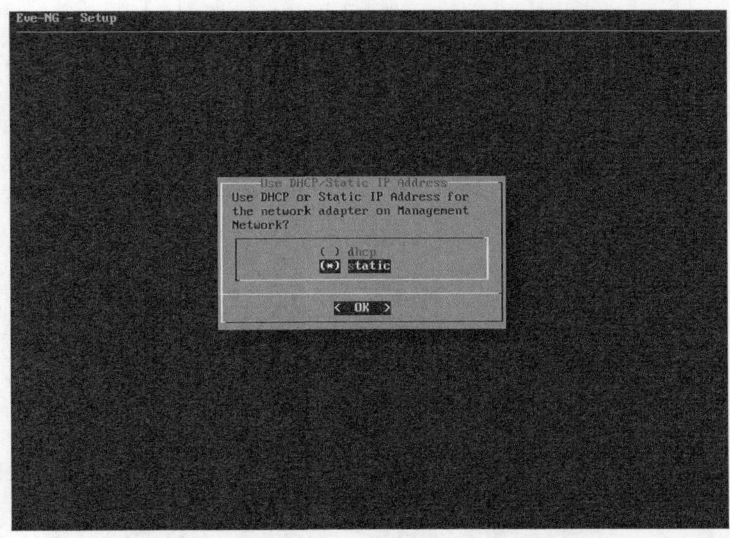

（5）如下图所示，为虚拟机填写一个可以从网络访问的 IP 地址。以后将使用这个 IP 地址建立到 EVE 的 SSH 连接和向存储库中上传设备厂商的镜像文件。

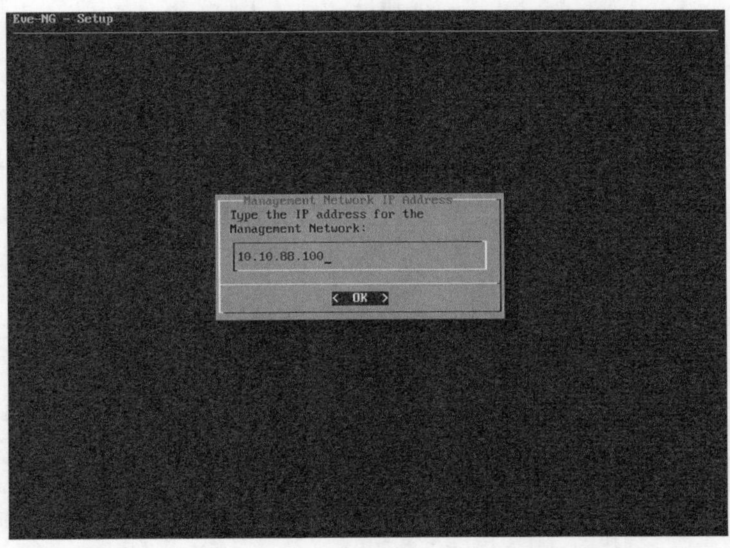

打开浏览器访问 `http://<server_ip>`即可看到 EVE-NG GUI。注意，这里的 `server_IP` 就是在安装时输入的 IP 地址[①]。

① 由于 VM 的种类众多，如果出现 IP 地址无法访问的情况，请查阅桥接模式、host-only 模式，以及 floating IP，为虚拟机设置合适的网卡。——译者注

GUI 默认的用户名与密码分别是 admin 和 eve（见下图），SSH 默认的用户名是 root，密码就是在安装过程中设置的 root 密码。

3.7.5 安装 EVE-NG 客户端工具包

EVE-NG 附带的客户端工具包（client pack）允许我们选择合适的应用程序通过 Telnet 或 SSH（PuTTY 或 SecureCRT）连接到设备，并可以设置 Wireshark 远程抓取虚拟机内网络设备之间的链路上的数据包。此外，该客户端工具包还有助于使用基于远程桌面协议（Remote Desktop Protocol，RDP）和虚拟网络控制台（Virtual Network Console）的镜像。首先从 EVE-NG 网站下载客户端工具包，然后将文件解压缩到 C:\Program Files\EVE-NG（见下图）中。

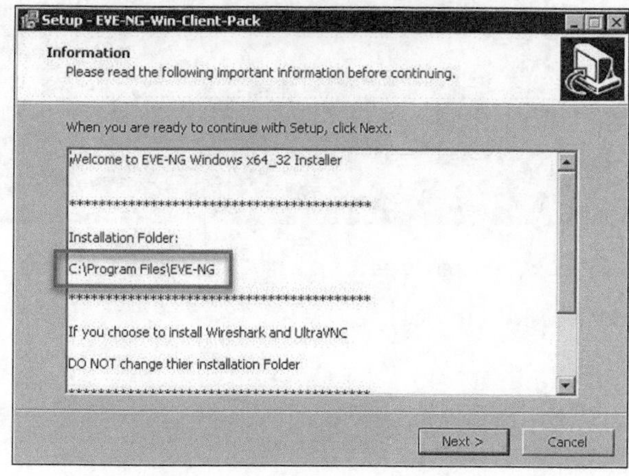

解压缩的文件中有许多 Windows 批处理脚本(`.bat`)，它们主要用来配置主机对 EVE-NG 的访问。我们可以看到配置默认的 Telnet/SSH 客户端的脚本，以及用于 Wireshark 和 VNC 的脚本（见下图）。在文件夹中还可以找到软件源。

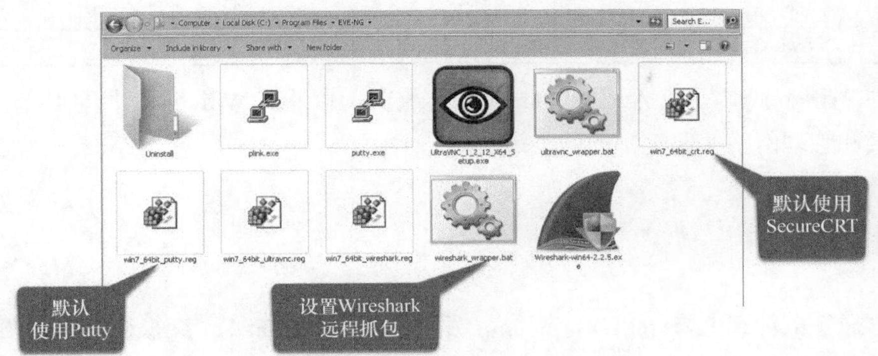

如果你使用的是 Linux(比如 Ubuntu 或者 Fedora)系统，则需要从 GitHub 网站上的这个项目中下载客户端工具包。

3.7.6 在 EVE-NG 中加载网络镜像

所有从设备厂商获取的网络设备镜像都需要上传到`/opt/unetlab/addons/qemu`。EVE-NG 支持基于 QEMU 的镜像、动态镜像（dynamic image）以及 iOL（iOS On Linux）。

从设备厂商获得镜像文件之后，需要在`/opt/unetlab/addons/qemu` 中新建一个文件夹，并将镜像上传至新建的文件夹中。然后执行脚本**/opt/unetlab/wrappers/unl_ wrapper -a fixpermission** 来修复镜像上传之后的权限问题。

3.8 创建企业网络拓扑

我们建立的基础实验室用来模拟一个企业网络，该网络拥有 4 台交换机和 1 个充当外部网络网关的路由器。每个节点的 IP 地址如下表所示。

节点名称	IP 地址
GW	10.10.88.110

续表

节点名称	IP 地址
Switch1	10.10.88.111
Switch2	10.10.88.112
Switch3	10.10.88.113
Switch4	10.10.88.114

相应的 Python 脚本（或 Ansible playbook）放在一台外部 Windows 计算机上，用这台计算机来连接和管理网络实验室中的网络设备。

3.8.1 添加新节点

首先选择已上传到 EVE 的 IOSv 镜像，然后在拓扑中添加 4 个交换机。右击拓扑中的空白区域，并从下拉菜单 **Add a new object** 中选择 **Node**（见下图），用于添加新节点。

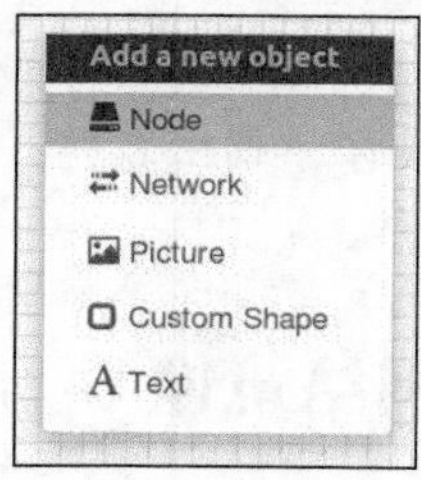

如果出现两个蓝色的 Cisco 镜像，表示它们已经成功添加到 EVE-NG 的可用镜像中，并映射为模板。选择 **Cisco vIOS L2**（见下图），添加 Cisco 交换机。

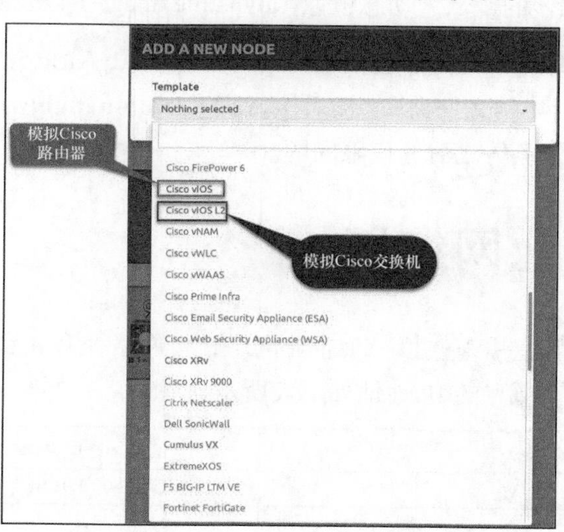

将 **Number of nodes to add** 改为 4（见下图），并单击 **OK** 按钮。

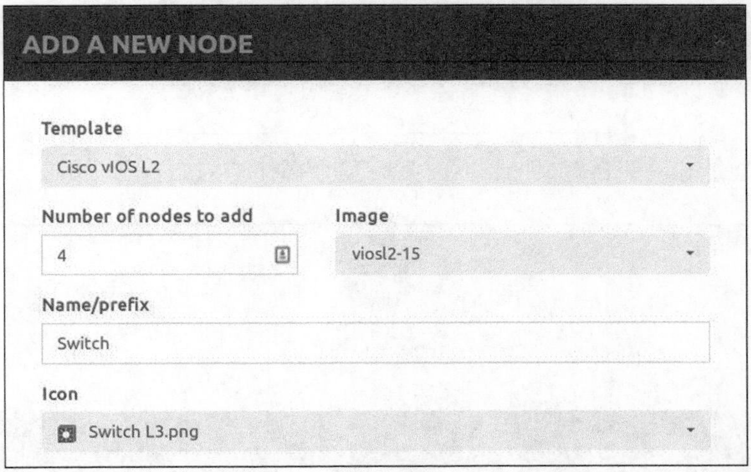

ADD A NEW NODE

Template

Cisco vIOS L2

Number of nodes to add

4

Image

viosl2-15

Name/prefix

Switch

Icon

Switch L3.png

现在网络拓扑中会出现 4 台交换机（见下图），按照同样的方法添加路由器，但是这次要选择 **Cisco vIOS**。

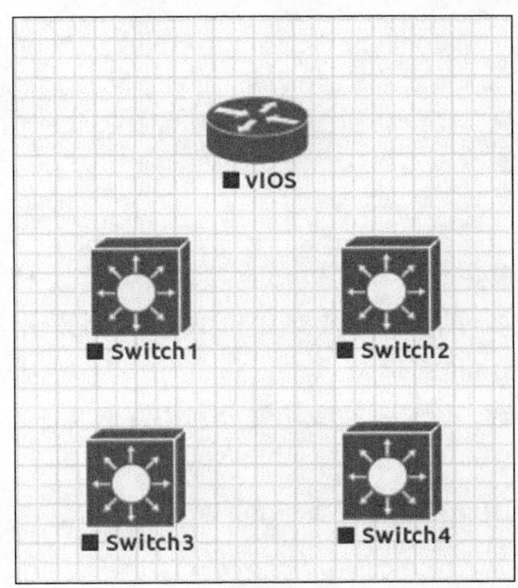

3.8.2 连接节点

在节点没有开启之前将拓扑内的所有节点相互连接起来（见下图），然后启动网络实验室。

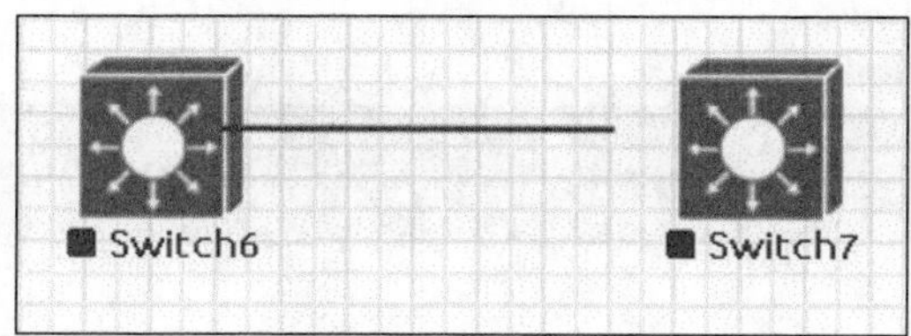

添加了 IP 地址和一些自定义的形状之后，整个拓扑结构如下图所示。

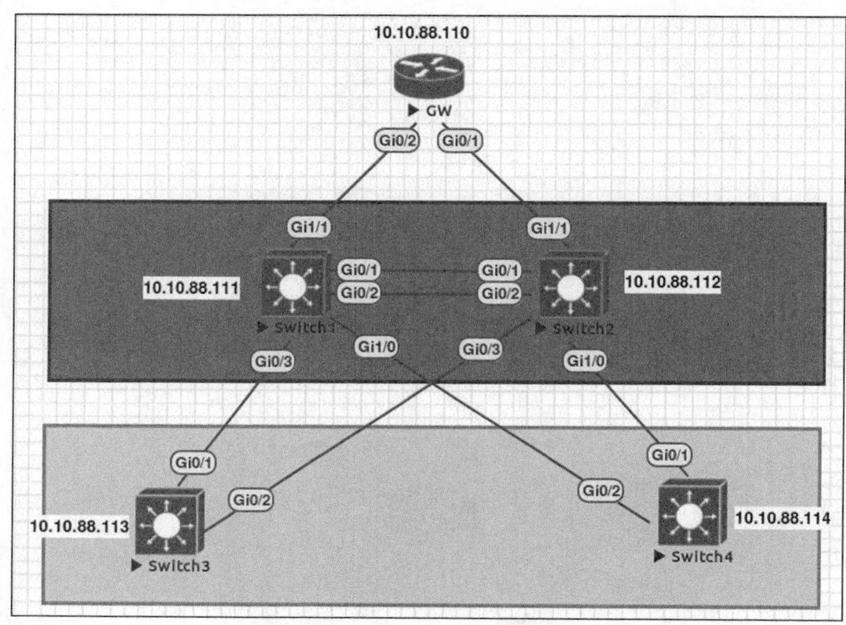

现在，拓扑图已经准备就绪，可以加载基本配置了。使用下面的代码段对所有 Cisco-IOS 设备进行一些基本配置，启用 SSH 和 Telnet 并配置用户名，为连接设备做好准备。注意，有些参数被`{{}}`包围起来了。在下一章中，当使用 Jinja2 模板生成黄金配置时，会进一步讨论这些参数。但是现在我们先分别用每个设备的`hostname`和管理 IP 地址替换掉它们。

```
hostname {{hostname}}
int gig0/0
  no shutdown
  ip address {{mgmt_ip}} 255.255.255.0

aaa new-model
aaa session-id unique
aaa authentication login default local
aaa authorization exec default local none
```

```
enable password access123
username admin password access123
no ip domain-lookup

lldp run

ip domain-name EnterpriseAutomation.net
ip ssh version 2
ip scp server enable
crypto key generate rsa general-keys modulus 1024
```

3.9 小结

首先，本章讲述了当前流行的各种不同类型的网络自动化方式，解释了以 Python 作为网络自动化的主要工具的原因。然后，本章介绍了如何在不同的虚拟机管理程序或平台上安装 EVE-NG，进行初始配置，以及如何将设备商的网络镜像添加到镜像目录中。最后，在网络拓扑图中添加了不同的节点并将它们相互连接起来，搭建了一个企业网络实验室。

在下一章中，我们将开始编写 Python 脚本，使用不同的 Python 库（如 telnetlib、netmiko、Paramiko）在网络拓扑中自动执行各种任务。

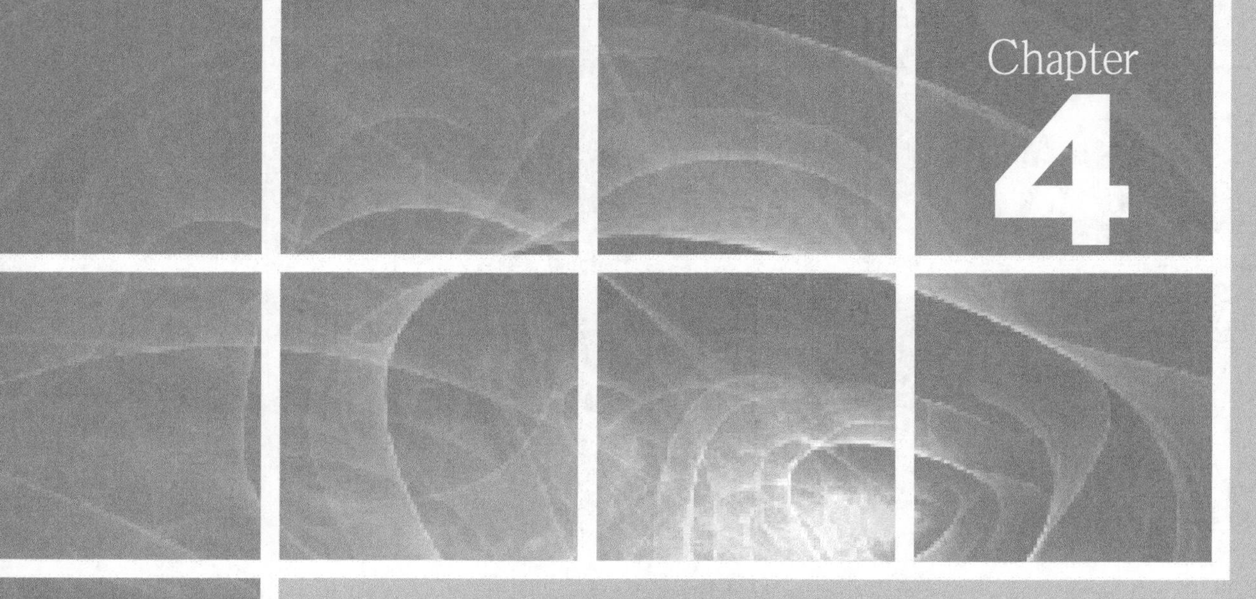

第4章 使用 Python 管理网络设备

现在，我们已经知道如何在不同的操作系统中使用和安装 Python 以及如何使用 EVE-NG 搭建网络拓扑。在本章中，我们将学习如何使用目前常用的网络自动化库自动完成各种网络任务。Python 可以在不同的网络层上与网络设备进行交互。

首先，Python 可以通过套接字编程和 socket 模块操纵底层网络，从而为 Python 所在的操作系统和网络设备之间搭建一个低层次的网络接口。此外，Python 模块还可以通过 Telnet、SSH 和 API 与网络设备进行更高级别的交互。本章将深入探讨如何在 Python 中使用 Telnet 与 SSH 模块在远程设备上建立连接和执行命令。

本章主要介绍以下内容：

- 使用 Python 通过 Telnet 连接设备；
- Python 和 SSH；
- 使用 netaddr 处理 IP 地址和网络；
- 网络自动化实战示例。

4.1 技术要求

应检查是否正确安装了下列工具并保证它们能够正常使用：

- Python 2.7.1*x*；
- PyCharm 社区版或专业版；
- EVE-NG，网络仿真器的安装和配置请参阅第 3 章。

本章中出现的所有脚本请参见 GitHub 网站。

4.1.1 Python 和 SSH

SSH 和 Telnet 的不同之处在于客户端与服务器之间交换数据的通道不一样。SSH 使用的是安全链路，在客户端和设备之间创建了一个使用不同的安全机制进行加密的隧道，通信内容很难被解密。因此在需要保证网络安全的时候，网络工程师会首先选择使用 SSH 协议。

Paramiko 库遵循 SSH2 协议，支持身份验证，密钥处理（DSA、RSA、ECDSA 和 ED25519），以及其他 SSH 功能（如 `proxy` 命令和 SFTP）。在 Python 中当需要使用 SSH 连

接到网络设备时通常使用这个库。

4.1.2 Paramiko 模块

Paramiko 是 Python 中应用最广的 SSH 模块。模块本身使用 Python 语言编写和开发，只有像 crypto 这样的核心函数才会用到 C 语言。从其 GitHub 官方链接上能够看到代码的贡献者和模块历史等诸多信息。

1. 安装模块

打开 Windows cmd 或 Linux shell，运行下面的命令，从 PyPI 下载最新的 Paramiko 模块。如下图所示，同时，该命令会自动下载其他依赖包（如 cyrptography、ipaddress 和 six），并将它们安装到计算机上。

```
pip install paramiko
```

```
bassim@me-inside:~$ pip install paramiko
Collecting paramiko
  Using cached paramiko-2.4.0-py2.py3-none-any.whl
Collecting cryptography>=1.5 (from paramiko)
  Using cached cryptography-2.1.4-cp27-cp27mu-manylinux1_x86_64.whl
Collecting pynacl>=1.0.1 (from paramiko)
  Using cached PyNaCl-1.2.1-cp27-cp27mu-manylinux1_x86_64.whl
Collecting pyasn1>=0.1.7 (from paramiko)
  Using cached pyasn1-0.4.2-py2.py3-none-any.whl
Collecting bcrypt>=3.1.3 (from paramiko)
  Using cached bcrypt-3.1.4-cp27-cp27mu-manylinux1_x86_64.whl
Collecting cffi>=1.7; platform_python_implementation != "PyPy" (from cryptography>=1.5->paramiko)
  Downloading cffi-1.11.4-cp27-cp27mu-manylinux1_x86_64.whl (406kB)
    100% |████████████████████████████████| 409kB 1.2MB/s
Collecting enum34; python_version < "3" (from cryptography>=1.5->paramiko)
  Using cached enum34-1.1.6-py2-none-any.whl
Collecting idna>=2.1 (from cryptography>=1.5->paramiko)
  Using cached idna-2.6-py2.py3-none-any.whl
Collecting asn1crypto>=0.21.0 (from cryptography>=1.5->paramiko)
  Using cached asn1crypto-0.24.0-py2.py3-none-any.whl
Collecting six>=1.4.1 (from cryptography>=1.5->paramiko)
  Using cached six-1.11.0-py2.py3-none-any.whl
Collecting ipaddress; python_version < "3" (from cryptography>=1.5->paramiko)
Collecting pycparser (from cffi>=1.7; platform_python_implementation != "PyPy"->cryptography>=1.5->pa
ramiko)
Installing collected packages: pycparser, cffi, enum34, idna, asn1crypto, six, ipaddress, cryptograph
y, pynacl, pyasn1, bcrypt, paramiko
```

在命令行中输入 Python，然后导入 Paramiko 模块，验证是否安装成功。如下图所示，正确安装之后，能够成功导入模块。也就是说，命令行上不会出现任何错误提示。

```
bassim@me-inside:~$ python
Python 2.7.14 (default, Sep 23 2017, 22:06:14)
[GCC 7.2.0] on linux2
Type "help", "copyright", "credits" or "license" for more information.
>>> import paramiko
>>>
```

2. 用 SSH 连接网络设备

如前所述，要使用 Paramiko 模块，首先需要在 Python 脚本中导入它，然后通过继承 SSHClient()来创建 SSH 客户端。然后，设置 Paramiko 的参数，使其能够自动添加任意未知的主机密钥并信任与服务器之间的连接。接下来，将远程主机的信息（IP 地址、用户名和密码等）传递给 connect 函数。

```
#!/usr/bin/python
__author__ = "Bassim Aly"
__EMAIL__ = "basim.alyy@gmail.com"

import paramiko
import time
Channel = paramiko.SSHClient()
Channel.set_missing_host_key_policy(paramiko.AutoAddPolicy())
Channel.connect(hostname="10.10.88.112", username='admin',
password='access123', look_for_keys=False,allow_agent=False)

shell = Channel.invoke_shell()
```

AutoAddPolicy()是一种策略，可以作为函数 set_missing_host_key_policy()的输入参数。在虚拟实验室环境中推荐使用这种策略，但在生产环境中应当使用更加严格的策略，如 WarningPolicy()或 RejectPolicy()。

最后，invoke_shell()将启动一个连接到 SSH 服务器的交互式 shell 会话。在调用该函数时可以传入一些其他参数（如终端类型、宽度、高度等）。

Paramiko 的连接参数如下。

- Look_For_Keys：默认为 True，强制 Paramiko 使用密钥进行身份验证。也就是说，用户需要使用私钥和公钥对网络设备进行身份验证。在这里使用密码验证，因此将该参数设置为 False。
- allow_agent：表示是否允许连接到 SSH 代理，默认为 True。在用密钥验证时可能需要使用这个选项。由于这里使用的是用户名/密码，因此禁用它。

最后一步，把各种命令（如 show ip int b 和 show arp）发送到设备终端，并将返回结果输出到 Python 窗口中。

```
shell.send("enable\n")
shell.send("access123\n")
```

```
shell.send("terminal length 0\n")
shell.send("show ip int b\n")
shell.send("show arp \n")
time.sleep(2)
print shell.recv(5000)
Channel.close()
```

脚本运行结果如下图所示。

```
Python Console - DevNet
Django Console
* IOSv is strictly limited to use for evaluation, demonstration and IOS  *
* education. IOSv is provided as-is and is not supported by Cisco's      *
* Technical Advisory Center. Any use or disclosure, in whole or in part, *
* of the IOSv Software or Documentation to any third party for any       *
* purposes is expressly prohibited except as otherwise authorized by     *
* Cisco in writing.                                                      *
**************************************************************************
SW2>enable
Password:
SW2#terminal length 0
SW2#show ip int b
Interface              IP-Address      OK? Method Status                Protocol
GigabitEthernet0/1     unassigned      YES unset  up                    up
GigabitEthernet0/2     unassigned      YES unset  up                    up
GigabitEthernet0/3     unassigned      YES unset  up                    up
GigabitEthernet0/0     10.10.88.112    YES NVRAM  up                    up
GigabitEthernet1/0     unassigned      YES unset  up                    up
GigabitEthernet1/1     unassigned      YES unset  up                    up
GigabitEthernet1/2     unassigned      YES unset  up                    up
GigabitEthernet1/3     unassigned      YES unset  up                    up
GigabitEthernet2/0     unassigned      YES unset  up                    up
GigabitEthernet2/1     unassigned      YES unset  up                    up
GigabitEthernet2/2     unassigned      YES unset  up                    up
GigabitEthernet2/3     unassigned      YES unset  up                    up
GigabitEthernet3/0     unassigned      YES unset  up                    up
GigabitEthernet3/1     unassigned      YES unset  up                    up
GigabitEthernet3/2     unassigned      YES unset  up                    up
GigabitEthernet3/3     unassigned      YES unset  up                    up
SW2#show arp
Protocol  Address          Age (min)  Hardware Addr   Type   Interface
Internet  10.10.88.1             10   5254.008e.88b2  ARPA   GigabitEthernet0/0
Internet  10.10.88.112            -   5000.0002.0000  ARPA   GigabitEthernet0/0
>>>
```

如果需要在远程设备上执行耗时很长的命令，就要强制 Python 等待一段时间，直到设备生成输出并将结果返回给 Python，因此最好使用 `time.sleep()`。否则，Python 可能得不到正确的输出结果。

4.1.3　netmiko 模块

netmiko 是 Paramiko 的增强版本，专门面向网络设备。虽然 Paramiko 能够处理与设备的 SSH 连接并判断设备类型是服务器、打印机还是网络设备，但 netmiko 在设计时针对网络设备做了优化，能够更有效地处理 SSH 连接。netmiko 还支持各种不同的设备厂商和平台。

netmiko 也是对 Paramiko 的封装，它使用许多其他增强功能扩展了 Paramiko，比如使用启用的密码直接访问所支持的设备，从文件读取配置并将推送到设备，在登录期间禁用分页显示，以及默认在每条命令后面加上回车符"\n"。

1. 支持的设备商

netmiko 支持许多供应商的设备，并定期在支持列表中添加新的供应商。netmiko 支持的供应商列表分为定期测试类、有限测试类和实验类。在该模块的 GitHub 页面上可以找到这个列表。

定期测试类中支持的供应商如下图所示。

Arista vEOS
Cisco ASA
Cisco IOS
Cisco IOS-XE
Cisco IOS-XR
Cisco NX-OS
Cisco SG300
HP Comware7
HP ProCurve
Juniper Junos
Linux

有限测试类中支持的供应商如下图所示。

Alcatel AOS6/AOS8
Avaya ERS
Avaya VSP
Brocade VDX
Brocade MLX/NetIron
Calix B6
Cisco WLC
Dell-Force10
Dell PowerConnect
Huawei
Mellanox
NetApp cDOT
Palo Alto PAN-OS
Pluribus
Ruckus ICX/FastIron
Ubiquiti EdgeSwitch
Vyatta VyOS

实验类中支持的供应商如下图所示。

A10
Accedian
Aruba
Ciena SAOS
Cisco Telepresence
Check Point GAiA
Coriant
Eltex
Enterasys
Extreme EXOS
Extreme Wing
F5 LTM
Fortinet
MRV Communications OptiSwitch
Nokia/Alcatel SR-OS
QuantaMesh

2. 安装和验证

安装 netmiko 非常简单。打开 Windows 命令行窗口或 Linux shell，执行下面的命令就可以从 PyPI 获取最新版本的 netmiko 包（见下图）。

```
pip install netmiko
```

```
bassim@me-inside:~$ pip install netmiko
Collecting netmiko
  Downloading netmiko-2.0.1.tar.gz (68kB)
    100% |████████████████████████████████| 71kB 450kB/s
Collecting paramiko>=2.0.0 (from netmiko)
  Using cached paramiko-2.4.0-py2.py3-none-any.whl
Collecting scp>=0.10.0 (from netmiko)
  Using cached scp-0.10.2-py2.py3-none-any.whl
Collecting pyyaml (from netmiko)
Collecting pyserial (from netmiko)
  Using cached pyserial-3.4-py2.py3-none-any.whl
Collecting textfsm (from netmiko)
  Downloading textfsm-0.3.2.tar.gz
Collecting cryptography>=1.5 (from paramiko>=2.0.0->netmiko)
  Using cached cryptography-2.1.4-cp27-cp27mu-manylinux1_x86_64.whl
Collecting pynacl>=1.0.1 (from paramiko>=2.0.0->netmiko)
  Using cached PyNaCl-1.2.1-cp27-cp27mu-manylinux1_x86_64.whl
Collecting pyasn1>=0.1.7 (from paramiko>=2.0.0->netmiko)
  Using cached pyasn1-0.4.2-py2.py3-none-any.whl
Collecting bcrypt>=3.1.3 (from paramiko>=2.0.0->netmiko)
  Using cached bcrypt-3.1.4-cp27-cp27mu-manylinux1_x86_64.whl
Collecting cffi>=1.7; platform_python_implementation != "PyPy" (from cryptography>=1.5->param
iko>=2.0.0->netmiko)
  Using cached cffi-1.11.4-cp27-cp27mu-manylinux1_x86_64.whl
Collecting enum34; python_version < "3" (from cryptography>=1.5->paramiko>=2.0.0->netmiko)
  Using cached enum34-1.1.6-py2-none-any.whl
Collecting idna>=2.1 (from cryptography>=1.5->paramiko>=2.0.0->netmiko)
```

然后，在 Python shell 中导入 netmiko，验证模块是否正确地安装到 Python site-packages 中。

```
$python
>>>import netmiko
```

3. 使用 netmiko 建立 SSH 连接

现在该开始使用 netmiko 了，让我们来看看它强大的 SSH 功能。首先连接到网络设备并在上面执行命令。默认情况下，netmiko 在建立会话（session）的过程中会在后台处理许多操作（如添加未知的 SSH 密钥主机，设置终端类型、宽度和高度），在需要的时候还可以进入特权（enable）模式，然后通过运行供应商提供的命令来禁用分页。

首先，以字典格式定义设备并提供下列 5 个必需的关键信息。

```
R1 = {
    'device type ': 'cisco ios',
    'ip': '10.10.88.110',
    'username': 'admin',
    'password': 'access123',
    'secret': 'access123',
}
```

第一个参数是 device_type，为了执行正确的命令，需要使用这个参数来定义平台供应商。然后，需要 SSH 的 IP 地址。如果已经使用 DNS 解析了 IP 地址，该参数可能是主机名；否则，该参数是 IP 地址。接下来，提供 `username`、`password` 以及以 `secret` 参数传递的特权模式的密码。注意，可以使用 `getpass()`模块隐藏密码，并且只在脚本执行期间提示它们。

虽然变量中的密钥序列不重要，但是为了使 netmiko 能够正确解析字典并开始和设备建立连接，密钥的名称应该和之前示例中提供的密钥完全一样。

接下来，从 netmiko 模块导入 `ConnectHandler` 函数，并提供定义的字典来开始建立连接。因为所有的设备是通过特权模式的密码配置的，所以需要为创建的连接提供`.enable()`，以在特权模式下访问。使用`.send_command()`在路由器终端上执行命令，`.send_command()`将会执行命令并通过变量的值显示设备的输出。

```
from netmiko import ConnectHandler
connection = ConnectHandler(**R1)
connection.enable()
output = connection.send_command("show ip int b")
print output
```

脚本输出结果如下。

```
Python Console - DevNet
Django Console
...
Interface              IP-Address      OK? Method Status                Protocol
GigabitEthernet0/0     10.10.88.110    YES NVRAM  up                    up
GigabitEthernet0/1     unassigned      YES NVRAM  administratively down down
GigabitEthernet0/2     unassigned      YES NVRAM  administratively down down
GigabitEthernet0/3     unassigned      YES NVRAM  administratively down down
GigabitEthernet0/4     unassigned      YES NVRAM  administratively down down
GigabitEthernet0/5     unassigned      YES NVRAM  administratively down down

>>>
```

注意，这里看到的输出结果去掉了命令行中的命令回显和设备提示符。默认情况下，netmiko 会替换设备的返回结果，使输出更加整洁，替换过程通过正则表达式完成，这部分会在下一章中介绍。

如果不想使用这种方式，而是希望看到命令提示符，并在返回结果的后面执行命令，可以在.send_command()函数中加上以下参数。

```
output = connection.send_command("show ip int
b",strip_command=False,strip_prompt=False)
```

strip_command=False 和 strip_prompt=False 告诉 netmiko 保留而不是替换命令行回显和提示符。默认情况下它为 True，可以根据需要进行设置。

```
Python Console - DevNet
Django Console
show ip int b
Interface              IP-Address      OK? Method Status                Protocol
GigabitEthernet0/0     10.10.88.110    YES NVRAM  up                    up
GigabitEthernet0/1     unassigned      YES NVRAM  administratively down down
GigabitEthernet0/2     unassigned      YES NVRAM  administratively down down
GigabitEthernet0/3     unassigned      YES NVRAM  administratively down down
GigabitEthernet0/4     unassigned      YES NVRAM  administratively down down
GigabitEthernet0/5     unassigned      YES NVRAM  administratively down down
R1#

>>>
```

4. 使用 netmiko 配置设备

netmiko 可以通过 SSH 配置远程设备，通过.config 方法进入设备的配置模式，然后按照 list 格式中的信息（配置列表）配置设备。配置列表可以直接写在 Python 脚本中，也可以从文件中读取，然后用 readlines()方法转换为列表。

```
from netmiko import ConnectHandler
```

```
SW2 = {
     'device_type': 'cisco_ios',
     'ip': '10.10.88.112',
     'username': 'admin',
     'password': 'access123',
     'secret': 'access123',
}

core_sw_config = ["int range gig0/1 - 2","switchport trunk encapsulation
dot1q",
                  "switchport mode trunk","switchport trunk allowed vlan
1,2"]


print "########## Connecting to Device {0} ############".format(SW2['ip'])
net_connect = ConnectHandler(**SW2)
net_connect.enable()
print "***** Sending Configuration to Device *****"
net_connect.send_config_set(core_sw_config)
```

上面的脚本以另外一种形式连接到 SW2 并进入特权模式。但这次使用的是另一个 netmiko 方法——`send_config_set()`，该方法需要使用列表形式的配置文件，同时进入设备的配置模式并根据列表对设备进行配置。这里测试了一个简单的配置，即修改 `gig0/1` 和 `gig0/2`，并将这两个端口配成 trunk 模式。在设备上执行 `show run` 命令时，如果命令执行成功，会出现类似下面的输出。

```
interface GigabitEthernet0/1
 switchport trunk allowed vlan 1,2
 switchport trunk encapsulation dot1q
 switchport mode trunk
 media-type rj45
 negotiation auto
!
interface GigabitEthernet0/2
 switchport trunk allowed vlan 1,2
 switchport trunk encapsulation dot1q
 switchport mode trunk
 media-type rj45
 negotiation auto
!
```

5. netmiko 中的异常处理

在设计 Python 脚本时，我们可能会假设设备已启动并运行，并且用户已提供了正确的登录信息，但实际情况并非总是如此。有时 Python 和远程设备之间的网络连接可能存在问题，或者用户输入了错误的登录信息。如果发生这种情况，Python 通常会抛出异常并退出，但这种解决方案显然不够完美。

netmiko 中的异常处理模块 `netmiko.ssh_exception` 提供的一些异常处理类可以处理上面所说的那些情况。第一个类 `AuthenticationException` 能够捕获远程设备中的身份验证错误。第二个类 `NetMikoTimeoutException` 能够捕获 netmiko 和设备之间的超时或任何连接问题。下面的例子中使用 `try-except` 子句包含了 `ConnectHandler()` 方法，用来捕获超时和身份验证异常。

```
from netmiko import ConnectHandler
from netmiko.ssh_exception import AuthenticationException,
NetMikoTimeoutException
device = {
    'device_type': 'cisco_ios',
    'ip': '10.10.88.112',
    'username': 'admin',
    'password': 'access123',
    'secret': 'access123',
}


print "########## Connecting to Device {0}
############".format(device['ip'])
try:
    net_connect = ConnectHandler(**device)
    net_connect.enable()

    print "***** show ip configuration of Device *****"
    output = net_connect.send_command("show ip int b")
    print output

    net_connect.disconnect()

except NetMikoTimeoutException:
    print "=========== SOMETHING WRONG HAPPEN WITH {0}
============".format(device['ip'])

except AuthenticationException:
    print "========= Authentication Failed with {0}
============".format(device['ip'])

except Exception as unknown_error:
    print "============ SOMETHING UNKNOWN HAPPEN WITH {0} ============"
```

6. 设备自动发现

netmiko 提供了一种可以“猜测”设备类型和发现设备的机制。通过组合使用 SNMP 发现 OIDS 和在远程控制台上执行多个 show 命令这两种方式，根据输出字符串检测路由器的操作系统和类型。然后，netmiko 将相应的驱动程序加载到 ConnectHandler()类中。

```
#!/usr/local/bin/python
__author__ = "Bassim Aly"
__EMAIL__ = "basim.alyy@gmail.com"

from netmiko import SSHDetect, Netmiko
device = {
'device_type': 'autodetect',
'host': '10.10.88.110',
'username': 'admin',
'password': "access123",
}

detect_device = SSHDetect(**device)
device_type = detect_device.autodetect()
print(device_type)
print(detect_device.potential_matches)

device['device_type'] = device_type
connection = Netmiko(**device)
```

在上面的脚本中，应注意以下几点。

首先，设备字典中的 device_type 等于 autodetect，也就是告诉 netmiko 在检测到设备类型之前不要加载驱动程序。

然后，使用 netmiko 的 SSHDetect()类发现设备。它使用 SSH 连接到设备，并执行一些命令以找出操作系统的类型，结果以字典形式返回。

接着，使用 autodetect()函数将匹配度最高的结果赋给 device_type 变量。

接下来，输出 potential_matches，查看字典内的全部返回结果。

最后，可以更新设备字典并为其分配新的 device_type。

4.2 在 Python 中使用 Telnet 协议

Telnet 是 TCP/IP 协议栈中最早可用的协议之一，主要用来在服务器和客户端之间建立连接、交换数据。服务器端监听 TCP 端口 23，等待客户端的连接请求。

在下面的例子中，我们将创建一个 Python 脚本作为 Telnet 客户端，拓扑中的其他路由器和交换机则作为 Telnet 服务器。Python 原生的 telnetlib 库已经支持 Telnet，所以不需要另外安装。

客户端对象可以通过 telnetlib 模块中的 `Telnet()` 类实例化创建。通过这个对象，我们能够使用 telnetlib 中的两个重要函数——`read_until()`（用于读取输出结果）和 `write()`（用于向远程设备写入内容）。这两个函数用来和 Telnet 连接交互，从 Telnet 连接读取或向 Telnet 连接写入数据。

还有一点非常关键，使用 `read_until()` 读取 Telnet 连接的内容之后缓冲区会被清空，无法再次读取。因此，如果在后面的处理中还会用到之前读取的重要数据，需要在脚本里将其另存为变量。

Telnet 数据以明文形式发送，因此通过“中间人攻击”可以捕获并查看到 Telnet 数据，如用户信息和密码。即便如此，一些服务提供商和企业仍然在使用它，只是他们会集成 VPN 和 radius/tacacs 协议，以提供轻量级和安全的访问方式。

让我们一步步分析这个脚本。

（1）在 Python 脚本中导入 telnetlib 模块，在变量中定义用户名和密码。代码如下。

```
import telnetlib
username = "admin"
password = "access123"
enable_password = "access123"
```

（2）定义一个变量，用来和远程主机建立连接。注意，只需要提供远程主机的 IP 地址，不用在连接建立过程中提供用户名或密码。

```
cnx = telnetlib.Telnet(host="10.10.88.110") #here we're telnet to
Gateway
```

（3）通过读取 Telnet 连接返回的输出并搜索“Username:”关键字来提供 Telnet 连接的用户名。然后写入管理员用户名。如果需要，用同样的方法输入 Telnet 密码。

```
cnx.read_until("Username:")
cnx.write(username + "\n")
cnx.read_until("Password:")
cnx.write(password + "\n")
cnx.read_until(">")
cnx.write("en" + "\n")
cnx.read_until("Password:")
cnx.write(enable_password + "\n")
```

Telnet 连接建好之后，在脚本中加上控制台提示符非常重要；否则，连接将陷入死循环。接着 Python 脚本就会超时并出现错误。

（4）向 Telnet 连接写入 show ip interface brief 命令并开始读取返回内容，直到出现路由器提示符（#）为止。通过以下命令可以得到路由器的接口配置。

```
cnx.read_until("#")
cnx.write("show ip int b" + "\n")
output = cnx.read_until("#")
print output
```

完整的脚本如下所示。

```
__author__ = "Bassim Aly"
__EMAIL__ = "basim.alyy@gmail.com"

import telnetlib
username = "admin"
password = "access123"
enable_password = "access123"
cnx = telnetlib.Telnet(host="10.10.88.110")
cnx.read_until("Username:")
cnx.write(username + "\n")
cnx.read_until("Password:")
cnx.write(password + "\n")
cnx.read_until(">")
cnx.write("en" + "\n")
cnx.read_until("Password:")
cnx.write(enable_password + "\n")
cnx.read_until("#")
cnx.write("show ip int b" + "\n")
output = cnx.read_until("#")
print output
```

脚本运行结果如下所示。

```
Run - DevNet
Run  telnetlib_1
/usr/bin/python2.7 /media/bassim/DATA/GoogleDrive/Packt/EnterpriseAutomationProject
 /Chapter5_Using_Python_to_manage_network_devices/telnetlib_1.py
show ip int b
Interface                  IP-Address      OK? Method Status                Protocol
GigabitEthernet0/0         10.10.88.110    YES NVRAM  up                    up
GigabitEthernet0/1         unassigned      YES NVRAM  administratively down down
GigabitEthernet0/2         unassigned      YES NVRAM  administratively down down
GigabitEthernet0/3         unassigned      YES NVRAM  administratively down down
GigabitEthernet0/4         unassigned      YES NVRAM  administratively down down
GigabitEthernet0/5         unassigned      YES NVRAM  administratively down down
R1#

Process finished with exit code 0
```

注意，在输出中包含了执行的命令 show ip int b，并且在 stdout 中输出和返回了路由器提示符"R1#"。可以使用内置的字符串函数（如 replace()）从输出中清除它们。

```
cleaned_output = output.replace("show ip int b","").replace("R1#","")
print cleaned_output
```

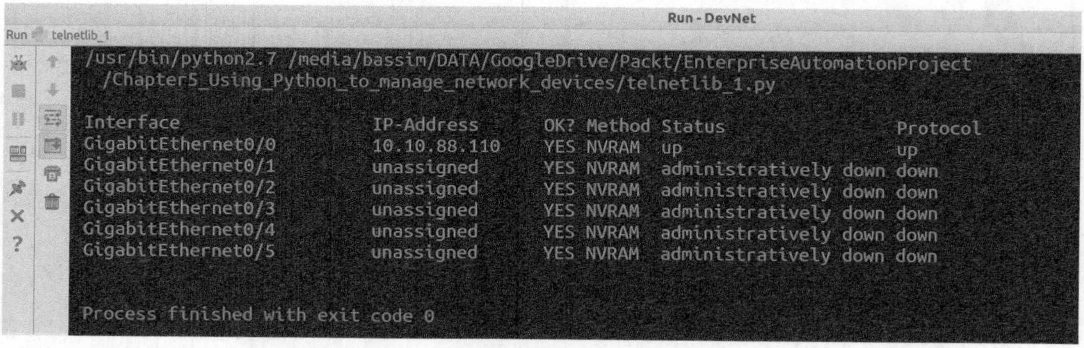

```
Run - DevNet
Run  telnetlib_1
/usr/bin/python2.7 /media/bassim/DATA/GoogleDrive/Packt/EnterpriseAutomationProject
  /Chapter5_Using_Python_to_manage_network_devices/telnetlib_1.py

Interface                  IP-Address      OK? Method Status                Protocol
GigabitEthernet0/0         10.10.88.110    YES NVRAM  up                    up
GigabitEthernet0/1         unassigned      YES NVRAM  administratively down down
GigabitEthernet0/2         unassigned      YES NVRAM  administratively down down
GigabitEthernet0/3         unassigned      YES NVRAM  administratively down down
GigabitEthernet0/4         unassigned      YES NVRAM  administratively down down
GigabitEthernet0/5         unassigned      YES NVRAM  administratively down down


Process finished with exit code 0
```

你可能已经注意到脚本中使用了密码并将密码以明文形式写下来，这样做显然是不安全的。同时，在 Python 脚本中使用硬编码也不是好习惯。在下一节中，我们将学习如何隐藏密码并设计一种机制，从而在脚本运行时要求用户输入密码。

此外，如果要执行那些输出结果可能跨越多个页面的命令（如 `show running config`），则需要在连接到设备之后和发送命令之前，先通过发送 termindl length 0 来禁用分页。

使用 telnetlib 推送配置

在上一节中，我们通过执行 `show ip int brief` 简单介绍了 telnetlib 的操作过程。现在我们要用 telnetlib 将 VLAN 配置推送到实验室网络拓扑中的 4 台交换机。使用 Python 的 `range()` 函数创建一个 VLAN 列表，遍历列表将 VLAN ID 推送到当前交换机。注意，我们将交换机的 IP 地址放到了另一个列表中，使用外部 `for` 循环来遍历这个列表。同时使用内置模块 getpass 隐藏控制台中的密码，在脚本运行时提示用户输入密码。

```
#!/usr/bin/python
import telnetlib
import getpass
import time

switch_ips = ["10.10.88.111", "10.10.88.112", "10.10.88.113",
"10.10.88.114"]
username = raw_input("Please Enter your username:")
password = getpass.getpass("Please Enter your Password:")
enable_password = getpass.getpass("Please Enter your Enable Password:")

for sw_ip in switch_ips:
    print "\n#################### Working on Device " + sw_ip + "
```

```
####################"
    connection = telnetlib.Telnet(host=sw_ip.strip())
    connection.read_until("Username:")
    connection.write(username + "\n")
    connection.read_until("Password:")
    connection.write(password + "\n")
    connection.read_until(">")
    connection.write("enable" + "\n")
    connection.read_until("Password:")
    connection.write(enable_password + "\n")
    connection.read_until("#")
    connection.write("config terminal" + "\n") # now i'm in config mode
    vlans = range(300,400)
    for vlan_id in vlans:
        print "\n********* Adding VLAN " + str(vlan_id) + "**********"
        connection.read_until("#")
        connection.write("vlan " + str(vlan_id) + "\n")
        time.sleep(1)
        connection.write("exit" + "\n")
        connection.read_until("#")
    connection.close()
```

最外层的 `for` 循环用来遍历设备列表，然后在每次循环（每个设备）中生成范围为 300～400 的 VLAN ID 并将它们推送到当前设备。

脚本运行结果如下。

```
bassim@me-inside:~$ /usr/bin/python2.7 /media/bassim/DATA/GoogleDrive/Packt/EnterpriseAutomationProje
ct/Chapter5_Using_Python_to_manage_network_devices/telnetlib_push_vlans.py
Please Enter your username:admin
Please Enter your Password:
Please Enter your Enable Password:

#################### Working on Device 10.10.88.111 ####################

********* Adding VLAN 300**********

********* Adding VLAN 301**********

********* Adding VLAN 302**********

********* Adding VLAN 303**********

********* Adding VLAN 304**********

********* Adding VLAN 305**********

********* Adding VLAN 306**********

********* Adding VLAN 307**********

********* Adding VLAN 308**********
```

当然，也可以通过交换机控制台检查运行结果（仅显示部分结果）。

```
SW1#show vlan

VLAN Name                             Status    Ports
---- -------------------------------- --------- -------------------------------
1    default                          active    Gi0/1, Gi0/2, Gi0/3, Gi1/0
                                                Gi1/1, Gi1/2, Gi1/3, Gi2/0
                                                Gi2/1, Gi2/2, Gi2/3, Gi3/0
                                                Gi3/1, Gi3/2, Gi3/3
300  VLAN0300                         active
301  VLAN0301                         active
302  VLAN0302                         active
303  VLAN0303                         active
304  VLAN0304                         active
305  VLAN0305                         active
306  VLAN0306                         active
307  VLAN0307                         active
308  VLAN0308                         active
309  VLAN0309                         active
310  VLAN0310                         active
311  VLAN0311                         active
312  VLAN0312                         active
313  VLAN0313                         active
314  VLAN0314                         active
315  VLAN0315                         active
316  VLAN0316                         active
317  VLAN0317                         active
```

4.3 使用 netaddr 处理 IP 地址和网络

管理和操作 IP 地址是网络工程师最重要的任务之一。Python 开发人员提供了一个令人惊叹的库——netaddr，它可以识别 IP 地址并对其进行处理。假设你开发了一个应用程序，其中需要获取 `129.183.1.55/21` 的网络地址和广播地址，通过模块内的内置方法 `network` 和 `broadcast` 可以轻松地获取到相应的地址。

```
net.network
129.183.0.
net.broadcast
129.183.0.0
```

netaddr 支持很多功能。

在第 3 层的地址中，netaddr 支持下列功能。

- 识别 IPv4 和 IPv6 地址、子网、掩码和前缀。
- 对 IP 网络进行迭代、切片、排序、汇总和分类。
- 处理各种格式（CIDR、任意子网长度、nmap）。
- 对 IP 地址和子网进行集合操作（联合、交叉等）。
- 解析各种不同的格式和符号。
- 查找 IANA IP 块信息。

- 生成 DNS 反向查找结果。
- 检索超网和生成子网。

在第 2 层的地址中，netaddr 支持下列功能。

- 展示和操作 Mac 地址与 EUI-64 标识符。
- 查找 IEEE 组织信息（OUI、IAB）。
- 生成链路本地的 IPv6 地址。

4.3.1 安装 netaddr

使用 pip 安装 netaddr 模块，命令如下。

```
pip install netaddr
```

安装完成之后打开 PyCharm 或 Python 控制台并导入模块，验证模块是否安装成功。如果没有出现错误信息，说明模块安装成功。

```
python
>>>import netaddr
```

4.3.2 使用 netaddr 的方法

netaddr 模块提供了两种重要的方法来定义 IP 地址并对其进行处理。第一种方法是 IPAddress()，它用来定义具有默认子网掩码的单个有类 IP 地址。第二种方法是 IPNetwork()，它使用 CIDR 定义无类 IP 地址。

两种方法都将 IP 地址作为字符串来处理，根据字符串返回 IP 地址或 IP 网络对象。返回的对象还可以继续执行许多方法，比如判断 IP 地址是单播地址、多播地址、环回地址、私有地址还是公有地址，以及地址有效还是无效地址。这些操作的结果是 True 或 False。在 Python 的 if 条件中可以直接使用这些方法。

另外，该模块支持使用==、<和>等比较运算符比较两个 IP 地址，从而生成子网。它还可以检索一个给定 IP 地址或者子网术语的超网列表。最终，netaddr 模块可以生成有效主机的一个完整列表（不包括网络 IP 地址和网络广播地址）。

```
#!/usr/bin/python
__author__ = "Bassim Aly"
```

```
    __EMAIL__ = "basim.alyy@gmail.com"
    from netaddr import IPNetwork,IPAddress
    def check_ip_address(ipaddr):
        ip_attributes = []
        ipaddress = IPAddress(ipaddr)

        if ipaddress.is_private():
            ip_attributes.append("IP Address is Private")
        else:
            ip_attributes.append("IP Address is public")
        if ipaddress.is_unicast():
            ip_attributes.append("IP Address is unicast")
        elif ipaddress.is_multicast():
            ip_attributes.append("IP Address is multicast")
        if ipaddress.is_loopback():
            ip_attributes.append("IP Address is loopback")

        return "\n".join(ip_attributes)

    def operate_on_ip_network(ipnet):

        net_attributes = []
        net = IPNetwork(ipnet)
        net_attributes.append("Network IP Address is " + str(net.network) + "
        and Netowrk Mask is " + str(net.netmask))

        net_attributes.append("The Broadcast is " + str(net.broadcast) )
        net_attributes.append("IP Version is " + str(net.version) )
        net_attributes.append("Information known about this network is " +
        str(net.info) )
        net_attributes.append("The IPv6 representation is " + str(net.ipv6()))
        net_attributes.append("The Network size is " + str(net.size))
        net_attributes.append("Generating a list of ip addresses inside the
        subnet")

        for ip in net:
            net_attributes.append("\t" + str(ip))
        return "\n".join(net_attributes)

    ipaddr = raw_input("Please Enter the IP Address: ")
    print check_ip_address(ipaddr)

    ipnet = raw_input("Please Enter the IP Network: ")
    print operate_on_ip_network(ipnet)
```

在上面的脚本中，首先使用 raw_input()函数请求用户输入 IP 地址和 IP 网络，然后将输入的值作为参数传递给两个用户方法 check_ip_address()和 operate_on_ip_network()并调用它们。第一个函数 check_ip_address()会检查输入的 IP 地址，同时尝试生成有关 IP 地址属性的报告（例如，IP 地址是单播、多播、私有还是环回地址），并将输出返回给用户。

第二个函数 `operate_on_ip_network()` 用来完成和网络相关的操作，即生成网络 ID、掩码、广播、版本、网络上的已知信息、IPv6 地址的显示方式，最后生成该子网内的所有 IP 地址。

注意，`net.info` 只能对公共 IP 地址生成可用信息，对私有 IP 地址不起作用。

同样，在使用之前需要先从 netaddr 模块导入 `IP Network` 和 `IP Address`。

脚本运行结果如下所示。

```
Python Console - DevNet
Django Console
...
Please Enter the IP Address: >? 10.10.88.1
IP Address is Private
IP Address is unicast
Please Enter the IP Network: >? 8.8.8.8/24
Network IP Address is 8.8.8.0 and Netowrk Mask is 255.255.255.0
The Broadcast is 8.8.8.255
IP Version is 4
Information known about this network is {'IPv4': [{'date': '1992-12',
  'designation': 'Level 3 Communications, Inc.',
  'prefix': '8/8',
  'status': 'Legacy',
  'whois': 'whois.arin.net'}]}
The IPv6 representation is ::ffff:8.8.8.8/120
The Network size is 256
Generating a list of ip addresses inside the subnet
    8.8.8.0
    8.8.8.1
    8.8.8.2
    8.8.8.3
    8.8.8.4
    8.8.8.5
    8.8.8.6
    8.8.8.7
    8.8.8.8
    8.8.8.9
    8.8.8.10
    8.8.8.11
    8.8.8.12
>>>
```

4.4 简单的用例

随着网络变得越来越大，其中包含更多来自各种不同供应商的设备，这就需要创建模块化的 Python 脚本来自动执行各种任务。接下来的几节将分析 3 个用例，这些用例可以从网络中收集不同信息，缩短解决问题所需的时间，或者至少将网络配置恢复到其上次已知的良好状态。使用自动化工作流来处理网络故障、修复网络环境，网络工程师能够更关心工作完成情况，提高业务水平。

4.4.1 备份设备配置

备份设备配置对于任何一名网络工程师来说都是最重要的任务之一。在这个用例中，我们将使用 netmiko 库设计一个示例 Python 脚本。该脚本用来备份设备配置，它适用于不同的供应商和平台。

为方便日后访问或引用，我们将根据设备 IP 地址格式化输出文件名，例如，SW1 备份操作的输出文件保存在 `dev_10.10.88.111_.cfg` 中。

创建 Python 脚本

从定义交换机开始，我们希望将其配置备份为文本文件（设备文件），用逗号分隔访问设备的用户名、密码等详细信息。这样就可以在 Python 脚本中使用 `split()` 函数来获取这些数据，方便在 `ConnectHandler` 函数中使用这些数据。此外，还可以从 Microsoft Excel 工作表或任何数据库中轻松导出该文件以及把该文件导入其中。

文件结构如下。

```
<device_ipaddress>,<username>,<password>,<enable_password>,<vendor>
```

```
10.10.88.110,admin,access123,access123,cisco
10.10.88.111,admin,access123,access123,Cisco
10.10.88.112,admin,access123,access123,Cisco
10.10.88.113,admin,access123,access123,Cisco
10.10.88.114,admin,access123,access123,Cisco
```

创建 Python 脚本，使用 `with open` 子句在脚本中导入该文件。在导入的文件对象上使用 `readlines()` 方法将文件中的每一行组成列表，然后用 `for` 循环逐行遍历文件，用 `split()` 函数获取每一行中用逗号隔开的设备信息，并将它们赋予相应的变量。

```
from netmiko import ConnectHandler
from datetime import datetime

with
open("/media/bassim/DATA/GoogleDrive/Packt/EnterpriseAutomationProject/Chap
ter5_Using_Python_to_manage_network_devices/UC1_devices.txt") as
devices_file:
    devices = devices_file.readlines()
for line in devices:
    line = line.strip("\n")
    ipaddr = line.split(",")[0]
    username = line.split(",")[1]
    password = line.split(",")[2]
```

```
    enable_password = line.split(",")[3]

    vendor = line.split(",")[4]

    if vendor.lower() == "cisco":
        device_type = "cisco_ios"
        backup_command = "show running-config"

    elif vendor.lower() == "juniper":
        device_type = "juniper"
        backup_command = "show configuration | display set"
```

由于我们的目标是创建模块化的、支持多种设备供应商的脚本，因此在 `if` 子句中需要检查设备供应商，并为该设备分配正确的 `device_type` 和 `backup_command`。

接下来，建立与设备的 SSH 连接，使用 netmiko 模块中的 `.send_command()` 方法执行备份命令。

```
print str(datetime.now()) + " Connecting to device {}" .format(ipaddr)

net_connect = ConnectHandler(device_type=device_type,
                             ip=ipaddr,
                             username=username,
                             password=password,
                             secret=enable_password)
net_connect.enable()
running_config = net_connect.send_command(backup_command)

print str(datetime.now()) + " Saving config from device {}" .format(ipaddr)

f = open( "dev_" + ipaddr + "_.cfg", "w")
f.write(running_config)
f.close()
print "=============================================="
```

在最后的几行中，以写入方式打开一个文件（文件不存在时将自动创建），文件名中包含了前面从设备文件中读取的 `ipaddr` 变量。

脚本运行结果如下。

```
Run - DevNet
Run  UC1_BackupDeviceConfig
/usr/bin/python2.7 /media/bassim/DATA/GoogleDrive/Packt/EnterpriseAutomationProject
  /Chapter5_Using_Python_to_manage_network_devices/UC1_BackupDeviceConfig.py
2018-02-08 20:37:11.690865 Connecting to device 10.10.88.110
2018-02-08 20:37:23.363711 Saving config from device 10.10.88.110
==============================================
2018-02-08 20:37:23.364040 Connecting to device 10.10.88.111
2018-02-08 20:37:37.711011 Saving config from device 10.10.88.111
==============================================
2018-02-08 20:37:37.711355 Connecting to device 10.10.88.112
2018-02-08 20:37:51.856718 Saving config from device 10.10.88.112
==============================================
2018-02-08 20:37:51.866718 Connecting to device 10.10.88.113
2018-02-08 20:38:06.578131 Saving config from device 10.10.88.113
==============================================
2018-02-08 20:38:06.578548 Connecting to device 10.10.88.114
2018-02-08 20:38:21.228174 Saving config from device 10.10.88.114
==============================================

Process finished with exit code 0
```

需要注意的是，备份的配置文件存储在项目的主目录中，文件名称包含每个设备的 IP 地址（见下图）。

```
bassim@me-inside:portal$ ls dev*
dev_10.10.88.110_.cfg  dev_10.10.88.112_.cfg  dev_10.10.88.114_.cfg
dev_10.10.88.111_.cfg  dev_10.10.88.113_.cfg
bassim@me-inside:portal$
bassim@me-inside:portal$ more dev_10.10.88.110_.cfg
Building configuration...


Current configuration : 3994 bytes
!
version 15.6
service timestamps debug datetime msec
service timestamps log datetime msec
no service password-encryption
!
hostname R1
!
boot-start-marker
boot-end-marker
!
!
enable password access123
!
aaa new-model
!
!
aaa authentication login default local
```

使用 Linux 服务器上的 cron 任务，或 Windows 服务器上的计划任务，可让服务器在指定时间运行上面的 Python 脚本。例如，每天凌晨运行一次，将配置信息存储在 latest 目录中，以方便运维团队使用。

4.4.2　创建访问终端

在 Python 或其他编程活动中，你就是自己的设备供应商。为了满足自己的需求，你可以创建任何喜欢的代码组合和程序。在第二个例子中我们创建自己的终端（terminal），通过 telnetlib 访问路由器。只需要在终端写几个单词，就会在网络设备中执行很多命令并返回输出结果。输出结果将会显示在标准输出或保存在文件中。

```
#!/usr/bin/python
__author__ = "Bassim Aly"
__EMAIL__ = "basim.alyy@gmail.com"

import telnetlib
```

```
    connection = telnetlib.Telnet(host="10.10.88.110")
    connection.read_until("Username:")
    connection.write("admin" + "\n")
    connection.read_until("Password:")
    connection.write("access123" + "\n")
    connection.read_until(">")
    connection.write("en" + "\n")
    connection.read_until("Password:")
    connection.write("access123" + "\n")
    connection.read_until("#")
    connection.write("terminal length 0" + "\n")
    connection.read_until("#")
    while True:
        command = raw_input("#:")
        if "health" in command.lower():
            commands = ["show ip int b",
                        "show ip route",
                        "show clock",
                        "show banner motd"
                        ]

        elif "discover" in command.lower():
            commands = ["show arp",
                        "show version | i uptime",
                        "show inventory",
                        ]
    else:
        commands = [command]
    for cmd in commands:
        connection.write(cmd + "\n")
        output = connection.read_until("#")
        print output
        print "==================="
```

首先，建立到路由器的 Telnet 连接并输入相应的用户信息，一直到打开特权（enable）模式。然后，创建一个始终为 `true` 的无限 `while` 循环，使用内置的 `raw_input()` 函数捕捉用户输入的命令。脚本捕获到用户输入之后，在网络设备上执行这些命令。

如果用户输入关键字 `health` 或 `discover`，终端将自动执行一系列命令以反映期望的操作。这些关键字在排除网络故障时非常有用，可以根据常用的操作自由扩展它们。想象一下，在需要解决两个路由器之间的开放式最短路径优先（Open Shortest Path First，OSPF）邻居问题时，只要打开自己的 Python 终端脚本（这个脚本中已经写好了几个排除故障常用的命令），并将这些命令打包到诸如 `tshoot_ospf` 之类的 `if` 条件之后。一旦脚本看到这个关键字，它就会执行这些命令，输出 OSPF 邻居状态、MTU 的接口、OSPF 的广播网络等，简化定位问题的过程。

通过在提示符中输入 health 尝试脚本中的第一条命令。脚本输出结果如下。

```
Run - DevNet
Run UC2_CreateYourTerminal
#:health
show ip int b
Interface                  IP-Address      OK? Method Status                Protocol
GigabitEthernet0/0         10.10.88.110    YES NVRAM  up                    up
GigabitEthernet0/1         unassigned      YES NVRAM  administratively down down
GigabitEthernet0/2         unassigned      YES NVRAM  administratively down down
GigabitEthernet0/3         unassigned      YES NVRAM  administratively down down
GigabitEthernet0/4         unassigned      YES NVRAM  administratively down down
GigabitEthernet0/5         unassigned      YES NVRAM  administratively down down
R1#
==================
show ip route
Codes: L - local, C - connected, S - static, R - RIP, M - mobile, B - BGP
       D - EIGRP, EX - EIGRP external, O - OSPF, IA - OSPF inter area
       N1 - OSPF NSSA external type 1, N2 - OSPF NSSA external type 2
       E1 - OSPF external type 1, E2 - OSPF external type 2
       i - IS-IS, su - IS-IS summary, L1 - IS-IS level-1, L2 - IS-IS level-2
       ia - IS-IS inter area, * - candidate default, U - per-user static route
       o - ODR, P - periodic downloaded static route, H - NHRP, l - LISP
       a - application route
       + - replicated route, % - next hop override, p - overrides from PfR

Gateway of last resort is not set

      10.0.0.0/8 is variably subnetted, 2 subnets, 2 masks
C        10.10.88.0/24 is directly connected, GigabitEthernet0/0
L        10.10.88.110/32 is directly connected, GigabitEthernet0/0
R1#
==================
show clock
*20:55:47.739 UTC Thu Feb 8 2018
R1#
==================
show banner motd
R1#
```

可以看到，脚本将返回在设备上执行多条命令后的结果。

接着试一下第二个命令 discover。脚本输出结果如下。

```
Run - DevNet
Run UC2_CreateYourTerminal
/usr/bin/python2.7 /media/bassim/DATA/GoogleDrive/Packt/EnterpriseAutomationProject
  /Chapter5_Using_Python_to_manage_network_devices/UC2_CreateYourTerminal.py
#:discover
show arp
Protocol  Address          Age (min)  Hardware Addr   Type   Interface
Internet  10.10.88.1              0   5254.008e.88b2  ARPA   GigabitEthernet0/0
Internet  10.10.88.110            -   5000.0005.0000  ARPA   GigabitEthernet0/0
R1#
==================
show version | i uptime
R1 uptime is 30 minutes
R1#
==================
show inventory
NAME: "IOSv", DESCR: "IOSv chassis, Hw Serial#
==================
: 9ZS9SCN2K7NIOOEFO2FYZ, Hw Revision: 1.0"
PID: IOSv              , VID: 1.0, SN: 9ZS9SCN2K7NIOOEFO2FYZ


R1#
==================
#:
```

这次脚本返回 discover 命令的输出。在后面的章节中，我们将会解析返回的输出结果并从中提取有用的信息。

4.4.3　从 Excel 工作表中读取数据

网络和 IT 工程师始终使用 Excel 工作表来存储基础设施的相关信息，如 IP 地址、设备供应商和登录凭证。Python 支持从 Excel 工作表中读取数据并对其进行处理，以便我们在脚本中使用数据。

在这个用例中，我们将使用 **Excel Read（xlrd）** 模块读取 `UC3_devices.xlsx` 文件。该文件保存了基础设施的主机名、IP 地址、用户名、普通密码、特权模式下的密码和供应商名称。然后将读到的数据用作 netmiko 模块的输入。

Excel 工作表中的内容如下图所示。

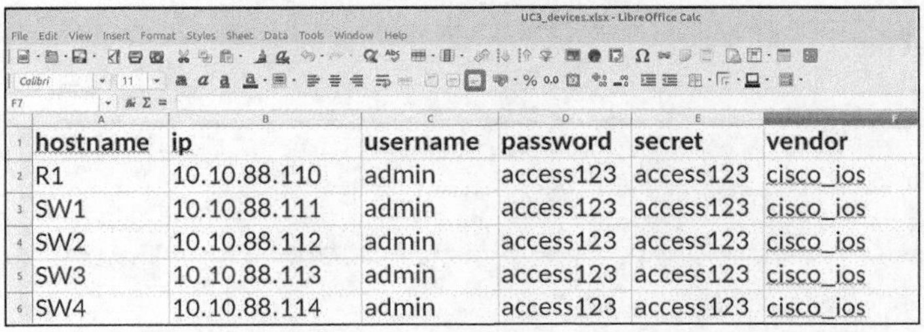

UC3_devices.xlsx - LibreOffice Calc

hostname	ip	username	password	secret	vendor
R1	10.10.88.110	admin	access123	access123	cisco_ios
SW1	10.10.88.111	admin	access123	access123	cisco_ios
SW2	10.10.88.112	admin	access123	access123	cisco_ios
SW3	10.10.88.113	admin	access123	access123	cisco_ios
SW4	10.10.88.114	admin	access123	access123	cisco_ios

首先，用 `pip` 安装 xlrd 模块，因为需要用它来读取 Microsoft Excel 工作表。

```
pip install xlrd
```

xlrd 模块能够读取 Excel 工作表并将行和列转换为矩阵。比如，row[0][0]代表第一行第一列的单元格，右边紧接着它的单元格是 row[0][1]（见下图），以此类推。

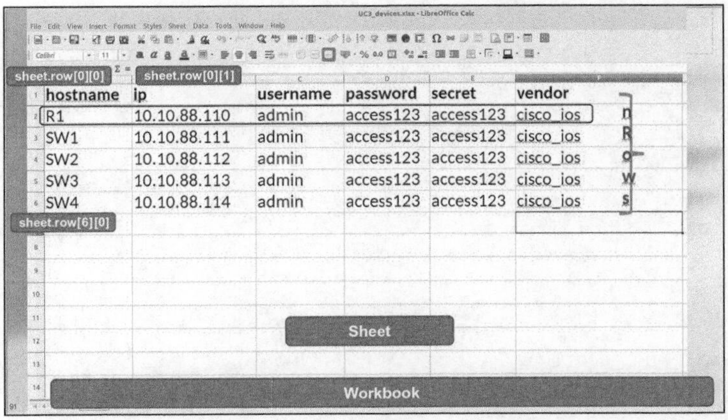

UC3_devices.xlsx - LibreOffice Calc

hostname	ip	username	password	secret	vendor
R1	10.10.88.110	admin	access123	access123	cisco_ios
SW1	10.10.88.111	admin	access123	access123	cisco_ios
SW2	10.10.88.112	admin	access123	access123	cisco_ios
SW3	10.10.88.113	admin	access123	access123	cisco_ios
SW4	10.10.88.114	admin	access123	access123	cisco_ios

xlrd 在读取工作表时，每次读取一行，同时特殊计数器 `nrows`（行数）自动加 1。同样，每次读取一列，`ncols`（列数）自动加 1，这样我们就能够通过这两个参数知道矩阵的大小。

然后，在 xlrd 的 `open_workbook()` 函数中输入文件路径，并用 `sheet_by_index()` 或 `sheet_by_name()` 函数访问工作表。在本例中，数据存储在第一个工作表（index = 0）

中，工作表文件存储在以章为名的文件夹下。接着，遍历工作表的每一行，或者使用 `row()` 函数来访问指定行。返回的输出结果是一个列表，使用索引可以访问列表中的元素。

Python 脚本如下。

```
__author__ = "Bassim Aly"
__EMAIL__ = "basim.alyy@gmail.com"

from netmiko import ConnectHandler
from netmiko.ssh_exception import AuthenticationException,
NetMikoTimeoutException
import xlrd
from pprint import pprint

workbook =
xlrd.open_workbook(r"/media/bassim/DATA/GoogleDrive/Packt/EnterpriseAutomat
ionProject/Chapter4_Using_Python_to_manage_network_devices/UC3_devices.xlsx
")

sheet = workbook.sheet_by_index(0)

for index in range(1, sheet.nrows):
    hostname = sheet.row(index)[0].value
    ipaddr = sheet.row(index)[1].value
    username = sheet.row(index)[2].value
    password = sheet.row(index)[3].value
    enable_password = sheet.row(index)[4].value
    vendor = sheet.row(index)[5].value

    device = {
        'device_type': vendor,
        'ip': ipaddr,
        'username': username,
        'password': password,
        'secret': enable_password,

    }
    # pprint(device)

    print "########## Connecting to Device {0}
############".format(device['ip'])
    try:
        net_connect = ConnectHandler(**device)
        net_connect.enable()

        print "***** show ip configuration of Device *****"
        output = net_connect.send_command("show ip int b")
        print output

        net_connect.disconnect()
```

```
    except NetMikoTimeoutException:
        print "=======SOMETHING WRONG HAPPEN WITH
{0}=======".format(device['ip'])

    except AuthenticationException:
        print "=======Authentication Failed with
{0}=======".format(device['ip'])
except Exception as unknown_error:
    print "=======SOMETHING UNKNOWN HAPPEN WITH {0}======="
```

4.4.4 其他用例

使用 netmiko 可以实现很多网络自动化用例。例如，在升级期间从远程设备上传/下载文件，利用 Jinja2 模板加载配置，访问终端服务器，访问终端设备等。要了解更多用例，请参见 GitHub 官网（见下图）。

Branch: master ▾ pynet / presentations / dfwcug / **examples** / — Create new file | Upload files | Find file | History

ktbyers Minor update — Latest commit 3100bd5 on Apr 17

..		
case10_ssh_proxy	DFCWUG presentation update	3 months ago
case11_logging	More Netmiko examples for presentations	3 months ago
case12_telnet	More Netmiko examples for presentations	3 months ago
case13_term_server	More Netmiko examples for presentations	3 months ago
case14_secure_copy	More Netmiko examples for presentations	3 months ago
case15_netmiko_tools	Presentation updates	3 months ago
case16_concurrency	More content for presentation	3 months ago
case17_jinja2	More content for presentation	3 months ago
case1_simple_conn	Updating presentation	3 months ago
case2_using_dict	Updating presentation	3 months ago
case3_multiple_devices	Updating presentation	3 months ago
case4_show_commands	DFCWUG presentation update	3 months ago
case5_prompting	Minor update	2 months ago
case6_config_change	DFCWUG presentation update	3 months ago
case7_commit	DFCWUG presentation update	3 months ago
case8_autodetect	DFCWUG presentation update	3 months ago
case9_ssh_keys	DFCWUG presentation update	3 months ago

4.5 小结

在本章中，我们开始使用 Python 进入网络自动化世界。本章讨论了 Python 中的一些工具，通过 Telnet 和 SSH 建立到远程节点的连接，并在远程设备上执行命令。此外，本章还讲述了如何在 netaddr 模块的帮助下处理 IP 地址和网络子网。最后通过两个实际用例巩固了这些知识。

下一章将介绍如何处理返回的输出结果，从中提取有用的信息。

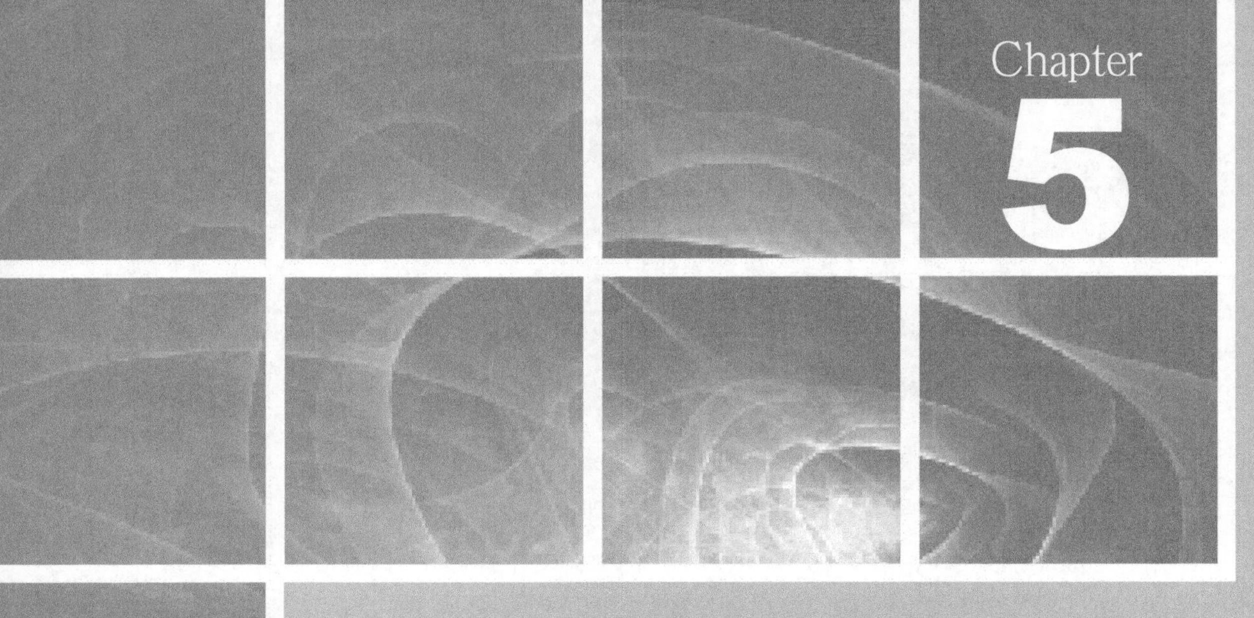

第5章 从网络设备中提取数据

前一章介绍了如何使用不同的方法和协议访问网络设备，在远程设备上执行命令并将输出返回 Python。现在我们从输出结果中提取一些有用的数据。

本章将讲述如何在 Python 中使用不同的工具和库从返回的输出结果中提取有用的数据，并使用正则表达式操作这些数据。同时我们还将使用一个特殊的库——CiscoConfParse 来审核配置。接着会介绍如何使用 Matplotlib 库可视化数据，生成可视化图形和报告。

本章主要介绍以下内容：

- 解析器；
- 正则表达式；
- 使用 CiscoConfParse 审核配置；
- 使用 Matplotlib 可视化返回的数据。

5.1 技术要求

确保你的操作环境中安装了下列工具并能够正常使用：

- Python 2.7.1*x*；
- PyCharm 社区版或专业版；
- EVE-NG 实验室。

本章的所有脚本请参见 GitHub 网站。

5.2 解释器

上一章讨论了访问网络设备、执行命令以及将输出返回终端的不同方法。现在需要处理返回的输出结果并从中提取一些有用的信息。注意，从 Python 的角度来看，输出结果只是一个多行的字符串，Python 不会区分 IP 地址、接口名称或节点主机名，因为在 Python 看来这些只是不同的字符串而已。因此，首先要做的是使用 Python 设计和开发自己的解析器，根据关键信息对返回结果进行分类和整理。

接下来，就可以处理分析后的数据并生成可视化图形，也可以将它们存储到外部存储或数据库中。

5.3　正则表达式

正则表达式通常用来检索、替换符合某个模式（规则）的文本。找到匹配项后，将匹配后的字符串返回给用户，并将其保存在 Python 的结构体（如元组、列表或字典）中。下表总结了正则表达式最常见的模式。

<table>
<tr><th>表达式</th><th>匹配项</th></tr>
<tr><td>abc</td><td>abc（出现在字符串内的连续的 abc）</td></tr>
<tr><td>^abc</td><td>以 abc 开头的字符串</td></tr>
<tr><td>abc$</td><td>以 abc 结尾的字符串</td></tr>
<tr><td>a|b</td><td>a 或者 b</td></tr>
<tr><td>^abc|abc$</td><td>以 abc 开头或者结尾的字符串</td></tr>
<tr><td>ab[2,4]c</td><td>a 之后跟着 2~4 个 b，然后是 c</td></tr>
<tr><td>ab[2,]c</td><td>a 之后跟着至少两个 b，然后是 c</td></tr>
<tr><td>ab*c</td><td>a 之后跟着任意个（零个或者多个）b，然后是 c</td></tr>
<tr><td>ab+c</td><td>a 之后跟着一个或多个 b，然后是 c</td></tr>
<tr><td>ab?c</td><td>a 之后跟着零个或一个 b，然后是 c，也就是 abc 或者 ac</td></tr>
<tr><td>a.c</td><td>a 之后任意一个单个字符（在同一行内）然后是 c</td></tr>
<tr><td>a\.c</td><td>a.c 字符串</td></tr>
<tr><td>[abc]</td><td>a 或者 b 或者 c</td></tr>
<tr><td>[Aa]bc</td><td>Abc 或者 abc</td></tr>
<tr><td>[abc]+</td><td>包含 a、b 和 c 中任意字符的非空字符串（如 a、abba、acbabcacaa）</td></tr>
<tr><td>[^abc]+</td><td>不包含 a、b 和 c 的任意非空字符串（如 defg）</td></tr>
<tr><td>\d\d</td><td>任意两位十进制数（如 42），等价于\d{2}</td></tr>
<tr><td>\w+</td><td>包含字母、数字或下划线的“字”，如 foo、12bar8 和 foo_1</td></tr>
<tr><td>100\s*mk</td><td>100 和 mk 之间由任意一个空白字符（空格、制表符、换行符）分隔开的字符串</td></tr>
<tr><td>abc\b</td><td>匹配单词 abc 的边界，也就是单词和符号之前的边界（如匹配到“abc!”，而不是 abcd）</td></tr>
<tr><td>perl\B</td><td>匹配非单词 perl 的边界（如匹配到 perlert 而不是 perl stuff）</td></tr>
</table>

此外，正则表达式中还有一个重要规则：可以编写自己的正则表达式并用圆括号括起来，也就是所谓的捕获组（capture group）。这可以把正则表达式中子表达式匹配的内容保存到内存中以数字编号或显式命名的组里，方便后面引用。

```
line = '30 acd3.b2c6.aac9 FastEthernet0/1'
match = re.search('(\d+) +([0-9a-f.]+) +(\S+)', line)
```

```
print match.group(1)
print match.group(2)
```

PyCharm 会自动为正则表达式着色，还可以在应用正则表达式之前检查它是否有效。为了使用这项功能，需要在设置中勾选 **Check RegExp** 复选框，如下图所示。

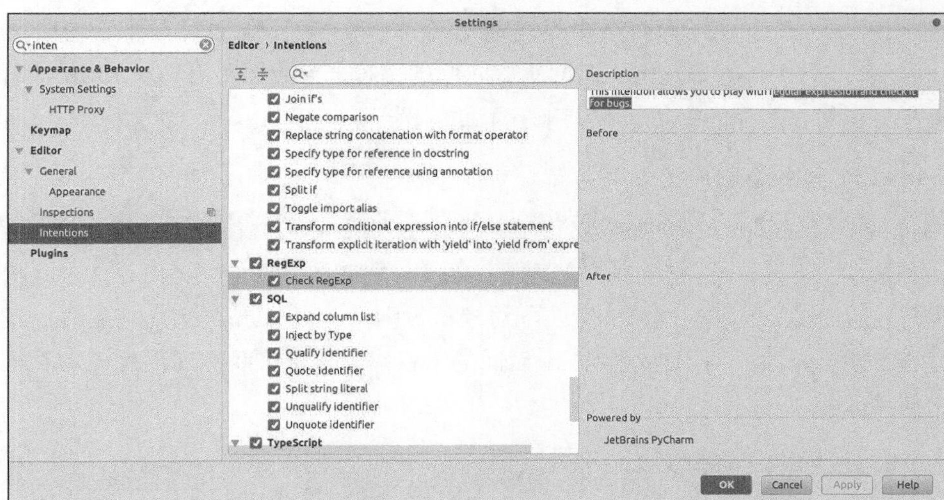

在 Python 中创建正则表达式

Python 具有内置的 re 模块，利用这个模块可以在 Python 中使用正则表达式。该模块中有几个函数（比如 `search()`、`sub()`、`split()`、`compile()` 和 `findall()`），这些函数的返回值仍然是一个正则表达式对象。各函数的使用方法如下表所示。

函数名	用法
`search()`	返回与模式相匹配的第一个子串
`findall()`	返回与模式相匹配的全部子串，返回形式为数组
`Finditer()`	返回与模式相匹配的全部子串，返回形式为迭代器
`compile()`	将正则表达式的字符串形式编译为模式实例，然后使用模式实例处理文本并获取匹配结果（一个匹配实例，其值为 True），最后使用匹配实例获取信息，进行其他的操作。 把那些经常使用的正则表达式编译成正则表达式对象，可以提高程序的执行速度。一处编译，多处复用
`sub()`	用另一个字符串替换匹配的数据
`split()`	按照能够匹配的子串将字符串分割后返回列表

正则表达式比较难以理解。基于这个原因，我们先从一些简单易懂的正则表达式开始学习。

使用 re 模块的第一步就是在代码中导入它。

```
import re
```

我们从 re 模块中最常见的函数 search()开始，然后了解 findall()。search()对整个字符串进行搜索、匹配，返回第一个匹配的字符串。group 和 groups 是两个不同的函数。一般来说，.group(N)返回正则表达式中第 N 个子句匹配的字符（子句由括号分割开）。.group()与.group(0)用于返回所有匹配的字符，与括号无关。groups()以元组格式返回所有与子句相匹配的字符。我们来看下面的例子。

re.search()函数的语法如下。

```
match = re.search('regex pattern', 'string')
```

第一个参数'regex pattern'是正则表达式，用来在后面的'string'中匹配期望的结果。匹配之后，search()返回一个匹配对象；否则，返回 None。注意，search()在第一次匹配之后就会返回，而不会继续匹配后面的字符串。接下来我们通过例子来看看如何在 Python 中使用 re。

示例 5-1：搜索指定的 IP 地址。

```
import re
intf_ip = 'Gi0/0/0.911            10.200.101.242     YES NVRAM up
up'
match = re.search('10.200.101.242', intf_ip)

if match:
    print match.group()
```

在这个例子中应注意以下几点。

首先，在 Python 脚本中导入 re 模块。

然后，有一个含接口详细信息的字符串，其中包含名称、IP 地址和状态。该字符串可以硬编码到脚本中，也可以使用 netmiko 库从网络设备中获取。

接下来，将这个字符串和正则表达式一起传递给 search()函数，这个正则表达式是一个 IP 地址。

最后，检查是否能够从前面的这些操作中匹配到对象。如果匹配成功，则将结果输出。

re.match 是测试匹配是否成功的最基本的方法，就像前面的例子中介绍的那样，match 里面包含了正则表达式模式和字符串值。

注意，我们只搜索了 intf_ip 参数中指定的字符串，而不是找出所有的 IP 地址。

示例 5-1 的输出结果如下图所示。

```
Python Console - DevNet
Django Console
>>> #!/usr/bin/python
... __author__ = "Bassim Aly"
... __EMAIL__ = "basim.alyy@gmail.com"
...
... import re
... intf_ip = 'Gi0/0/0.911            10.200.101.242   YES NVRAM  up                    up'
... match = re.search('10.200.101.242', intf_ip)
...
... if match:
...     print match.group()
...
10.200.101.242

>>>
```

示例 5-2：匹配所有 IP 地址。

```
import re
intf_ip = '''Gi0/0/0.705            10.103.17.5          YES NVRAM  up
up
Gi0/0/0.900            86.121.75.31  YES NVRAM  up                    up
Gi0/0/0.911            10.200.101.242   YES NVRAM  up                    up
Gi0/0/0.7000           unassigned      YES unset  up                    up
'''
match = re.search("\d+\.\d+\.\d+\.\d+", intf_ip)
if match:
    print match.group()
```

在这个例子中应注意以下几点。

首先，在 Python 脚本中导入 re 模块。

然后，把接口详细信息放到一个多行的字符串中，其中包括名称、IP 地址和状态。

接下来，将该字符串与正则表达式一起传递给 search()函数，正则表达式使用了\d+（用来匹配一个或多个数字）和\来匹配 IP 地址（IPv4）。

最后，检查是否能够从前面的这些操作中匹配到对象。如果匹配成功，则将结果输出；否则，返回 None 对象。

示例 5-2 的输出结果如下图所示。

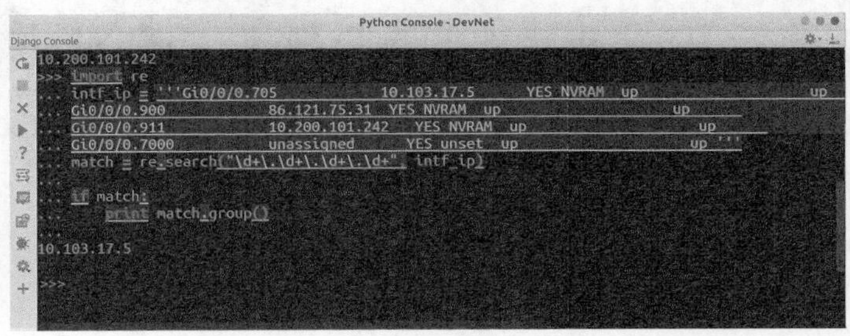

注意，search()函数仅返回模式第一次匹配的结果，而不是所有匹配结果。

示例 5-3：使用 groups()正则表达式。

如果需要从一个很长的输出中提取多个字符串，可以将多个正则表达式分别放到不同的圆括号（也就是**捕获组**）中，用来从长字符串中提取出有用的信息，如下面这段代码所示。

```
import re
log_msg = 'Dec 20 12:11:47.417: %LINK-3-UPDOWN: Interface
GigabitEthernet0/0/4, changed state to down'
match = re.search("(\w+\s\d+\s\S+):\s(\S+): Interface (\S+), changed state
to (\S+)", log_msg)
if match:
    print match.groups()
```

在这个例子中应注意以下几点。

首先，在 Python 脚本中导入 re 模块。

然后，通过字符串 log_msg 表示一个路由器中某个事件的日志。

接下来，将该字符串与正则表达式一起传递给 search()函数。注意，正则表达式包含了时间戳、事件类型、接口名称和捕获组的新状态。

最后，检查是否能够从前面的这些操作中返回匹配的对象。如果匹配成功，则将结果输出。注意，这次使用的是 groups()而不是 group()，因为需要捕获多个字符串。

示例 5-3 的输出结果如下图所示。

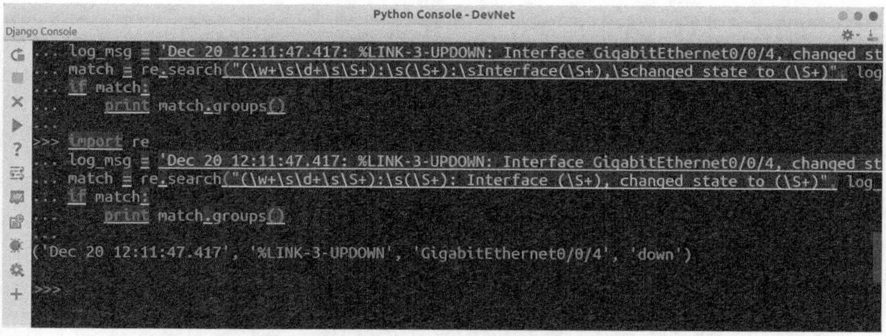

注意，返回的数据使用了结构体——元组。稍后将使用这个输出来触发或启动某个事件，例如，冗余接口上的恢复程序。

可以改进前面的代码，使用 Named group 命名每个捕获组，后面可以引用该名字或用它来创建字典。在这个例子中，使用?P <'NAME'>作为正则表达式的前缀，如下面这段代码所示（GitHub 存储库中的示例 4）。

示例 **5-4**：使用 Named group 命名捕获组。

```
# Example 4: Named group
import re
log_msg = 'Dec 20 12:11:47.417: %LINK-3-UPDOWN: Interface GigabitEthernet0/0/4, changed state to down'
match = re.search("(?P<TIMESTAMP>\w+\s\d+\s\S+):\s(?P<EVENT>\S+): Interface (?P<INTF>\S+), changed state to (?P<STATE>\S+)",
  log_msg)
if match:
    print match.groups()
```

示例 **5-5**：使用 search()搜索多行文本。

假设输出结果中包含多行文本，我们需要根据正则表达式模式检查所有行。也许你还记得，search()函数在找到第一个模式匹配时就会退出。对于这种情况有两个解决方案。第一种方法是根据换行符"\n"对字符串中的每一行进行搜索；第二种方法是使用 findall()函数。接下来让我们一起来探讨这两种解决方案。

```
import re

show_ip_int_br_full = """
GigabitEthernet0/0/0        110.110.110.1    YES NVRAM  up
up
GigabitEthernet0/0/1        107.107.107.1    YES NVRAM  up
up
GigabitEthernet0/0/2        108.108.108.1    YES NVRAM  up
up
GigabitEthernet0/0/3        109.109.109.1    YES NVRAM  up
up
GigabitEthernet0/0/4        unassigned       YES NVRAM  up                   up
GigabitEthernet0/0/5        10.131.71.1      YES NVRAM  up
up
GigabitEthernet0/0/6        10.37.102.225    YES NVRAM  up
up
GigabitEthernet0/1/0        unassigned       YES unset  up
up
GigabitEthernet0/1/1        57.234.66.28     YES manual up
up
GigabitEthernet0/1/2        10.10.99.70      YES manual up
up
GigabitEthernet0/1/3        unassigned       YES manual deleted
down
GigabitEthernet0/1/4        192.168.200.1    YES manual up
up
```

```
GigabitEthernet0/1/5        unassigned       YES manual down
down
GigabitEthernet0/1/6        10.20.20.1       YES manual down
down
GigabitEthernet0/2/0        10.30.40.1       YES manual down
down
GigabitEthernet0/2/1        57.20.20.1       YES manual down
down

"""
for line in show_ip_int_br_full.split("\n"):
    match =
re.search(r"(?P<interface>\w+\d\/\d\/\d)\s+(?P<ip>\d+.\d+.\d+.\d+)", line)
    if match:
        intf_ip = match.groupdict()
        if intf_ip["ip"].startswith("57"):
            print "Subnet is configured on " + intf_ip["interface"] + " and
ip is " + intf_ip["ip"]
```

在上面的脚本中，拆分了 show ip interface brief 的输出，然后对每行文字根据正则表达式进行匹配，搜索接口名称和接口上配置的 IP 地址。根据匹配的数据，继续检查每个 IP 地址，验证其是否以 57 开头。最后，脚本输出相应的接口和完整的 IP 地址。

示例 5-5 的输出结果如下图所示。

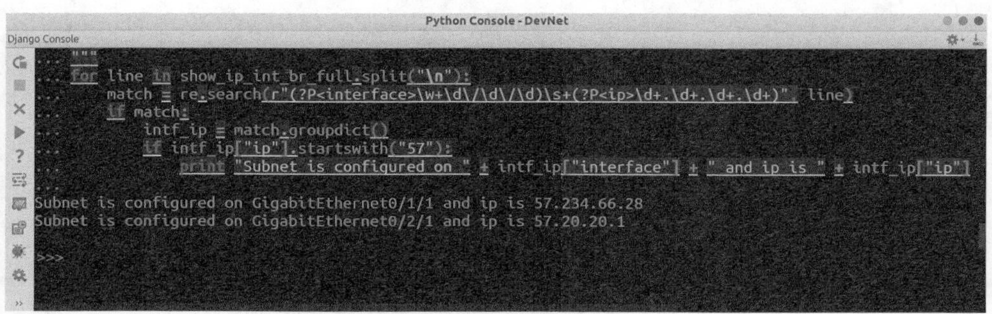

> 如果只搜索第一个匹配项，可以修改脚本。在找到第一个匹配项时，跳出外部 for 循环，得到第一个结果。但注意这样做就无法找到或输出第二个匹配项。

示例 5-6：使用 findall()搜索多行文本。

findall()函数可以搜索字符串中所有非重叠的匹配结果，并返回一个字符串列表（与 search 函数不同，它返回 match 对象）。如果没有捕获组，则由正则表达式模式来匹配；

如果将正则表达式放到捕获组中，findall()将返回元组列表。在下面的脚本中用的是和前面例子相同的字符串，我们将用 findall()方法获取以 57 开头的 IP 地址的所有接口。

```
import re
from pprint import pprint
show_ip_int_br_full = """
GigabitEthernet0/0/0        110.110.110.1    YES NVRAM  up
up
GigabitEthernet0/0/1        107.107.107.1    YES NVRAM  up
up
GigabitEthernet0/0/2        108.108.108.1    YES NVRAM  up
up
GigabitEthernet0/0/3        109.109.109.1    YES NVRAM  up
up
GigabitEthernet0/0/4        unassigned       YES NVRAM  up                    up
GigabitEthernet0/0/5        10.131.71.1      YES NVRAM  up
up
GigabitEthernet0/0/6        10.37.102.225    YES NVRAM  up
up
GigabitEthernet0/1/0        unassigned       YES unset  up
up
GigabitEthernet0/1/1        57.234.66.28     YES manual up
up
GigabitEthernet0/1/2        10.10.99.70      YES manual up
up
GigabitEthernet0/1/3        unassigned       YES manual deleted
down
GigabitEthernet0/1/4        192.168.200.1   YES manual up
up
GigabitEthernet0/1/5        unassigned      YES manual down
down
GigabitEthernet0/1/6        10.20.20.1      YES manual down
down
GigabitEthernet0/2/0        10.30.40.1      YES manual down
down
GigabitEthernet0/2/1        57.20.20.1      YES manual down
down
"""

intf_ip =
re.findall(r"(?P<interface>\w+\d\/\d\/\d)\s+(?P<ip>57.\d+.\d+.\d+)",
show_ip_int_br_full)
pprint(intf_ip)
```

示例 5-6 的输出结果如下图所示。

```
Python Console - DevNet
Django Console
... GigabitEthernet0/2/0        10.30.40.1      YES manual down                    down
... GigabitEthernet0/2/1        57.20.20.1      YES manual down                    down
... """
... #intf_ip = re.findall(r"(\w+\d\/\d\/\d)\s+(57.\d+.\d+.\d+)", show_ip_int_br_full)
...
... intf_ip = re.findall(r"(?P<interface>\w+\d\/\d\/\d)\s+(?P<ip>57.\d+.\d+.\d+)", show_ip_int_br_full)
... pprint(intf_ip)
...
[('GigabitEthernet0/1/1', '57.234.66.28'),
 ('GigabitEthernet0/2/1', '57.20.20.1')]

>>>
```

注意，这次没有使用 `for` 循环来匹配每一行，而是交给 `findall()` 方法自动完成。

5.4 使用 CiscoConfParse 库校验配置

为了解决网络配置中的一些复杂问题，通常需要编写一些复杂的正则表达式，这样才能从输出结果中获取所需信息。在某些情况下，我们只需要检索一些配置或修改现有配置而无须深入了解应该如何编写正则表达式，这就是 CiscoConfParse 库诞生的原因。

5.4.1 CiscoConfParse 库

如 GitHub 官方网站所述，CiscoConfParse 库能够检查 iOS 风格的配置并将其分解为一组连接在一起的父/子关系。可以用复杂条件对这些关系进行查询。

```
mpenning@tsunami: /home/mpenning/ccp/ciscoconfparse/sphinx-doc
!
interface Null0
 no ip unreachables
!
interface Port-channel1 <-------------- Parent Line
 description SWITCH01.PUB.DAL02 VLAN trunk
 switchport
 switchport trunk encapsulation dot1q       Children of the Parent
 switchport trunk allowed vlan 106,107,111,114,118,120,123-125,127,133,140,221
 switchport trunk allowed vlan add 299-599
 switchport mode trunk
 no ip address
!
interface Port-channel2
 description SWITCH02.PUB.DAL02 VLAN trunk
 switchport
 switchport trunk encapsulation dot1q
 switchport trunk allowed vlan 106,117,118,121,122,126,128-131,134-136,222,223
 switchport trunk allowed vlan add 299,600-799,2031-2033
 switchport mode trunk
 no ip address
```

（图片源自 GitHub 网站）

第一行配置就是所谓的父级，后面的行是子级。CiscoConfparse 库将父级和子级之间的关系构建到对象中，用户无须编写复杂的表达式便可以检索某个父级的配置。

为了在父级和子级之间建立正确的关系，必须使用正确格式的配置文件。

当需要将配置插入文件中时，这些概念也同样适用。CiscoConfparse 库将搜索指定的父级，插入该父级下的所有配置，并将其保存到新文件中。这个特性能够帮助我们在多个文件中完成配置审核，以确保配置的一致性。

5.4.2 支持的供应商

根据经验，CiscoConfParse 库可以解析所有具有用制表符分隔的配置的文件，并构建相应的父子关系。

下面是所支持的供应商列表：

- Cisco IOS、Cisco Nexus、Cisco IOS-XR、Cisco IOS-XE、Aironet OS、Cisco ASA、Cisco CatOS；
- Arista EOS；
- Brocade；
- HP 交换机；
- Force10 交换机；
- Dell PowerConnect 交换机；
- Extreme Networks；
- Enterasys；
- ScreenOS。

从版本 1.2.4 开始，CiscoConfParse 库可以处理花括号分隔的配置。也就是说，它能够支持下列供应商：

- Juniper 网络的 Junos OS；
- Palo Alto Networks 防火墙配置；

- F5 网络配置。

5.4.3　安装 CiscoConfParse 库

在 Windows 命令行或 Linux shell 中使用 `pip` 安装 CiscoConfParse 库。

```
pip install ciscoconfparse
```

注意，安装过程中还需要安装一些其他依赖项，例如，CiscoConfParse 使用的 `ipaddr`、`dnsPython` 和 `colorama`（见下图）。

```
bassim@me-inside:~$ pip install ciscoconfparse
Collecting ciscoconfparse
  Downloading ciscoconfparse-1.3.1-py2-none-any.whl (85kB)
    100% |████████████████████████████████| 92kB 183kB/s
Collecting colorama (from ciscoconfparse)
  Using cached colorama-0.3.9-py2.py3-none-any.whl
Collecting ipaddr>=2.1.11 (from ciscoconfparse)
  Downloading ipaddr-2.2.0.tar.gz
Collecting dnspython (from ciscoconfparse)
  Downloading dnspython-1.15.0-py2.py3-none-any.whl (177kB)
    100% |████████████████████████████████| 184kB 263kB/s
Building wheels for collected packages: ipaddr
  Running setup.py bdist_wheel for ipaddr ... done
  Stored in directory: /home/bassim/.cache/pip/wheels/3a/75/ef/8677a26e72d7fee90f46b1cb9d8cfd
c0ffe9c738dfd22a54e5
Successfully built ipaddr
Installing collected packages: colorama, ipaddr, dnspython, ciscoconfparse
Successfully installed ciscoconfparse-1.3.1 colorama-0.3.9 dnspython-1.15.0 ipaddr-2.2.0
bassim@me-inside:~$
```

5.4.4　使用 CiscoConfParse 库

示例 5-7：从 `Cisco_Config.txt` 文件的 Cisco 配置中提取出关闭状态的接口。

```
from ciscoconfparse import CiscoConfParse
from pprint import pprint

# Find All shutdown interfaces.

orig_config = CiscoConfParse("media/bassim/DATA/GoogleDrive/Packt/EnterpriseAutomationProject
  /Chapter5_Extract_useful_data_from_network_devices/Cisco_Config.txt")

shutdown_intfs = orig_config.find_parents_w_child(parentspec=r"^interface",childspec='shutdown')
pprint(shutdown_intfs)
```

在这个例子中应注意以下几点。

首先，从 CiscoConfParse 库中导入 `CiscoConfParse` 类。另外，导入 pprint 模块，配合 Python 控制台以可读格式进行输出。

然后，向 `CiscoConfParse` 类传入配置文件的完整路径。

最后，使用其中的一个内置函数（如 `find_parents_w_child()`），传入两个参数（其中第一个是父规范），用来搜索以 `interface` 关键字开头的内容，而子规范是 `shutdown` 关键字。

通过简单的 3 步可以获得所有包含 `shutdown` 关键字的接口，然后使用结构化列表进行输出。

示例 5-7 的输出结果如下图所示。

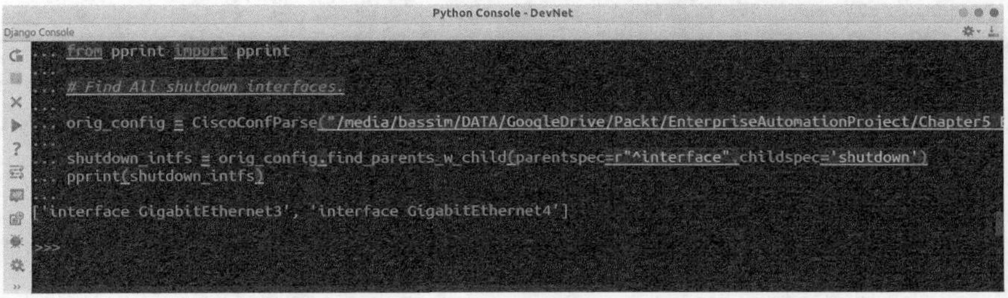

```
Python Console - DevNet
Django Console
... from pprint import pprint
...
... # Find All shutdown interfaces.
...
... orig_config = CiscoConfParse("/media/bassim/DATA/GoogleDrive/Packt/EnterpriseAutomationProject/Chapter5_E
...
... shutdown_intfs = orig_config.find_parents_w_child(parentspec=r"^interface",childspec='shutdown')
... pprint(shutdown_intfs)
...
['interface GigabitEthernet3', 'interface GigabitEthernet4']

>>>
```

示例 5-8：检查是否存在某种功能。

在该示例中，通过检查配置文件中是否存在 router 关键字，查看是否启用了路由协议（如 `ospf` 或 `bgp`）。若存在 router 关键字，结果等于 `True`；否则，返回 `False`。模块中内置的 `has_line_with()` 函数可以实现这个功能。具体代码如下。

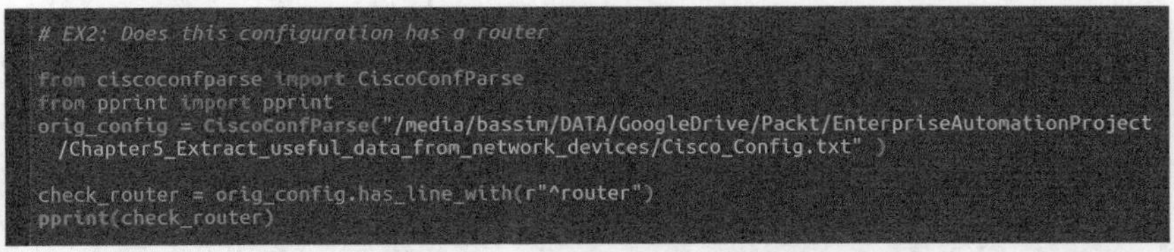

```
# EX2: Does this configuration has a router

from ciscoconfparse import CiscoConfParse
from pprint import pprint
orig_config = CiscoConfParse("/media/bassim/DATA/GoogleDrive/Packt/EnterpriseAutomationProject
  /Chapter5_Extract_useful_data_from_network_devices/Cisco_Config.txt" )

check_router = orig_config.has_line_with(r"^router")
pprint(check_router)
```

这个方法可在 `if` 语句中作为判断条件，在下一个和最后一个例子中将会给出具体用法。

示例 5-8 的输出结果如下图所示。

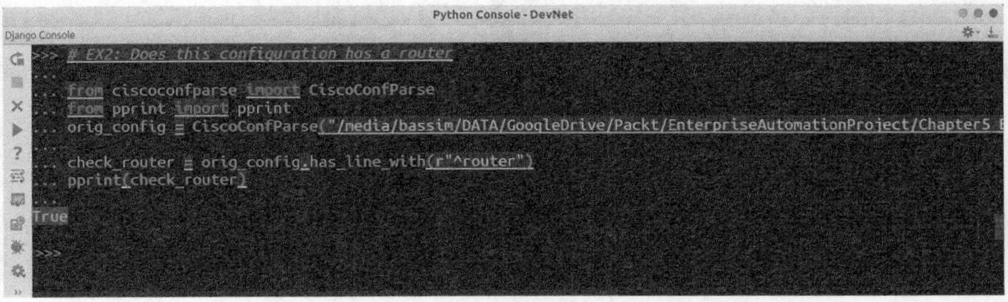

```
Python Console - DevNet
Django Console
>>> # EX2: Does this configuration has a router
...
... from ciscoconfparse import CiscoConfParse
... from pprint import pprint
... orig_config = CiscoConfParse("/media/bassim/DATA/GoogleDrive/Packt/EnterpriseAutomationProject/Chapter5_E
...
... check_router = orig_config.has_line_with(r"^router")
... pprint(check_router)
...
True

>>>
```

示例 5-9：从父级中输出某个子级。

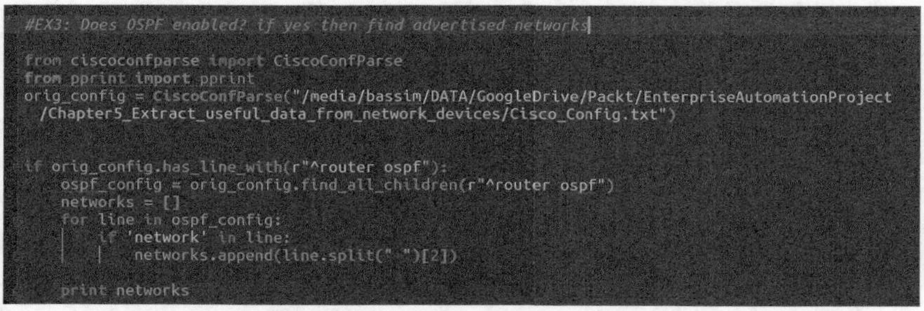

```
#EX3: Does OSPF enabled? if yes then find advertised networks

from ciscoconfparse import CiscoConfParse
from pprint import pprint
orig_config = CiscoConfParse("/media/bassim/DATA/GoogleDrive/Packt/EnterpriseAutomationProject
  /Chapter5_Extract_useful_data_from_network_devices/Cisco_Config.txt")


if orig_config.has_line_with(r"^router ospf"):
    ospf_config = orig_config.find_all_children(r"^router ospf")
    networks = []
    for line in ospf_config:
        if 'network' in line:
            networks.append(line.split(" ")[2])

    print networks
```

在这个例子中应注意以下几点。

首先，从 CiscoConfParse 模块中导入 `CiscoConfParse` 类。另外，导入 pprint 模块，配合 Python 控制台以可读格式进行输出。

然后，向 `CiscoConfParse` 类传入配置文件的完整路径。

接下来，用正则表达式 `"^router ospf"` 表示要查找的父级，并传递给内置函数 `find_all_children()`。该函数将通知 `CiscoConfParse` 类列出此父级下的所有配置行。

最后，遍历返回的输出结果（记住，它是一个列表）并检查字符串中是否存在 network 关键字。如果存在，则将它添加到 network 列表中，并且在末尾输出该列表。

示例 5-9 的输出结果如下图所示。

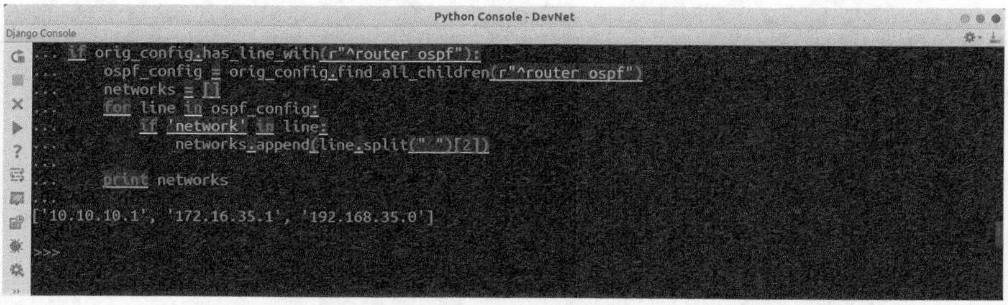

```
Python Console - DevNet
Django Console
... if orig_config.has_line_with(r"^router ospf"):
...     ospf_config = orig_config.find_all_children(r"^router ospf")
...     networks = []
...     for line in ospf_config:
...         if 'network' in line:
...             networks.append(line.split(" ")[2])
...
...     print networks
...
['10.10.10.1', '172.16.35.1', '192.168.35.0']

>>>
```

CiscoConfParse 模块中还有很多不同的函数，它们可用来从配置文件中提取数据并以结构化格式返回输出。下面列出了一些常用的函数：

- `find_lineage`；
- `find_lines()`；
- `find_all_children()`；
- `find_blocks()`；

- `find_parent_w_children()`；
- `find_children_w_parent()`；
- `find_parent_wo_children()`；
- `find_children_wo_parent()`。

5.5 使用 Matplotlib 库可视化返回的数据

俗话说，一图胜过千言万语。从网络设备中可以获取到大量信息，如接口状态、接口计数器、路由器更新、丢包、数据流量等。这些数据经可视化处理后放入图表中有助于查看整个网络的全貌。Matplotlib 库是 Python 中一个非常强大的库，可以生成图形并支持自定义。

Matplotlib 库支持大多数常见的图表类型，如折线图、散点图、条形图、饼图、栈图、3D 图和地图。

5.5.1 安装 Matplotlib 库

首先，使用 `pip` 从 PyPI 安装库。注意，在安装过程中需要一些其他软件包，如 numpy 和 six（见下图）。

```
pip install matplotlib
```

```
bassim@me-inside:~$ pip install matplotlib
Collecting matplotlib
  Downloading matplotlib-2.1.2-cp27-cp27mu-manylinux1_x86_64.whl (15.0MB)
    100% |████████████████████████████████| 15.0MB 79kB/s
Collecting cycler>=0.10 (from matplotlib)
  Downloading cycler-0.10.0-py2.py3-none-any.whl
Collecting numpy>=1.7.1 (from matplotlib)
  Downloading numpy-1.14.1-cp27-cp27mu-manylinux1_x86_64.whl (12.1MB)
    100% |████████████████████████████████| 12.1MB 122kB/s
Collecting backports.functools-lru-cache (from matplotlib)
  Downloading backports.functools_lru_cache-1.5-py2.py3-none-any.whl
Collecting subprocess32 (from matplotlib)
  Downloading subprocess32-3.2.7.tar.gz (54kB)
    100% |████████████████████████████████| 61kB 248kB/s
Collecting pytz (from matplotlib)
  Downloading pytz-2018.3-py2.py3-none-any.whl (509kB)
    100% |████████████████████████████████| 512kB 467kB/s
Collecting six>=1.10 (from matplotlib)
  Using cached six-1.11.0-py2.py3-none-any.whl
Collecting python-dateutil>=2.1 (from matplotlib)
  Using cached python_dateutil-2.6.1-py2.py3-none-any.whl
Collecting pyparsing!=2.0.4,!=2.1.2,!=2.1.6,>=2.0.1 (from matplotlib)
  Downloading pyparsing-2.2.0-py2.py3-none-any.whl (56kB)
    100% |████████████████████████████████| 61kB 234kB/s
Building wheels for collected packages: subprocess32
  Running setup.py bdist_wheel for subprocess32 ... done
  Stored in directory: /home/bassim/.cache/pip/wheels/7d/4c/a4/ce9ceb463dae01f4b95e670abd9afc
```

然后，试着导入 Matplotlib，如果没有错误输出，就说明模块已经安装成功。

```
bassim@me-inside:~$
bassim@me-inside:~$ python
Python 2.7.14 (default, Sep 23 2017, 22:06:14)
[GCC 7.2.0] on linux2
Type "help", "copyright", "credits" or "license" for more information.
>>> import matplotlib
>>>
```

5.5.2 使有 Matplotlib 库

我们将从简单的例子开始探索 Matplotlib 库的功能。首先，在 Python 脚本中导入 Matplotlib 库。

```
import matplotlib.pyplot as plt
```

注意，为了方便在后面的脚本中使用，导入 pyplot 时使用了短名称 plt。然后，开始使用 plot()方法描绘一个由两个列表组成的数据。第一个列表表示 x 轴的值，第二个列表表示 y 轴的值。

```
plt.plot([0, 1, 2, 3, 4], [0, 10, 20, 30, 40])
```

上面的这行脚本会将数值放入图中。

最后，使用 show()方法在窗口中画图（见下图）。

```
plt.show()
```

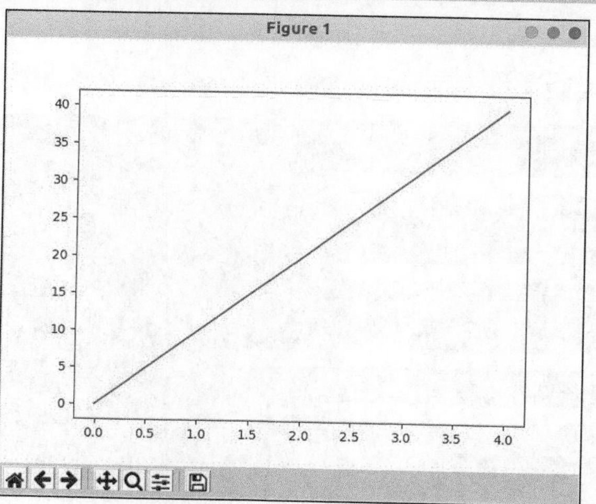

在 Ubuntu 中可能需要安装 Python-tk 才能看到图形，请使用 apt install Python-tk 命令安装。

在图形中可以看到一条由输入数据构成的线。在输出窗口中，支持下列操作：

- 使用十字图标移动图形；
- 调整图形大小；
- 使用缩放图标缩放某个区域；
- 使用主页图标返回原始视图；
- 使用保存图标保存图形。

另外，还可以自定义图形，如给图片添加标题，给坐标轴添加标签。如果同一张图上有多条曲线，还可以添加图例以解释每条曲线的含义。

```
import matplotlib.pyplot as plt
plt.plot([0, 1, 2, 3, 4], [0, 10, 20, 30, 40])
plt.xlabel("numbers")
plt.ylabel("numbers multiplied by ten")
plt.title("Generated Graph\nCheck it out")
plt.show()
```

上述代码的运行结果如下图所示。

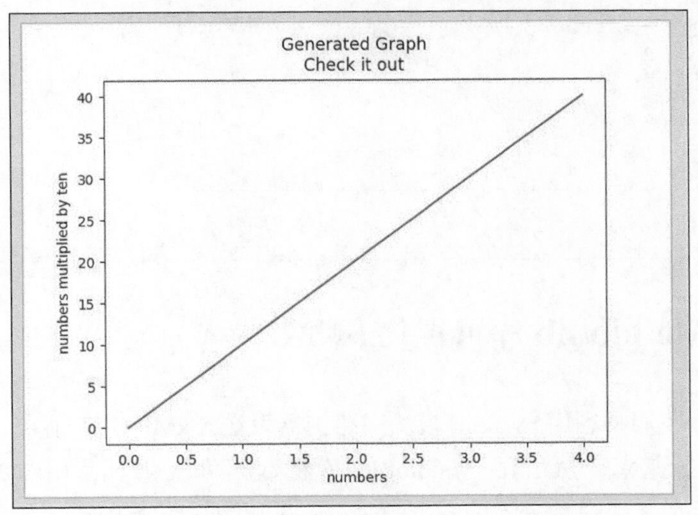

注意，在 Python 脚本中通常不会绘制硬编码数据的图形，在下一个例子中将演示如何绘制从网络上获取的数据。

在同一张图上可以绘制多个数据集，只需要将另一个数据列表添加到上一张图中，

Matplotlib 就能将其显示出来。此外，还可以对图上的数据集添加标签以示区别，这些标签的图例可以使用函数 legend()输出到图上。

```
import matplotlib.pyplot as plt
plt.plot([0, 1, 2, 3, 4], [0, 10, 20, 30, 40], label="First Line")
plt.plot([5, 6, 7, 8, 9], [50, 60, 70, 80, 90], label="Second Line")
plt.xlabel("numbers")
plt.ylabel("numbers multiplied by ten")
plt.title("Generated Graph\nCheck it out")
plt.legend()
plt.show()
```

上述代码的运行结果如下图所示。

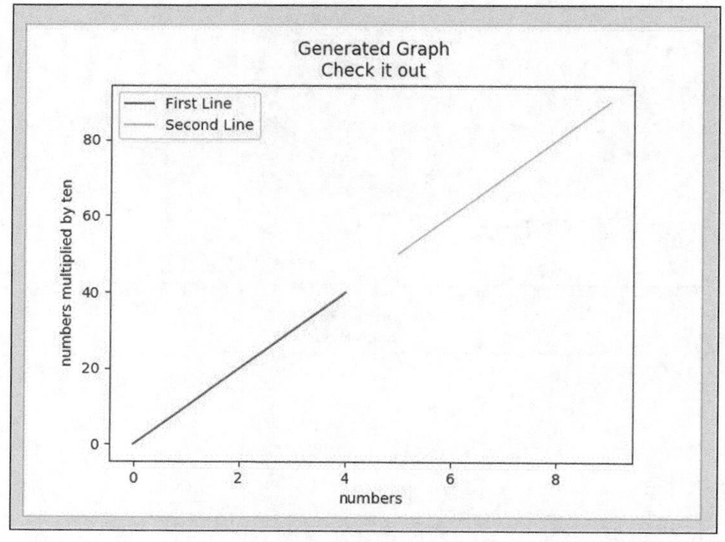

5.5.3 使用 Matplotlib 库可视化 SNMP

在这个例子中我们将利用 pysnmp 模块向路由器发送 SNMP GET 请求，以获取某个接口输入和输出的流量速率，然后用 Matplotlib 库将数据可视化。使用对象标识符（Object Identifier，OID）.1.3.6.1.4.1.9.2.2.1.1.6.3 和.1.3.6.1.4.1.9.2.2.1.1.8.3[①] 分别代表输入与输出的流量速率。

```
from pysnmp.entity.rfc3413.oneliner import cmdgen
```

① 1.3.6.1.4.1 是由因特网编号管理局（Internet Assigned Numbers Authority，IANA）统一管理的，可以在 IANA 网站上查到具体的数值。——译者注

```
import time
import matplotlib.pyplot as plt

cmdGen = cmdgen.CommandGenerator()

snmp_community = cmdgen.CommunityData('public')
snmp_ip = cmdgen.UdpTransportTarget(('10.10.88.110', 161))
snmp_oids = [".1.3.6.1.4.1.9.2.2.1.1.6.3",".1.3.6.1.4.1.9.2.2.1.1.8.3"]

slots = 0
input_rates = []
output_rates = []
while slots <= 50:
    errorIndication, errorStatus, errorIndex, varBinds =
cmdGen.getCmd(snmp_community, snmp_ip, *snmp_oids)

    input_rate = str(varBinds[0]).split("=")[1].strip()
    output_rate = str(varBinds[1]).split("=")[1].strip()

    input_rates.append(input_rate)
    output_rates.append(output_rate)

    time.sleep(6)
    slots = slots + 1
    print slots

time_range = range(0, slots)

print input_rates
print output_rates
# plt.figure()
plt.plot(time_range, input_rates, label="input rate")
plt.plot(time_range, output_rates, label="output rate")
plt.xlabel("time slot")
plt.ylabel("Traffic Measured in bps")
plt.title("Interface gig0/0/2 Traffic")
plt.legend()
plt.show()
```

在这个例子中应注意以下几点。

首先，从 pysnmp 模块中导入 `cmdgen`，用来对路由器创建 SNMP `GET` 命令。同时，还导入了 Matplotlib 模块。

然后，使用 `cmdgen` 定义 Python 与路由器之间的传输通道属性和 SNMP 团体[①]。

① SNMP 团体名（communities name）用来定义 SNMP NMS 和 SNMP Agent 的关系。团体名的作用类似于密码，可以限制 SNMP NMS 访问设备上的 SNMP Agent。——译者注

接下来，pysnmp 使用前面定义的 OID 发送 SNMP GET 请求，并将输出和错误（如果有的话）返回 `errorIndication`、`errorStatus`、`errorIndex` 和 `varBinds`。`varBinds` 中保存了输入和输出的流量速率。

接下来，varBinds 使用的是`<oid> = <value>`形式，因此我们只提取其中的值，将其分别添加到前面创建的列表中。

接下来，以 6s 的间隔重复操作 100 次，收集所有数据。

最后，将收集到的数据传递给从 Matplotlib 导入的 `plt`，同时使用 `xlabel`、`ylabel`、`title` 和 `legends` 自定义图。

脚本的输出结果如下图所示。

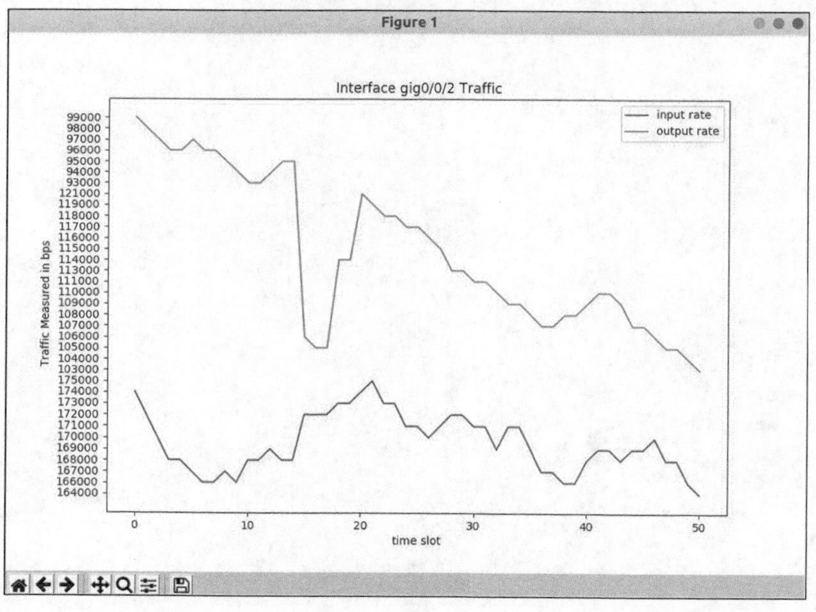

5.6　小结

本章介绍了如何在 Python 中使用不同的工具和技术，从返回的输出中提取有用的数据并对数据进行处理。此外，本章还讨论了如何使用 CiscoConfParse 库审核配置，并分析了如何可视化数据来生成形象的图和报告。

下一章将介绍如何编写模板，以及如何使用 Jinja2 模板语言生成配置。

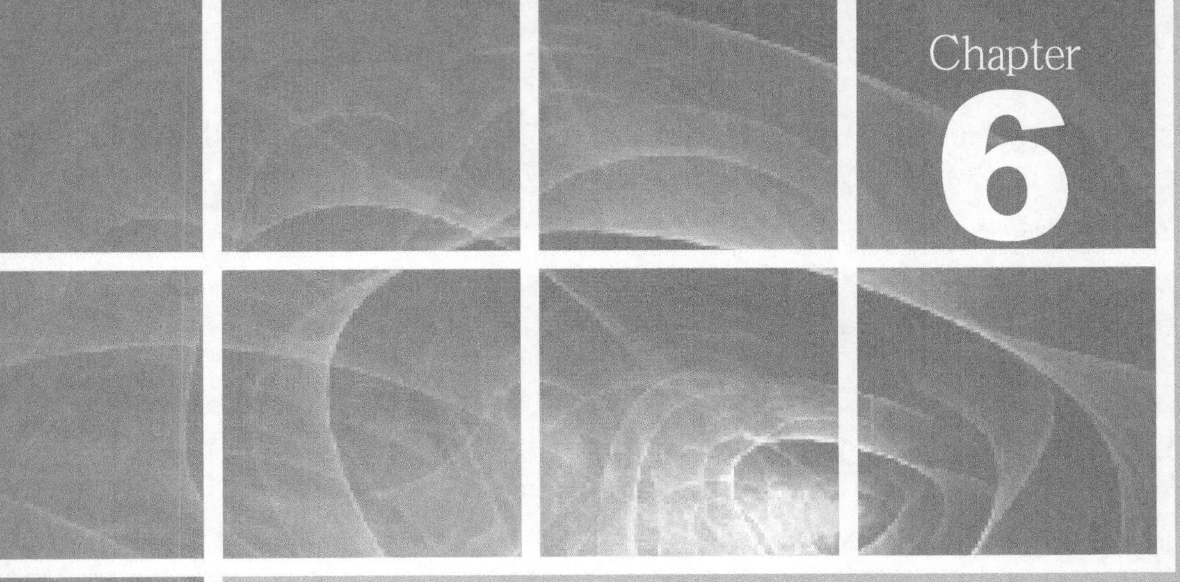

第 6 章 使用 Python 和 Jinja2 配置生成器

本章将介绍如何使用 YAML 格式的数据，以及如何使用 Jinja2 语言生成的标准模板来生成一个配置。然后分别使用 Ansible 和 Python 来生成数据模型与存储配置文件。

本章主要介绍以下内容：

- YAML 的含义；
- 使用 Jinja2 创建标准配置模板。

6.1 YAML 简介

YAML 是 **YAML Ain't Markup Language**（YAML 不是一种标记语言）的缩写，是一种数据序列化格式，是一种可读性高并且容易被人类阅读和用来表达数据序列的编程语言。编程语言可以理解 YAML 文件（其扩展名通常是`.yml`或`.yaml`）的内容并将它们映射到内置的数据类型。例如，如果在 Python 脚本中使用`.yaml`文件，它会自动将内容转换为字典`{}`或列表`[]`，方便处理或遍历。

YAML 规则有助于构造可读性高的文件，因此理解这些规则非常重要，这样才能编写出有效且格式良好的 YAML 文件。

YAML 文件格式

在编写 YAML 文件时需要遵循一些规则。YAML 使用缩进来表示语句之间的层次关系。

- 使用空格或制表符使缩进保持一致，并且不要混用。
- 在创建带键和值的字典（在`yaml`中有时将其称为关联数组）时使用冒号，冒号左侧的是键，冒号右侧的是值。
- 在列表中的子项前要加上短横线“`-`”。为了有效地组织数据，在 YAML 文件中可以混用词典和列表。数据结构中的层级数量没有限制（见下图）。

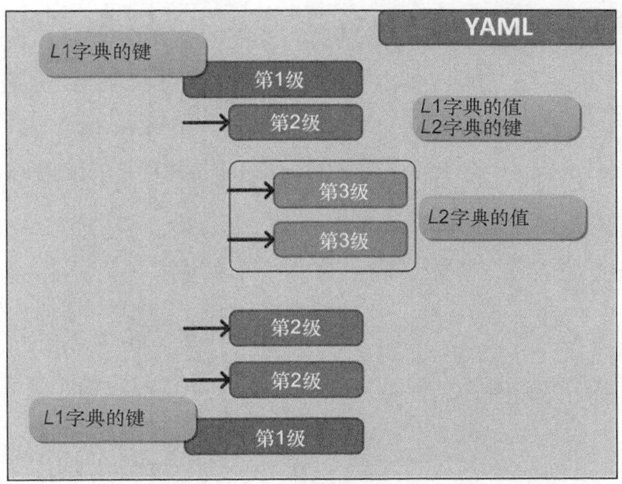

让我们通过一个例子来看这些规则是如何使用的。

```
---
my_datacenter:
  GW:
    eve_port: 32773
    device_template: vIOSL3_Template
    hostname: R1
    mgmt_intf: gig0/0
    mgmt_ip: 10.10.88.110
    mgmt_subnet: 255.255.255.0
    enabled_ports:
      - gig0/0
      - gig0/1
      - gig0/2


  switch1:
    eve_port: 32769
    device_template: vIOSL2_Template
    hostname: SW1
    mgmt_intf: gig0/0
    mgmt_ip: 10.10.88.111
    mgmt_subnet: 255.255.255.0

  switch2:
    eve_port: 32770
    device_template: vIOSL2_Template
    hostname: SW2
    mgmt_intf: gig0/0
    mgmt_ip: 10.10.88.112
    mgmt_subnet: 255.255.255.0

```

从这个例子中可以看到很多问题。首先，该文件的最高级是 `my_datacenter`。作为顶级键，其值由后面的下一级缩进行（即 `GW`、`switch1` 和 `switch2`）组成。这些行同时也是“键”，里面包含了一些“值”，即 `eve_port`、`device_template`、`hostname`、`mgmt_intf`、`mgmt_ip` 和 `mgmt_subnet`，它们同时用作第 3 级的键和第 2 级的值。

另一个需要注意的地方是 `enabled_ports`，作为第 3 级的键，它的值是一个列表。前面介绍过，下一级缩进以短横线开始，表示这是一个列表。

所有接口（interface）都是兄弟元素，因为它们的缩进级别是一样的。

最后字符串不需要用单引号或双引号括起来。在 Python 中加载文件时会自动执行此操作，并且还将根据缩进确定每个元素的数据类型和位置。

现在，开发一个 Python 脚本来读取这个 YAML 文件，并使用 yaml 模块将其转换为字典和列表。

```
#!/usr/bin/python
__author__ = "Bassim Aly"
__EMAIL__ = "basim.alyy@gmail.com"

import yaml
from pprint import pprint


with open(r'/media/bassim/DATA/GoogleDrive/Packt/EnterpriseAutomationProject
  /Chapter6_Configuration_generator_with_python_and_jinja2/yaml_example.yml', 'r') as yaml_file:
    yaml_data = yaml.load(yaml_file)  # This is to read the file content

pprint(yaml_data)

```

在这个例子中应注意以下几点。

首先，在 Python 脚本中导入了 yaml 模块来处理 YAML 文件。另外，还导入了 `pprint` 函数以显示嵌套字典和列表的层次结构。

然后，使用 `with` 子句和 `open()` 函数作为 `yaml_file` 打开 `yaml_example.yml` 文件。

最后，使用 `load()` 函数将文件加载到 `yaml_data` 变量中。在加载过程中 Python 解释器不仅分析 `yaml` 文件的内容并构建各元素之间的关系，还将它们转换成标准数据类型。输出结果由 `pprint()` 函数输出在控制台上。

脚本输出结果如下图所示。

```
Python Console - DevNet
Django Console
...
... pprint(yaml_data)
...
{'my_datacenter': {'GW': {'device_template': 'vIOSL3_Template',
                          'enabled_ports': ['gig0/0', 'gig0/1', 'gig0/2'],
                          'eve_port': 32773,
                          'hostname': 'R1',
                          'mgmt_intf': 'gig0/0',
                          'mgmt_ip': '10.10.88.110',
                          'mgmt_subnet': '255.255.255.0'},
                   'switch1': {'device_template': 'vIOSL2_Template',
                               'eve_port': 32769,
                               'hostname': 'SW1',
                               'mgmt_intf': 'gig0/0',
                               'mgmt_ip': '10.10.88.111',
                               'mgmt_subnet': '255.255.255.0'},
                   'switch2': {'device_template': 'vIOSL2_Template',
                               'eve_port': 32770,
                               'hostname': 'SW2',
                               'mgmt_intf': 'gig0/0',
                               'mgmt_ip': '10.10.88.112',
                               'mgmt_subnet': '255.255.255.0'}}}

>>>
```


现在可以方便地使用标准的 Python 方法访问任何内容。例如，使用 `my_datacenter` 和 `switch1` 键可以获得 `switch1` 的配置，具体代码如下。

```
pprint(yaml_data['my_datacenter']['switch1'])

{'device_template': 'vIOSL2_Template',
 'eve_port': 32769,
 'hostname': 'SW1',
 'mgmt_intf': 'gig0/0',
 'mgmt_ip': '10.10.88.111',
 'mgmt_subnet': '255.255.255.0'}
```

此外，使用简单的 `for` 循环可以遍历所有键，输出任意级别的值。

```
for device in yaml_data['my_datacenter']:
    print device

GW
switch2
switch1
```

在实践中，建议在描述数据时保持键名不变，只更改值。例如，在所有设备上都有相同的 `hostname`、`mgmt_intf` 和 `mgmt_ip`，只是在 `.yaml` 文件中每个设备有不同的取值。

文本编辑器提示

正确的缩进对于 YAML 数据来说非常重要。建议使用高级文本编辑器（如 Sublime Text

或 Notepad ++），因为它们能够根据用户设置将制表符转换成指定数量的空格。比如，可以选择将制表符转换成两个或 4 个空格。只要按 Tab 键，编辑器就会将制表符转换为两个或 4 个空格。最后还可以在每级缩进处设置垂线，以帮助判断缩进层次。

> Windows 系统中的记事本没有这些选项，因此使用它编辑 YAML 文件时可能会出现格式错误。

下图展示了一个例子——高级编辑器 Sublime Text，它支持上面所说的两个功能。

```
name: "unarchive xRV"
unarchive:
  src: /root/xrv-k9-6.1.2.tar.gz
  dest: /opt/unetlab/addons/qemu/
  remote_src: no
tags: upload_file
ignore_errors: yes

name: "unarchive vIOS"
unarchive:
  src: /root/vios.tar.gz
  dest: /opt/unetlab/addons/qemu/
  remote_src: no
tags: upload_file
ignore_errors: yes

name: "unarchive centos server"
unarchive:
  src: /root/linux-centos-server-1707.tar.gz
  dest: /opt/unetlab/addons/qemu/
  remote_src: no
tags: upload_file
ignore_errors: yes

name: "unarchive Linux vRIN server"
```

垂线

将制表符转换为对应的空格

从上图中可以看到垂线，它用来辅助判断同级元素是否处于相同的缩进级，同时显示出按 **Tab** 键时自动替换的空格数。

6.2 使用 Jinja2 建立配置模板

大多数网络工程师有自己的文本文件，并将其作为某类设备的配置模板。这个文件包含了网络配置的各个部分，以及具体的数值。当网络工程师想要配置新设备或更改配置时，他们只需要替换掉这个文件中的某些值就可以生成新的配置。

使用 Python 和 Ansible，以及本书后面将会介绍的 Jinja2 模板语言能够自动执行这个过程。所有模板文件能够针对特定网络/系统配置使用统一语法，并能够将数据与实际配置分开，成为驱动开发 Jinja2 的动力。在实际使用中可以重复利用相同的模板，但需要替换不同的数据集。此外，在 Jinja2 网站上可以看到，它还有些独特的功能，这使它能够从其他模板语言中脱颖而出。

下面是 Jinja2 官方网站中列出的一些功能。

- 具有强大的 HTML 转义系统，防止跨站脚本攻击。
- 通过实时编译为 Python 字节码可以获得更高的性能。Jinja2 会将模板源码在第一次加载时转换为 Python 字节码来获得最佳运行性能。
- 具有可选的预编译功能。
- 通过集成模板编译和运行时错误到 Python 跟踪器的调试系统中可简化调试。
- 具有可配置的语法。例如，可以重新配置 Jinja2 使它更适配 LaTeX 或者 JavaScript 的输出格式。
- 具有模板设计帮助器。Jinja2 通过组装大量有用的帮助工具来帮助解决一些日常任务，比如，将序列打散生成多列。

模板继承（template inheritance）是 Jinja 的另一个重要功能，使用该功能可以创建一个父模板（base/parent template），定义系统的基本结构或所有设备的 Day 0 初始配置。以这个初始配置作为基本配置，其中包含一些常用信息，如用户名、管理子网、默认路由和 SNMP 团体。其他子模板（child template）可以从基本模板继承并扩展而来。

本章交替使用 Jinja 和 Jinja2 这两个术语，它们代表相同的含义。

在深入研究 Jinja2 语言所提供的其他功能之前，先来看几个创建模板的例子。

首先，使用下面的命令在系统中安装 Jinja2。

```
pip install jinja2
```

从 PyPI 上下载软件包，并安装到当前 Python 环境的 site-packages 中。

然后，打开自己喜欢的文本编辑器，输入下面的模板，该模板表示一个二层交换机的 Day 0（初始）配置，包括配置设备主机名和一些 aaa[①]参数，每台交换机上都有的默认 VLAN，以及 IP 地址的管理方式。

```
hostname {{ hostname }}
```

① 认证（authentication）、授权（authorization）和计费（accounting）。——译者注

```
aaa new-model
aaa session-id unique
aaa authentication login default local
aaa authorization exec default local none
vtp mode transparent
vlan 10,20,30,40,50,60,70,80,90,100,200

int {{ mgmt_intf }}
no switchport
no shut
ip address {{ mgmt_ip }} {{ mgmt_subnet }}
```

一些文本编辑器（如 Sublime Text 和 Notepad ++）本身或者通过插件可以支持 Jinja2 语言，能够提供语法突出显示和自动补全的功能。

注意，在上面的模板中，变量是用双花括号括起来的。当在 Python 脚本中加载模板时，需要使用具体值替换这些变量。

```
#!/usr/bin/python

from jinja2 import Template
template = Template('''
hostname {{hostname}}

aaa new-model
aaa session-id unique
aaa authentication login default local
aaa authorization exec default local none
vtp mode transparent
vlan 10,20,30,40,50,60,70,80,90,100,200

int {{mgmt_intf}}
 no switchport
 no shut
 ip address {{mgmt_ip}} {{mgmt_subnet}}
''')
sw1 = {'hostname': 'switch1', 'mgmt_intf': 'gig0/0', 'mgmt_ip':
'10.10.88.111', 'mgmt_subnet': '255.255.255.0'}
print(template.render(sw1))
```

在这个例子中应注意以下几点。

首先，从 Jinja2 模块中导入 `Template` 类，用来验证和解析 Jinja2 文件。

然后，定义一个字典变量 `sw1`，它的键等于模板中的变量，值代表模板中的数据。

最后，以 sw1 作为输入调用模板的 render()方法，将 Jinja2 模板与具体的值联系起来，使用 print 输出配置内容。

脚本的输出结果如下图所示。

```
Python Console - DevNet
Django Console
... int {{mgmt_intf}}
...  no switchport
...  no shut
...  ip address {{mgmt_ip}} {{mgmt_subnet}}
... ''')
...
... sw1 = {'hostname':'switch1', 'mgmt_intf':'gig0/0', 'mgmt_ip':'10.10.88.111', 'mgmt_subnet':'255.255.255.0'}
... print(template.render(sw1))

hostname switch1

aaa new-model
aaa session-id unique
aaa authentication login default local
aaa authorization exec default local none
vtp mode transparent
vlan 10,20,30,40,50,60,70,80,90,100,200

int gig0/0
 no switchport
 no shut
 ip address 10.10.88.111 255.255.255.0

>>>
```

现在我们来改进这个脚本，使用 YAML 为模板赋值，而不是硬编码字典中的值。方法很简单，在 YAML 文件中为模拟实验室建立 day0 配置模板，然后使用 yaml.load()将该文件加载到 Python 脚本中并为 Jinja2 模板赋值，这样即可为每个设备生成 day0 配置文件。

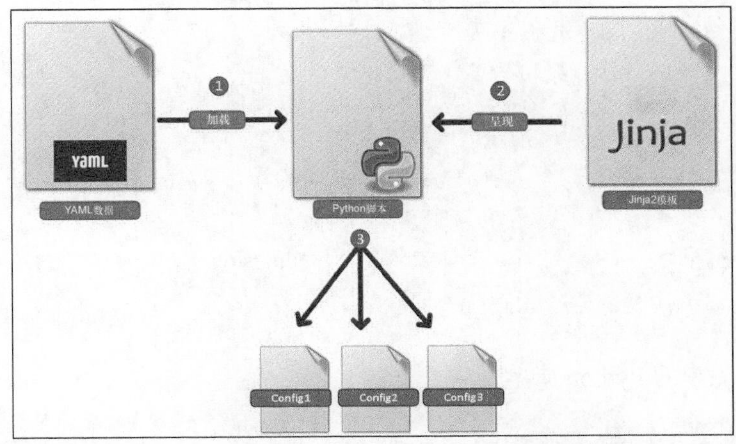

继续编辑上次编写的 YAML 文件，向里面添加其他设备，同时保持每个节点具有相同的层次结构。

```
---
dc1:
  GW:
    eve_port: 32773
    device_template: vIOSL3_Template
    hostname: R1
    mgmt_intf: gig0/0
    mgmt_ip: 10.10.88.110
    mgmt_subnet: 255.255.255.0


  switch1:
    eve_port: 32769
    device_template: vIOSL2_Template
    hostname: SW1
    mgmt_intf: gig0/0
    mgmt_ip: 10.10.88.111
    mgmt_subnet: 255.255.255.0

  switch2:
    eve_port: 32770
    device_template: vIOSL2_Template
    hostname: SW2
    mgmt_intf: gig0/0
    mgmt_ip: 10.10.88.112
    mgmt_subnet: 255.255.255.0

  switch3:
    eve_port: 32769
    device_template: vIOSL2_Template
    hostname: SW3
    mgmt_intf: gig0/0
    mgmt_ip: 10.10.88.113
    mgmt_subnet: 255.255.255.0

  switch4:
    eve_port: 32770
    device_template: vIOSL2_Template
    hostname: SW4
    mgmt_intf: gig0/0
    mgmt_ip: 10.10.88.114
    mgmt_subnet: 255.255.255.0
```

下面给出了完整的 Python 脚本。

```
#!/usr/bin/python
__author__ = "Bassim Aly"
__EMAIL__ = "basim.alyy@gmail.com"

import yaml
```

```
from jinja2 import Template


with
open('/media/bassim/DATA/GoogleDrive/Packt/EnterpriseAutomationProject/Chap
ter6_Configuration_generator_with_python_and_jinja2/network_dc.yml', 'r')
as yaml_file:
    yaml_data = yaml.load(yaml_file)

router_day0_template = Template("""
hostname {{hostname}}
int {{mgmt_intf}}
  no shutdown
  ip add {{mgmt_ip}} {{mgmt_subnet}}
lldp run

ip domain-name EnterpriseAutomation.net
ip ssh version 2
ip scp server enable
crypto key generate rsa general-keys modulus 1024

snmp-server community public RW
snmp-server trap link ietf
snmp-server enable traps snmp linkdown linkup
snmp-server enable traps syslog
snmp-server manager

logging history debugging
logging snmp-trap emergencies
logging snmp-trap alerts
logging snmp-trap critical
logging snmp-trap errors
logging snmp-trap warnings
logging snmp-trap notifications
logging snmp-trap informational
logging snmp-trap debugging

""")


switch_day0_template = Template("""
hostname {{hostname}}

aaa new-model
aaa session-id unique
aaa authentication login default local
aaa authorization exec default local none
vtp mode transparent
vlan 10,20,30,40,50,60,70,80,90,100,200
```

```
int {{mgmt_intf}}
 no switchport
 no shut
 ip address {{mgmt_ip}} {{mgmt_subnet}}

snmp-server community public RW
snmp-server trap link ietf
snmp-server enable traps snmp linkdown linkup
snmp-server enable traps syslog
snmp-server manager

logging history debugging
logging snmp-trap emergencies
logging snmp-trap alerts
logging snmp-trap critical
logging snmp-trap errors
logging snmp-trap warnings
logging snmp-trap notifications
logging snmp-trap informational
logging snmp-trap debugging

""")

for device,config in yaml_data['dc1'].iteritems():
    if config['device_template'] == "vIOSL2_Template":
        device_template = switch_day0_template
    elif config['device_template'] == "vIOSL3_Template":
        device_template = router_day0_template

    print("rendering now device {0}" .format(device))
    Day0_device_config = device_template.render(config)

    print Day0_device_config
    print "=" * 30
```

在这个例子中应注意以下几点。

首先，和前面一样导入 yaml 和 Jinja2 模块。

然后，将 yaml 文件加载到 yaml_data 变量中，在这个过程中，把文件中的数据转换成一系列字典和列表。

接下来，通过 router_day0_template 与 switch_day0_template 分别代表路由器和交换机的配置模板。

最后，通过 for 循环遍历 dc1 中的设备并检查 device_template，以及对每个设备进行配置。

下面查看脚本输出结果。

路由器的配置（省略了部分输出）如下图所示。

```
...     print "=" * 30
...
rendering now device GW

hostname R1
int gig0/0
  no shutdown
  ip add 10.10.88.110 255.255.255.0

lldp run

ip domain-name EnterpriseAutomation.net
ip ssh version 2
ip scp server enable
crypto key generate rsa general-keys modulus 1024

snmp-server community public RW
snmp-server trap link ietf
snmp-server enable traps snmp linkdown linkup
snmp-server enable traps syslog
snmp-server manager

logging history debugging
>>>
```

交换机 1 的配置（省略了部分输出）如下图所示。

```
==============================
rendering now device switch2

hostname SW2

aaa new-model
aaa session-id unique
aaa authentication login default local
aaa authorization exec default local none
vtp mode transparent
vlan 10,20,30,40,50,60,70,80,90,100,200

int gig0/0
 no switchport
 no shut
 ip address 10.10.88.112 255.255.255.0

snmp-server community public RW
snmp-server trap link ietf
snmp-server enable traps snmp linkdown linkup
snmp-server enable traps syslog
snmp-server manager
```

6.2.1 从文件系统中读取模板

Python 开发人员通常会将静态的、硬编码的值和模板移到 Python 脚本之外，在脚本中仅保留逻辑。这种方法可以保持程序整洁，提高程序的可扩展性，同时方便其他没有太多 Python 经验的团队成员通过更改输入数据来获得所需的输出。Jinja2 也不例外。可以使用 Jinja2 模块中的 FileSystemLoader()类从操作系统的目录中加载模板。接下来我们会修改代码，将 router_day0_template 和 switch_day0_template 的内容从脚本移到文本文件中，然后在脚本中加载该文件。

Python 代码如下。

```
import yaml
from jinja2 import FileSystemLoader, Environment


with
open('/media/bassim/DATA/GoogleDrive/Packt/EnterpriseAutomationProject/Chap
ter6_Configuration_generator_with_python_and_jinja2/network_dc.yml', 'r')
as yaml_file:
    yaml_data = yaml.load(yaml_file)


template_dir =
"/media/bassim/DATA/GoogleDrive/Packt/EnterpriseAutomationProject/Chapter6_
Configuration_generator_with_python_and_jinja2"

template_env = Environment(loader=FileSystemLoader(template_dir),
                           trim_blocks=True,
                           lstrip_blocks= True
                           )


for device,config in yaml_data['dc1'].iteritems():
    if config['device_template'] == "vIOSL2_Template":
        device_template =
template_env.get_template("switch_day1_template.j2")
    elif config['device_template'] == "vIOSL3_Template":
        device_template =
template_env.get_template("router_day1_template.j2")

    print("rendering now device {0}" .format(device))
    Day0_device_config = device_template.render(config)
    print Day0_device_config
    print "=" * 30
```

在这个例子中，没有像以前那样从 Jinja2 模块中加载 Template()类，而是导入了 Environment()和 FileSystemLoader()，使用 template_dir 传递模板的存储目录，从该目录中读取 Jinja2 文件。然后使用创建的 template_env 对象以及 get_template()方法来获取模板名称并使用模板进行配置。

必须使用.j2 作为模板文件的扩展名。这样 PyCharm 才会将文件中的文本识别为 Jinja2 模板，从而提供语法突出显示以及代码自动补全功能。

6.2.2 在 Jinja2 中使用循环和条件

Jinja2 中的循环和条件可以为模板提供更多功能，使其变得更加强大。本节首先介绍如何在模板中添加 for 循环以遍历 YAML 传来的值。例如，一方面，可能需要为交换机的每个接口添加配置，如使用 switchport 模式并在 access port 下配置 VLAN ID，或者在 trunk port 下配置 VLAN 的范围。

另一方面，可能需要在路由器中启用某些接口并为其添加自定义配置（如 MTU、速度和双工模式，所以需要使用 for 循环）。

注意，部分脚本的逻辑现在将从 Python 移动到 Jinja2 模板中。Python 脚本只是从操作系统或通过脚本内的 Template()类读取模板，然后将从 YAML 文件中解析出来的值与模板结合起来。

下面是 Jinja2 中 for 循环的基本结构。

```
{% for key, value in var1.iteritems() %}
configuration snippets
{% endfor %}
```

{%%}用来定义 Jinja2 文件中的逻辑。

就像 Python 字典遍历键值对一样，iteritems()具有同样的功能。循环将返回 var1 字典中每个元素的键和值。

此外，我们可以使用 if 条件验证某个条件。如果条件为真，则将配置添加到文件中。下面的代码给出了基本的 if 结构。

```
{% if enabled_ports %}
configuration snippet goes here and added to template if the condition is
true
{% endif %}
```

现在，修改描述数据中心设备的.yaml 文件，并为每个设备添加接口配置以及启用端口。

```
---
dc1:
  GW:
    eve_port: 32773
    device_template: vIOSL3_Template
    hostname: R1
    mgmt_intf: gig0/0
    mgmt_ip: 10.10.88.110
    mgmt_subnet: 255.255.255.0
    enabled_ports:
      - gig0/0
      - gig0/1
      - gig0/2

  switch1:
    eve_port: 32769
    device_template: vIOSL2_Template
    hostname: SW1
    mgmt_intf: gig0/0
    mgmt_ip: 10.10.88.111
    mgmt_subnet: 255.255.255.0
    interfaces:
      gig0/1:
        vlan: [1,10,20,200]
        description: TO_DSW2_1
        mode: trunk
      gig0/2:
        vlan: [1,10,20,200]
        description: TO_DSW2_2
        mode: trunk
      gig0/3:
        vlan: [1,10,20,200]
        description: TO_ASW3
        mode: trunk
      gig1/0:
        vlan: [1,10,20,200]
        description: TO_ASW4
        mode: trunk
    enabled_ports:
      - gig0/0
      - gig1/1

  switch2:
    eve_port: 32770
    device_template: vIOSL2_Template
    hostname: SW2
    mgmt_intf: gig0/0
    mgmt_ip: 10.10.88.112
    mgmt_subnet: 255.255.255.0
    interfaces:
```

```
    gig0/1:
      vlan: [1,10,20,200]
      description: TO_DSW1_1
      mode: trunk
    gig0/2:
      vlan: [1,10,20,200]
      description: TO_DSW1_2
      mode: trunk
    gig0/3:
      vlan: [1,10,20,200]
      description: TO_ASW3
      mode: trunk
    gig1/0:
      vlan: [1,10,20,200]
      description: TO_ASW4
      mode: trunk
  enabled_ports:
    - gig0/0
    - gig1/1

switch3:
  eve_port: 32769
  device_template: vIOSL2_Template
  hostname: SW3
  mgmt_intf: gig0/0
  mgmt_ip: 10.10.88.113
  mgmt_subnet: 255.255.255.0
  interfaces:
    gig0/1:
      vlan: [1,10,20,200]
      description: TO_DSW1
      mode: trunk
    gig0/2:
      vlan: [1,10,20,200]
      description: TO_DSW2
      mode: trunk
    gig1/0:
      vlan: 10
      description: TO_Client1
      mode: access
    gig1/1:
      vlan: 20
      description: TO_Client2
      mode: access
  enabled_ports:
    - gig0/0

switch4:
  eve_port: 32770
  device_template: vIOSL2_Template
```

```
  hostname: SW4
  mgmt_intf: gig0/0
  mgmt_ip: 10.10.88.114
  mgmt_subnet: 255.255.255.0
  interfaces:
    gig0/1:
      vlan: [1,10,20,200]
      description: TO_DSW2
      mode: trunk
    gig0/2:
      vlan: [1,10,20,200]
      description: TO_DSW1
      mode: trunk
    gig1/0:
      vlan: 10
      description: TO_Client1
      mode: access
    gig1/1:
      vlan: 20
      description: TO_Client2
      mode: access
  enabled_ports:
    - gig0/0
```

交换机端口可以分为两类——trunk port 或 access port，每种端口都添加了VLAN。

根据 yaml 文件，从 access 模式的交换机端口传入的数据包必须具有相应的 VLAN 标签。对于 trunk 模式的交换机端口，只要输入数据的 VLAN 标签在该端口的配置列表里就可以传入。

现在我们将为设备第一天（运营）的配置创建两个附加模板。第一个模板是 router_day1_template，第二个模板是 switch_day1_template，它们均继承自前面开发的相应的 day0 模板。

router_day1_template 的代码如下。

```
{% include 'router_day0_template.j2' %}

{% if enabled_ports %}
    {% for port in enabled_ports %}
interface {{ port }}
    no switchport
    no shutdown
    mtu 1520
    duplex auto
```

```
    speed auto
    {% endfor %}

{% endif %}
```

switch_day1_template 的代码如下。

```
{% include 'switch_day0_template.j2' %}

{% if enabled_ports %}
    {% for port in enabled_ports %}
interface {{ port }}
    no switchport
    no shutdown
    mtu 1520
    duplex auto
    speed auto

    {% endfor %}
{% endif %}
{% if interfaces %}
    {% for intf,intf_config in interfaces.items() %}
interface {{ intf }}
 description "{{intf_config['description']}}"
 no shutdown
 duplex full
        {% if intf_config['mode'] %}
            {% if intf_config['mode'] == "access" %}
switchport mode {{intf_config['mode']}}
switchport access vlan {{intf_config['vlan']}}

            {% elif intf_config['mode'] == "trunk" %}
switchport {{intf_config['mode']}} encapsulation dot1q
switchport mode trunk
switchport trunk allowed vlan {{intf_config['vlan']|join(',')}}

            {% endif %}
        {% endif %}
    {% endfor %}
{% endif %}
```

标签{%include <template_name.j2>%}表示引用设备的 day0 模板。

首先将呈现此模板并使用 YAML 传进来的值进行填充，然后继续填充接下来的部分。

Jinja2 语言继承了 Python 的许多风格和特性。虽然在开发模板和插入标签时不必遵循缩进规则，但作者还是喜欢在 Jinja2 模板中使用缩进以增加可读性。

脚本的输出如下。

```
rendering now device GW
hostname R1
int gig0/0
  no shutdown
  ip add 10.10.88.110 255.255.255.0
lldp run
ip domain-name EnterpriseAutomation.net
ip ssh version 2
ip scp server enable
crypto key generate rsa general-keys modulus 1024
snmp-server community public RW
snmp-server trap link ietf
snmp-server enable traps snmp linkdown linkup
snmp-server enable traps syslog
snmp-server manager
logging history debugging
logging snmp-trap emergencies
logging snmp-trap alerts
logging snmp-trap critical
logging snmp-trap errors
logging snmp-trap warnings
logging snmp-trap notifications
logging snmp-trap informational
logging snmp-trap debugging
interface gig0/0
    no switchport
    no shutdown
    mtu 1520
    duplex auto
    speed auto
interface gig0/1
    no switchport
    no shutdown
    mtu 1520
    duplex auto
    speed auto
interface gig0/2
    no switchport
    no shutdown
    mtu 1520
    duplex auto
```

```
    speed auto
================================
rendering now device switch1
hostname SW1
aaa new-model
aaa session-id unique
aaa authentication login default local
aaa authorization exec default local none
vtp mode transparent
vlan 10,20,30,40,50,60,70,80,90,100,200
int gig0/0
  no switchport
  no shut
  ip address 10.10.88.111 255.255.255.0
snmp-server community public RW
snmp-server trap link ietf
snmp-server enable traps snmp linkdown linkup
snmp-server enable traps syslog
snmp-server manager
logging history debugging
logging snmp-trap emergencies
logging snmp-trap alerts
logging snmp-trap critical
logging snmp-trap errors
logging snmp-trap warnings
logging snmp-trap notifications
logging snmp-trap informational
logging snmp-trap debugging
interface gig0/0
    no switchport
    no shutdown
    mtu 1520
    duplex auto
    speed auto
interface gig1/1
    no switchport
    no shutdown
    mtu 1520
    duplex auto
    speed auto
interface gig0/2
 description "TO_DSW2_2"
 no shutdown
 duplex full
 switchport trunk encapsulation dot1q
 switchport mode trunk
 switchport trunk allowed vlan 1,10,20,200
interface gig0/3
 description "TO_ASW3"
 no shutdown
```

```
 duplex full
 switchport trunk encapsulation dot1q
 switchport mode trunk
 switchport trunk allowed vlan 1,10,20,200
interface gig0/1
 description "TO_DSW2_1"
 no shutdown
 duplex full
 switchport trunk encapsulation dot1q
 switchport mode trunk
 switchport trunk allowed vlan 1,10,20,200
interface gig1/0
 description "TO_ASW4"
 no shutdown
 duplex full
 switchport trunk encapsulation dot1q
 switchport mode trunk
 switchport trunk allowed vlan 1,10,20,200
==============================

<switch2 output omitted>

==============================
rendering now device switch3
hostname SW3
aaa new-model
aaa session-id unique
aaa authentication login default local
aaa authorization exec default local none
vtp mode transparent
vlan 10,20,30,40,50,60,70,80,90,100,200
int gig0/0
 no switchport
 no shut
 ip address 10.10.88.113 255.255.255.0
snmp-server community public RW
snmp-server trap link ietf
snmp-server enable traps snmp linkdown linkup
snmp-server enable traps syslog
snmp-server manager
logging history debugging
logging snmp-trap emergencies
logging snmp-trap alerts
logging snmp-trap critical
logging snmp-trap errors
logging snmp-trap warnings
logging snmp-trap notifications
logging snmp-trap informational
logging snmp-trap debugging
interface gig0/0
```

```
    no switchport
    no shutdown
    mtu 1520
    duplex auto
    speed auto
interface gig0/2
 description "TO_DSW2"
 no shutdown
 duplex full
 switchport trunk encapsulation dot1q
 switchport mode trunk
 switchport trunk allowed vlan 1,10,20,200
interface gig1/1
 description "TO_Client2"
 no shutdown
 duplex full
 switchport mode access
 switchport access vlan 20
interface gig1/0
 description "TO_Client1"
 no shutdown
 duplex full
 switchport mode access
 switchport access vlan 10
interface gig0/1
 description "TO_DSW1"
 no shutdown
 duplex full
 switchport trunk encapsulation dot1q
 switchport mode trunk
 switchport trunk allowed vlan 1,10,20,200
==============================
<switch4 output omitted>
```

6.3 小结

本章介绍了 YAML 及其格式，以及如何使用文本编辑器。此外，本章还介绍了 Jinja2 及其配置，然后讨论了在 Jinja2 中使用循环和条件的方法。

下一章将讲述如何使用 multiprocessing 库并行实例化和执行 Python 代码。

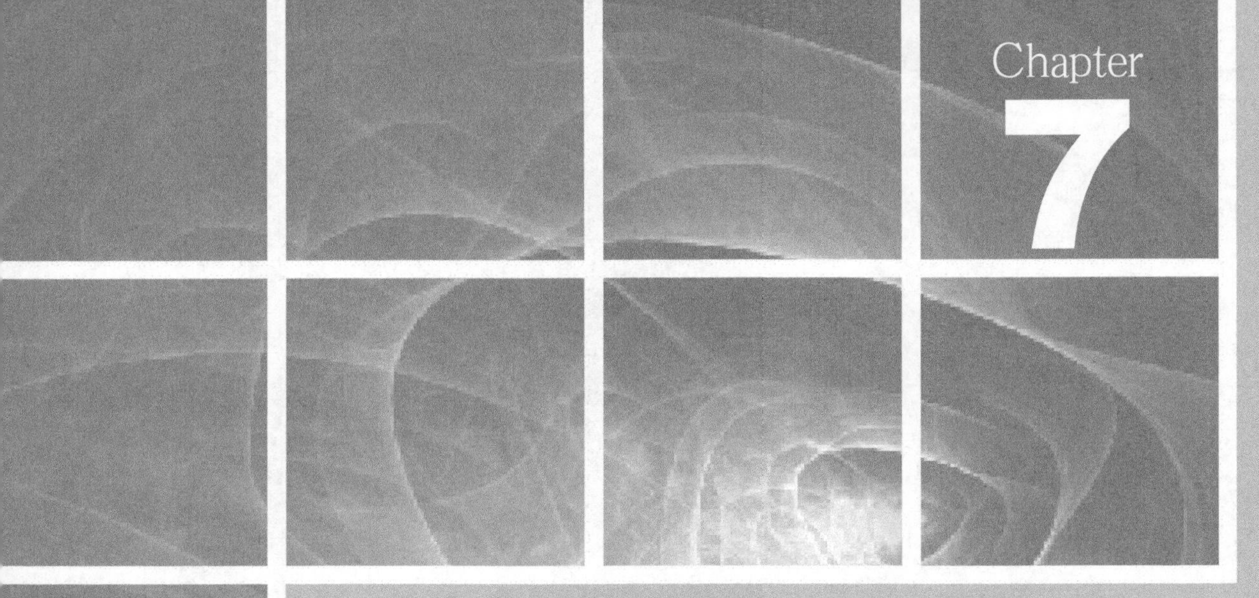

第 7 章 并行执行 Python 脚本

Python 实际上已经成为网络自动化的标准。从配置到操作再到排查网络问题，许多网络工程师每天要使用 Python 来自动完成网络任务。在本章中，我们将接触到一个较高级的 Python 话题——multiprocess 库，并学习如何利用它来加速脚本执行过程，缩短运行时间。

本章主要介绍以下内容：

- Python 代码在操作系统中的运行方式；
- multiprocessing 库。

7.1 Python 脚本在计算机中运行的方式

在计算机中，操作系统以下面的方式来执行 Python 脚本。

（1）在 shell 中键入 `python <your_awesome_automation_script>.py` 时，如下图所示，Python（作为进程来运行）指示计算机的处理器调度线程（操作系统的最小调度单位）。

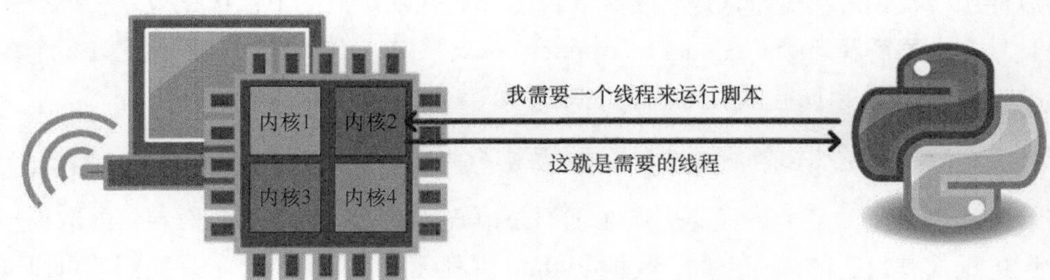

（2）新分配的线程开始逐行执行脚本。线程可以执行任何操作，包括与 I/O 设备交互、连接到路由器、输出，以及执行数学运算等。

（3）一旦脚本遇到**文件结束**（End Of File，EOF）字符，线程将被终止并返回空闲的线程池，以供其他进程使用。随后脚本终止运行。

在 Linux 系统中可以使用`#strace -p <pid>`来跟踪某个线程的运行过程。

为脚本分配的线程越多（只要处理器或操作系统允许），脚本运行的速度就越快。实际上，线程有时也称为工作线程或从进程。

读到这里估计你会有这样的想法：为了更快地完成工作，为什么我们不在所有的 CPU 内核中为 Python 脚本分配更多的线程？

在没有特殊处理的情况下将大量线程分配给一个进程将会带来**竞争条件**（race condition）的问题。在运行时，操作系统将为每个进程分配内存（在这里的例子中，也就是 Python 的进程），该进程内的所有线程可以随时访问这些线程。现在假设其中一个线程在另一个线程将数据实际写入内存之前读取了这个位置上的内存数据。由于写缓存的原因，我们不知道这两个线程访问共享数据的顺序，也就是不知道读和写哪个先发生，这就是竞争条件。

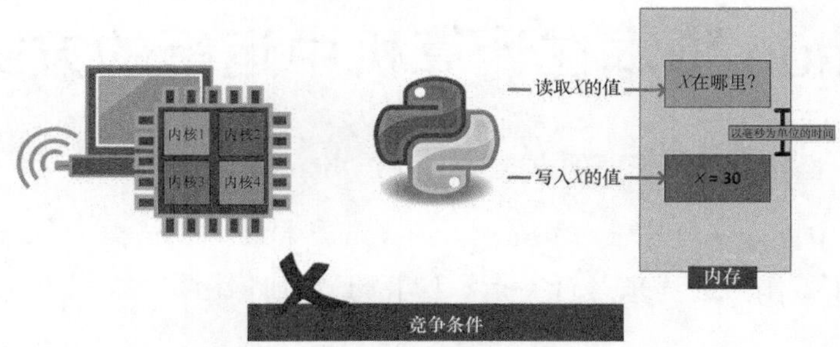

可以使用线程锁解决这个问题。实际上，Python 在默认情况下被优化成一个单线程的进程，并且具有**全局解释器锁**（Global Interpreter Lock，GIL）的功能。GIL 不允许多个线程同时执行 Python 代码，以防止线程之间发生冲突。

既然多个线程有这么多问题，为什么不使用多个进程呢？

与多个线程相比，多个进程的优点在于不必担心由线程间共享内存而导致的数据损坏。每个派生进程都有自己的内存空间，其他 Python 进程无法访问它们。于是我们就可以同时执行并行任务。

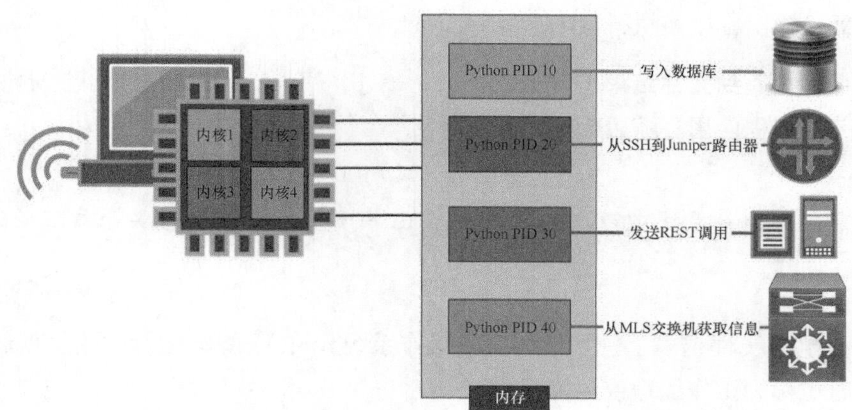

此外，从 Python 的角度来看，每个进程都有自己的 GIL，因此不存在资源冲突或竞争条件。

7.2 multiprocessing 库

multiprocessing 库是 Python 附带的标准库，Python 2.6 之后都有这个库。Python 还有 threading 库，利用它可以生成多个线程。注意，同一个进程内的所有线程共享相同的内存空间。多个进程比多个线程更具优势。其中一个优势就是，进程间的内存空间是相互隔离的，它可以利用多个 CPU 或 CPU 内核。

7.2.1 开始使用 multiprocessing 库

首先，在 Python 脚本中导入模块。

```
import multiprocessing as mp
```

然后，将代码包装到 Python 函数中，这样就能够以函数为单位，使用多个进程并行处理多个函数。

假设有一段代码实现了这个功能，即连接到路由器并使用 netmiko 库在其上执行命令。我们希望它能够同时连接到所有设备。下面给出了串行运行的代码，它将连接到一个设备上并执行传递的命令，然后继续对第二个设备执行同样的操作，以此类推。

```
from netmiko import ConnectHandler
from devices import R1, SW1, SW2, SW3, SW4

nodes = [R1, SW1, SW2, SW3, SW4]

for device in nodes:
    net_connect = ConnectHandler(**device)
    output = net_connect.send_command("show run")
    print output
```

Python 文件 `devices.py` 与脚本放在同一个目录中，它以字典格式记录了每个设备的登录和认证信息。

```
R1 = {"device_type": "cisco_ios_ssh",
      "ip": "10.10.88.110",
      "port": 22,
      "username": "admin",
      "password": "access123",
      }
```

```
SW1 = {"device_type": "cisco_ios_ssh",
       "ip": "10.10.88.111",
       "port": 22,
       "username": "admin",
       "password": "access123",
       }

SW2 = {"device_type": "cisco_ios_ssh",
       "ip": "10.10.88.112",
       "port": 22,
       "username": "admin",
       "password": "access123",
       }

SW3 = {"device_type": "cisco_ios_ssh",
       "ip": "10.10.88.113",
       "port": 22,
       "username": "admin",
       "password": "access123",
       }

SW4 = {"device_type": "cisco_ios_ssh",
       "ip": "10.10.88.114",
       "port": 22,
       "username": "admin",
       "password": "access123",
       }
```

如果要使用 multiprocessing 库，需要重新设计脚本。将代码移动到函数中，然后给每个设备分配一个进程（一个进程连接到一个设备并执行命令），并设置进程的目标以执行前面创建的函数。

```
from netmiko import ConnectHandler
from devices import R1, SW1, SW2, SW3, SW4
import multiprocessing as mp
from datetime import datetime

nodes = [R1, SW1, SW2, SW3, SW4]

def connect_to_dev(device):

    net_connect = ConnectHandler(**device)
    output = net_connect.send_command("show run")
    print output

processes = []

start_time = datetime.now()
```

```
for device in nodes:
    print("Adding Process to the list")
    processes.append(mp.Process(target=connect_to_dev, args=[device]))

print("Spawning the Process")
for p in processes:
    p.start()

print("Joining the finished process to the main truck")
for p in processes:
    p.join()

end_time = datetime.now()
print("Script Execution tooks {}".format(end_time - start_time))
```

在上面的例子中应注意以下几点。

首先，将 multiprocessing 库作为 mp 导入脚本中，Process 为该库中最重要的一个类，它使用 netmiko connect 函数作为 target 参数。同时使用 args 向 connect 传递参数。

然后，遍历节点，为每个设备创建一个进程，并将该进程添加到进程列表中。

接下来，使用模块中的 start()方法创建并启动进程。

最后，用脚本运行的结束时间减去开始时间，计算出总的执行时间。

在脚本运行时，执行主脚本的主线程将开始派生出和设备数量相等的进程。每个派生出来的进程都指向一个函数，该函数同时在所有设备上执行 show run 并将输出存储在变量中，且不会相互影响。

下图展示了 Python 的内部进程。

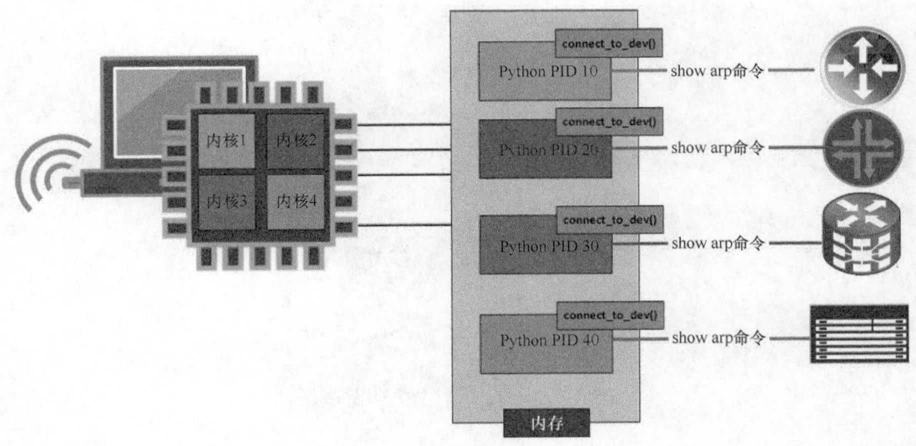

在完整代码运行完毕之前需要完成最后一件事，即将派生进程加入主线程/主干（truck）中，以便顺利结束应用程序。

```
for p in processes:
    p.join()
```

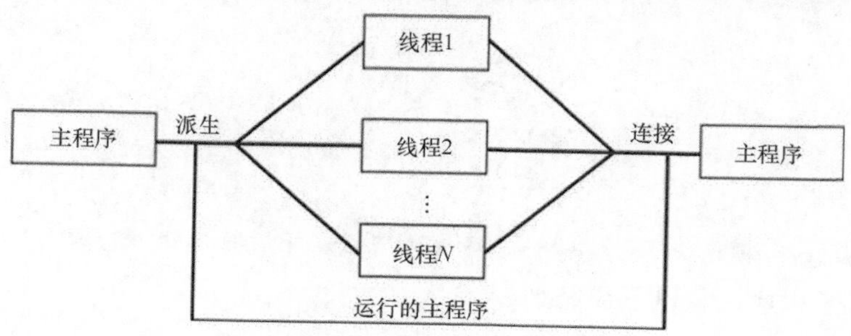

前面例子中使用的 join()方法并不是字符串的 join()方法，它用来将进程加入主线程。

7.2.2 进程间的相互通信

有时候进程需要在运行期间与其他进程传递或交换信息。multiprocessing 库提供了一个 Queue 类，在这个类中有一个特殊列表，进程可以在其中插入和获取数据。这个类里面有两个方法——get()和 put()。put()方法用来向 Queue 中添加数据，get()方法用来从队列中获取数据。在下一个例子中，我们使用 Queue 将数据从子进程传递到父进程。

```
import multiprocessing
from netmiko import ConnectHandler
from devices import R1, SW1, SW2, SW3, SW4
from pprint import pprint

nodes = [R1, SW1, SW2, SW3, SW4]

def connect_to_dev(device, mp_queue):
    dev_id = device['ip']
    return_data = {}
    net_connect = ConnectHandler(**device)
    output = net_connect.send_command("show run")
    return_data[dev_id] = output
    print("Adding the result to the multiprocess queue")
    mp_queue.put(return_data)
```

```
mp_queue = multiprocessing.Queue()
processes = []

for device in nodes:
    p = multiprocessing.Process(target=connect_to_dev, args=[device,
mp_queue])
    print("Adding Process to the list")
    processes.append(p)
    p.start()

for p in processes:
    print("Joining the finished process to the main truck")
    p.join()

results = []
for p in processes:
    print("Moving the result from the queue to the results list")
    results.append(mp_queue.get())

pprint(results)
```

在上面的例子中应注意以下几点。

首先，从 multiprocess 库导入了另一个类——`Queue()`，并将其实例化为 `mp_queue` 对象。

然后，在创建进程期间，将该队列作为参数与设备并排地添加到进程中，因此每个进程都可以访问同一个队列并能够向其中写入数据。

接下来，通过 `connect_to_dev()` 函数连接到每个设备并在其终端上执行 `show run` 命令，还将输出写入共享队列。

在使用 `mp_queue.put()` 将输出添加到共享队列之前，首先应将输出格式化为字典格式{ip: <command_output>}。

在进程运行完并加入主（父）进程之后，使用 `mp_queue.get()` 取出共享队列中的数据并放入结果列表，然后使用 `pprint` 输出结果。

7.3 小结

本章介绍了 multiprocessing 库以及如何并行实例化和执行 Python 代码。

下一章将介绍如何准备实验室环境并探讨一些自动化方法来加快服务器的部署。

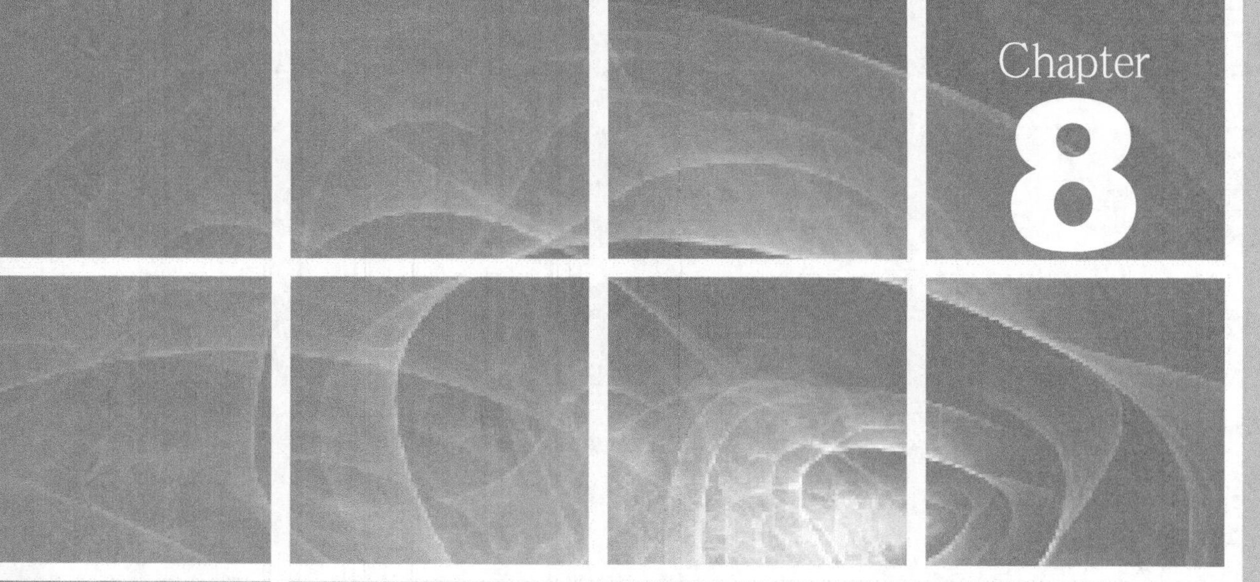

第 8 章

准备实验室环境

在本章中，我们将使用两个主流的 Linux 发行版（即 CentOS 和 Ubuntu）设置实验室。CentOS 是一个面向企业服务器的社区驱动的 Linux 操作系统，它以与**红帽企业版 Linux**（Red Hat Enterprise Linux，RHEL）的兼容性而闻名。Ubuntu 是另一个基于 Debian 操作系统的 Linux 发行版，目前由 Canonical 有限公司开发，并提供商业支持。

我们还将学习如何使用免费的开源软件 **Cobbler** 来安装这两个 Linux 发行版，该软件使用 Linux 镜像自动启动服务器。然后在 CentOS 上使用 `kickstart`，或者在 Debian 系统上使用 Anaconda 对系统进行自定义。

本章主要介绍以下内容：

- 获取 Linux 操作系统；
- 在虚拟机管理程序上创建完成自动化任务的虚拟机；
- Cobbler 入门知识。

8.1 获取 Linux 操作系统

我们将在不同的虚拟机管理程序上创建两台 Linux 机器，分别是 CentOS 和 Ubuntu，将它们作为测试环境中的自动化服务器。

8.1.1 下载 CentOS

通过多种方法可以下载 CentOS 二进制文件。可以直接从世界各地的多个 FTP 服务器上下载该文件，也可以通过 BT 种子使用 p2p 下载。此外，CentOS 可以分为两类。

- 最小 ISO：包括基本服务器、必备软件包。
- 最大 ISO：包括服务器和主存储库中的所有软件包。

首先，打开 CentOS 项目的链接（参见 CentOS 网站），单击 **Get CentOS Now** 按钮，如下图所示。

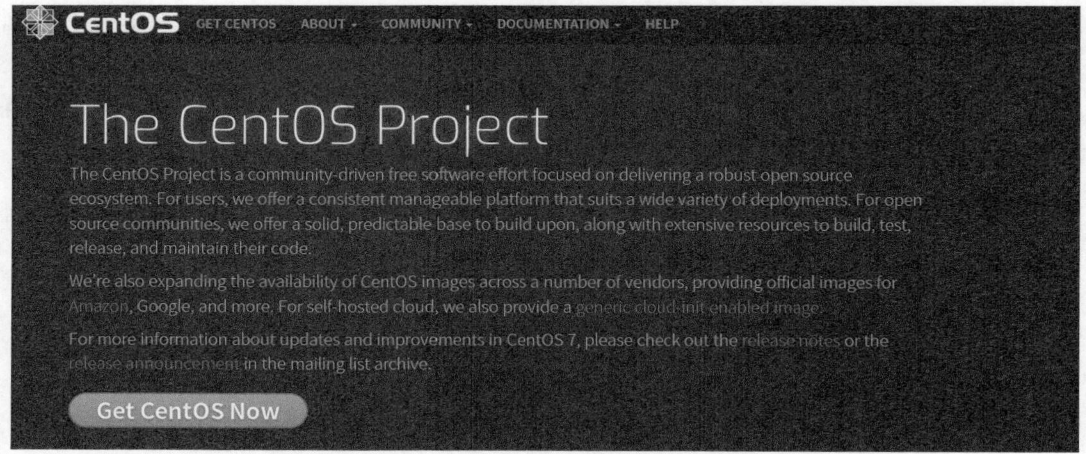

然后，选择最小 ISO 镜像，从任意一个可用的站点下载它。

CentOS 可以在多个云供应商的平台上运行，如 Google、Amazon、Azure 和 Oracle Cloud。在 CentOS 网站上可以找到云平台镜像。

8.1.2 下载 Ubuntu

Ubuntu 以向终端用户提供良好的桌面体验而闻名。Canonical（由 Ubuntu 开发人员创办的公司）与许多服务器供应商合作，在不同的硬件上验证了 Ubuntu 的功能。Canonical 还为 Ubuntu 提供服务器版本，使它能提供与 16.04 相同的功能。下面给出 Ubuntu 的几个示例功能。

- 将继续支持 Canonical，直到 2021 年。
- 能够在 x86、x86-64、ARM v7、ARM64、POWER8 和 IBM s390x（LinuxONE）等主流架构上运行。
- 支持 ZFS，这是一种适用于服务器和容器的下一代卷管理文件系统。
- 具有 LXD Linux 容器管理程序增强功能，包括 QoS 和资源控制（CPU、内存、块 I/O 和存储配额）。
- 提供安装快照，用于简单的应用程序安装和发布管理。
- 具有首个 DPDK 生产版本——线速内核网络。

- 具有 Linux 4.4 内核和 `systemd` 服务管理器。
- 经过了 AWS、Microsoft Azure、Joyent、IBM、Google Cloud Platform 和 Rackspace 认证。
- 更新了 Tomcat（v8）、PostgreSQL（v9.5）、Docker v（1.10）、Puppet（v3.8.5）、QEMU（v2.5）、Libvirt（v1.3.1）、LXC（v2.0）、MySQL（v5.6）等。

如下图所示，访问 Ubuntu 网站，单击 **Download** 按钮，即可下载 Ubuntu Server 16.04 LTS。

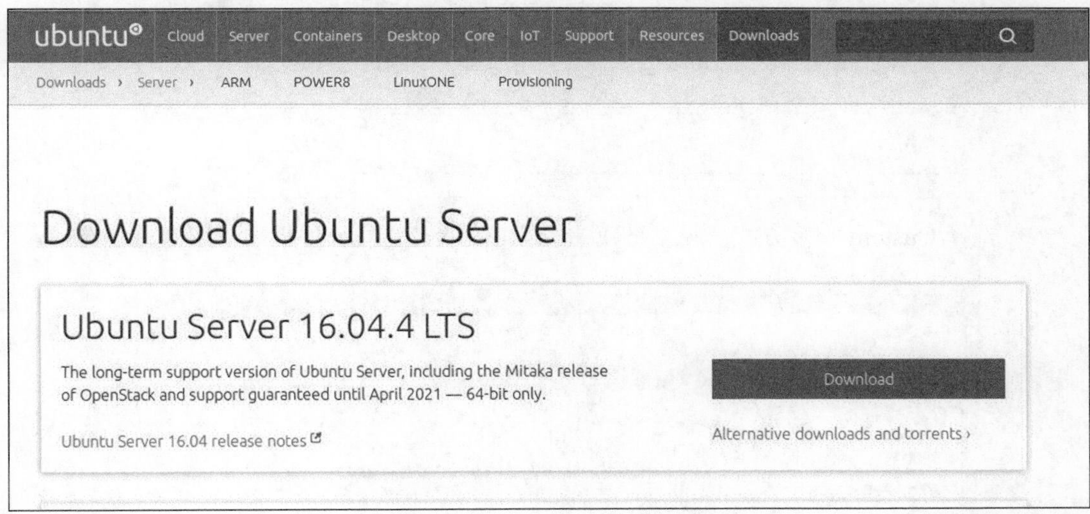

8.2 在虚拟机管理程序上创建自动化虚拟机

ISO 文件下载完成之后，我们将在 VMware ESXi 和 KVM 管理程序上创建一台 Linux 虚拟机。

8.2.1 在 VMware ESXi 上创建 Linux 虚拟机

使用 VMware vSphere 客户端创建虚拟机，使用 root 用户登录一个可用的 ESXi 服务器。首先，将 Ubuntu 或 CentOS ISO 上传到 VMware 数据存储器。然后，按照下列步骤创建虚拟机（Virtual Machine，VM）。

（1）右击服务器名称，选择 **New Virtual Machine**（见下图）。

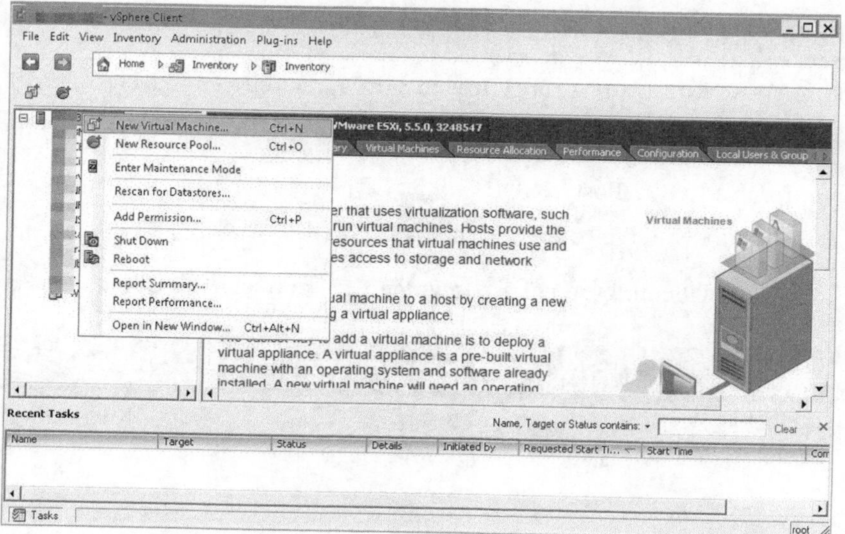

（2）选择 Custom 安装方式（见下图），这样在接下来的安装过程中可以有更多选择。

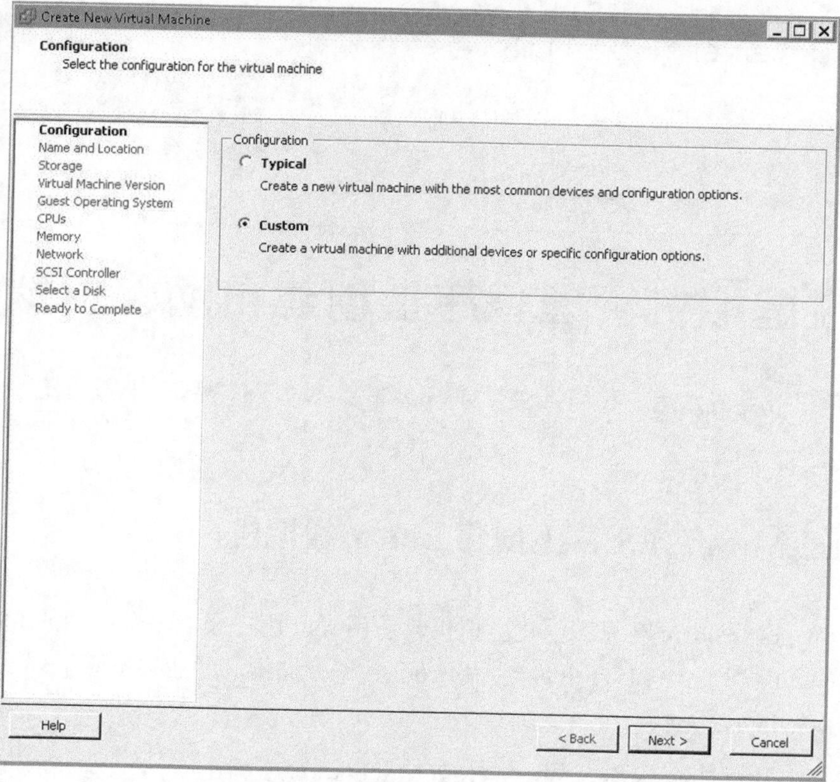

（3）输入 VM 的名字 AutomationServer。

（4）对于虚拟机版本（兼容性），选择 **8**。

（5）选择虚拟机的存储位置，也就是把虚拟机放到哪个硬盘上。

（6）选择客户机操作系统——**Ubuntu Linux (64-bit)**或 **Red Hat version 6/7**（见下图）。

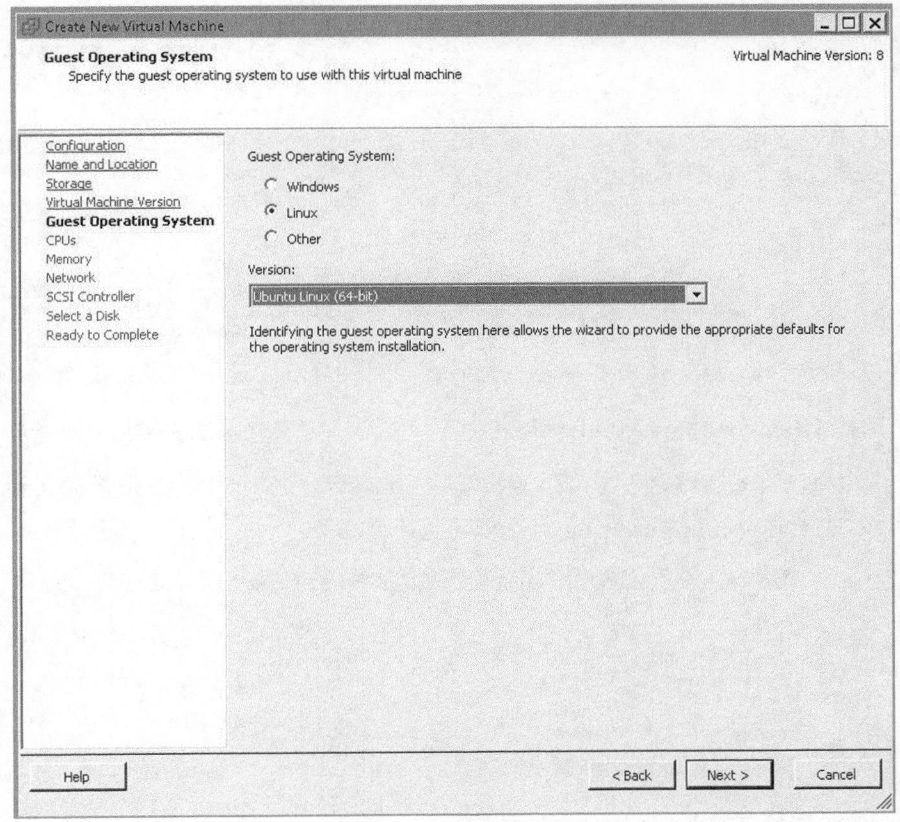

（7）为了获得足够的性能，VM 至少需要两个 vCPU 和 4GB 内存。在 CPU 和 Memory 选项卡中选择适当的数值。

（8）在 Network 选项卡中，选择两个 E1000 网卡（见下图）。其中一张网卡用来连接外网，另一张网卡用于管理客户端。

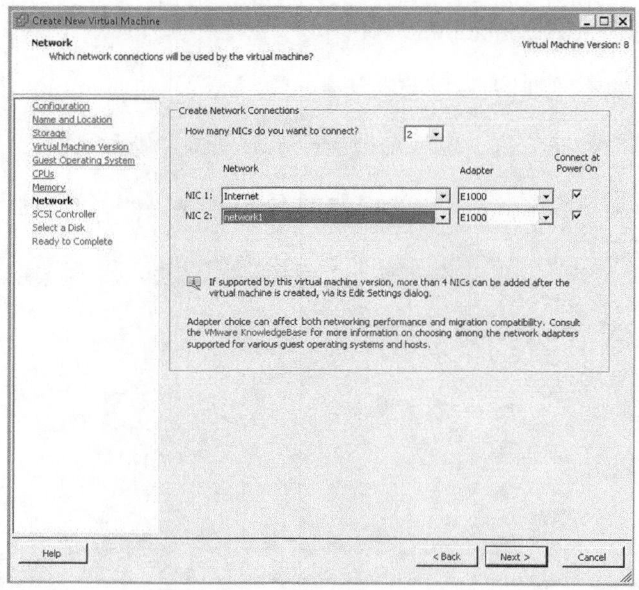

（9）为系统选择默认的 SCSI 控制器。作者在自己的环境中使用的是 **LSI logical parallel**。

（10）选择 **Create a new virtual disk** 并为 VM 提供 20GB 的磁盘空间。

（11）虚拟机已准备就绪之后，可以开始安装 Linux OS 了。将上传的镜像关联到 CD/DVD 驱动器，并勾选 **Connect at power on** 复选框（见下图）。

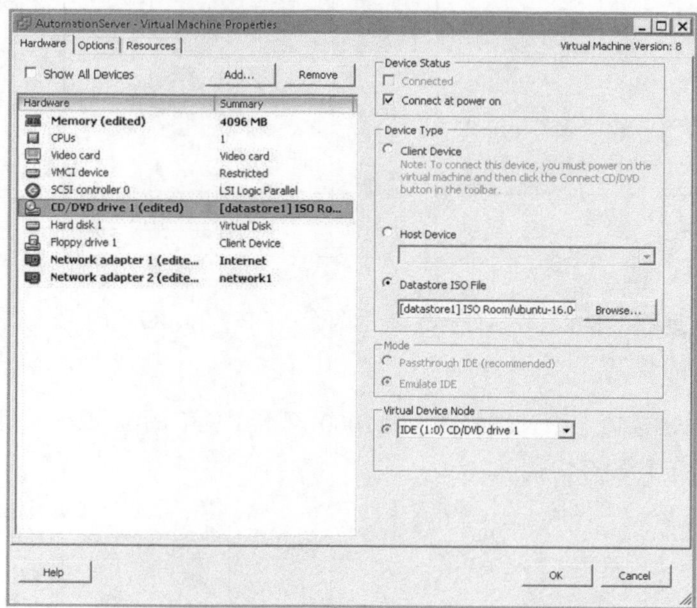

VM 启动之后会提示选择语言。

按正常步骤完成 CentOS/Ubuntu 的安装。

8.2.2 使用 KVM 创建 Linux 虚拟机

接下来，将使用 KVM 中提供的 `virt-manager` 程序来启动 KVM 的桌面管理，然后创建一个新的 VM。

（1）如下图所示，选择安装方式——**Local install media (ISO image or CDROM)**。

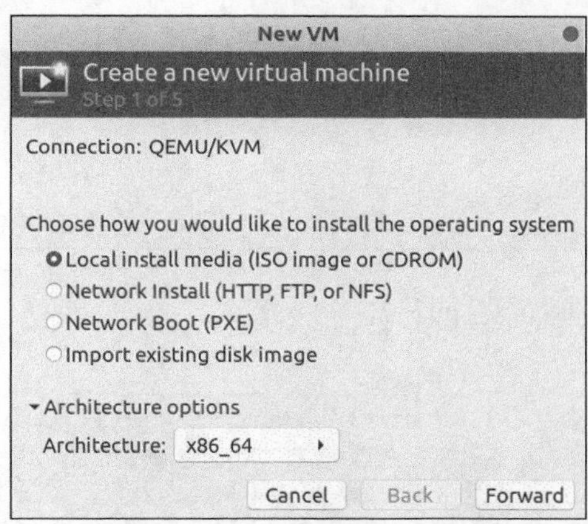

（2）单击 **Browse** 按钮，选择之前下载的镜像文件（CentOS 或 Ubuntu），如下图所示。KVM 会自动检测操作系统的类型和版本。

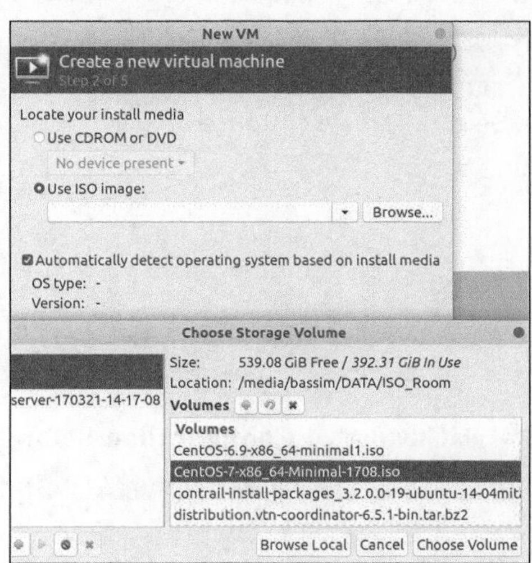

（3）设置所需的 CPU 个数、内存和存储配额（见下图）。

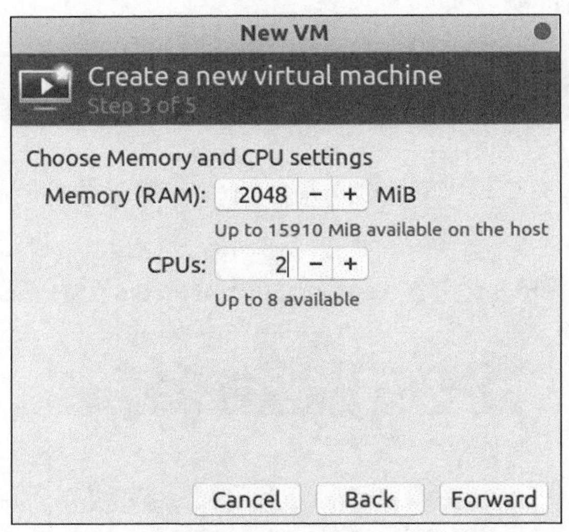

（4）选择合适的存储空间（见下图）。

（5）指定虚拟机名字，勾选 **Customize Configuration before install** 复选框（见下图），方便接下来向该虚拟机（自动化服务器）添加其他网络接口，并单击 **Finish** 按钮。

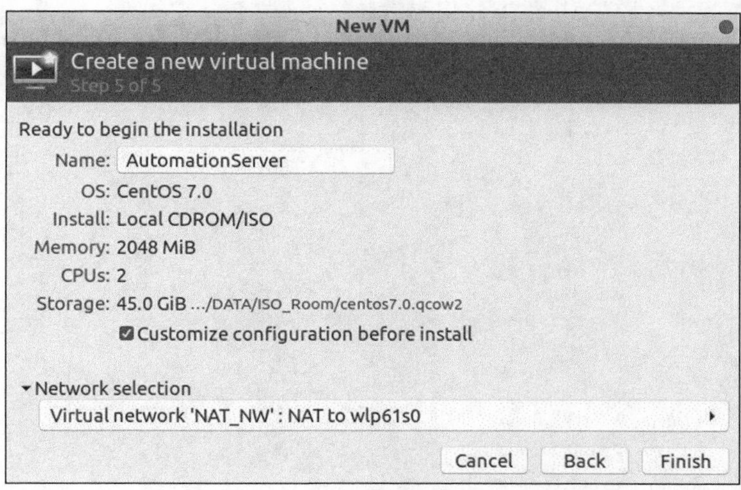

（6）弹出另外一个窗口，它包含机器的所有设置信息。单击 **Add Hardware** 按钮（见下图）。

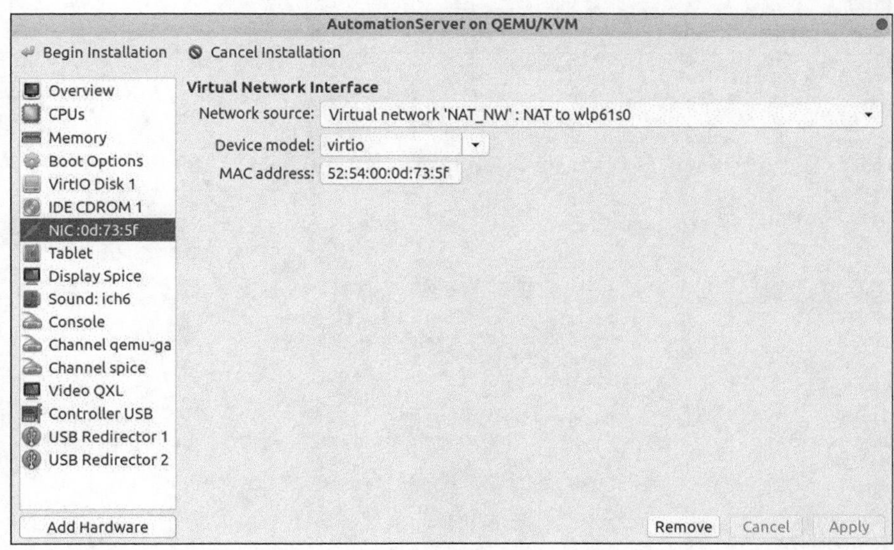

（7）选择 Network（见下图），添加另外一张网卡来和客户端进行通信。第一张网卡使用 NAT 和物理的无线网卡连接到互联网。

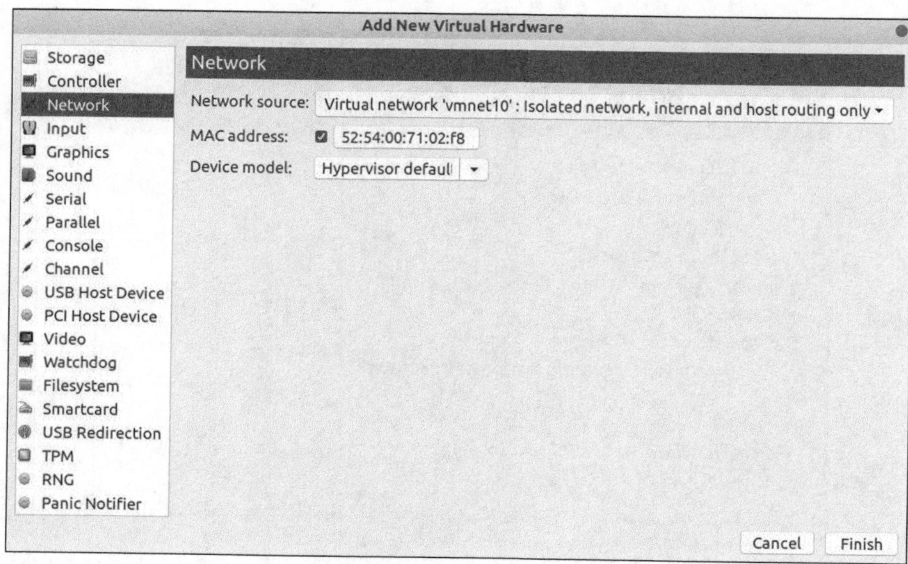

（8）单击主窗口上的 **Begin Installation** 按钮，KVM 开始为虚拟机分配硬盘并加载 ISO 镜像（见下图）。

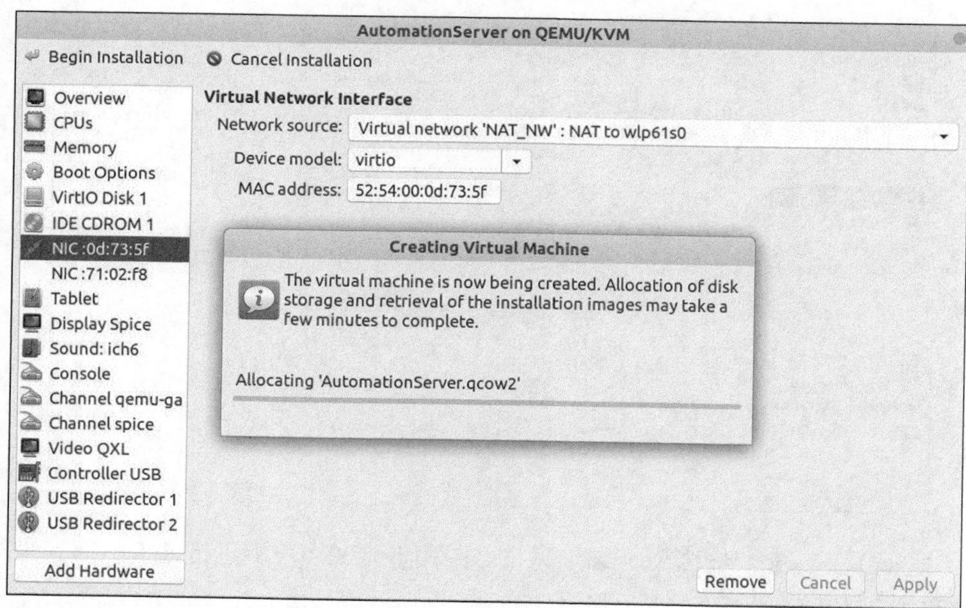

（9）分配完硬盘和加载 ISO 镜像之后，出现的界面如下图所示。

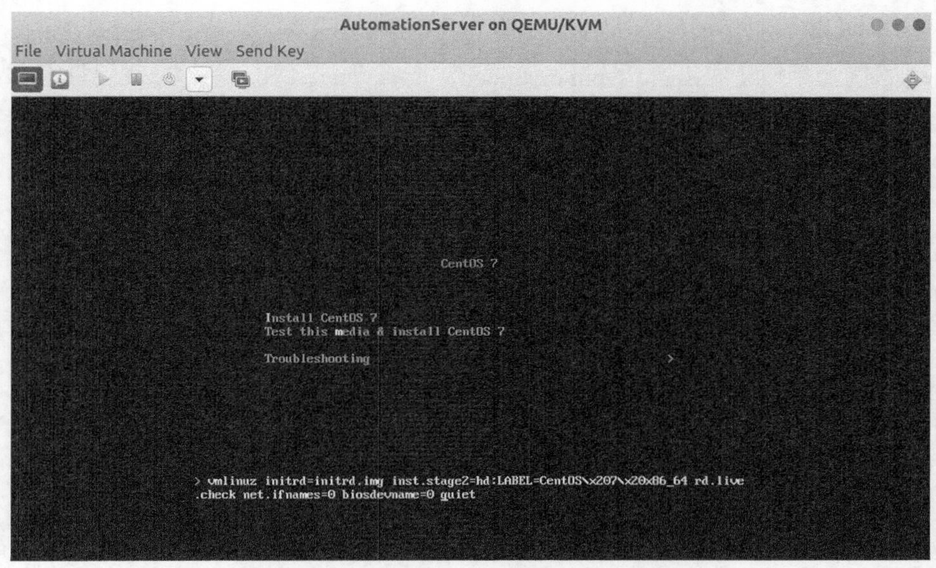

至此，按正常步骤完成了 CentOS/Ubuntu 的安装。

8.3 开始使用 Cobbler

Cobbler 是一款开源软件，用来快速建立 Linux 网络安装环境。Cobbler 利用多种工具（如 DHCP、FTP、PXE 以及其他开源工具）来自动安装操作系统。目标计算机（裸机或虚拟机）必须支持从**网卡**（Network Interface Card，NIC）启动，也就是在开始启动时从网卡向 Cobbler 服务器发送 DHCP 请求，其余工作可交给 Cobbler 服务器来完成。

更多信息参见 Cobbler 项目的 GitHub 页面。

8.3.1 Cobbler 的工作原理

Cobbler 依靠多种工具为客户端提供**预启动执行环境**（Preboot eXecution Environment，PXE）功能。第一个工具是 DHCP 服务。首先，Cobbler 使用 DHCP 服务接收客户端通电时向外发送的 DHCP 广播消息。然后，向客户端回复 IP 地址、子网掩码、TFTP 服务器地址，以及 `pxeLinux.0` 文件，也就是客户端在向服务器发送 DHCP 消息之后，开始向服务器索取的加载器文件名。

第二个工具是托管 `pxeLinux.0` 和不同发行版镜像的 TFTP 服务器。

第三个工具是模板渲染工具。Cobbler 使用的是 `cheetah`，这是 Python 开发的开源模板引擎，拥有自己的领域特定语言（Domain Specific Language，DSL）格式。我们将用 `cheetah` 来生成 `kickstart` 文件。

`kickstart` 文件用来自动安装基于 Red Hat 的发行版，如 CentOS、Red Hat Linux 和 Fedora。`kickstart` 文件仅能支持对部分 Anaconda 文件的渲染，Anaconda 用来安装基于 Debian 的系统。

除此之外，还有其他工具，如 `reposync`（见下图）用于将在线存储库从互联网映射到 Cobbler 内部的本地目录，以方便客户端使用；`ipmitools` 用来远程控制各种不同服务器硬件的电源。

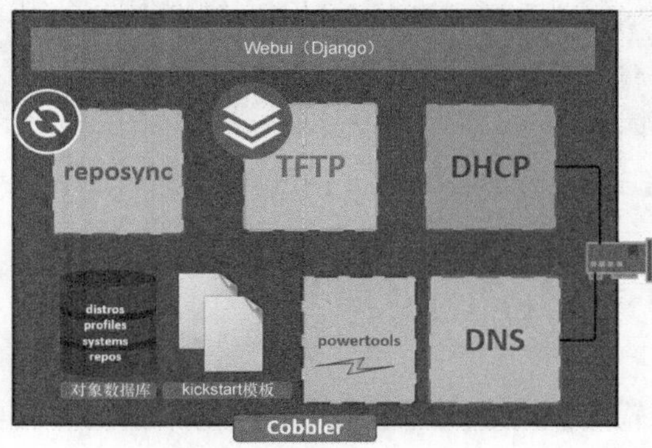

在下图中，Cobbler 托管在前面安装的自动化服务器上，并会连接到另外几个服务器。我们将通过 Cobbler 在这些服务器上面安装 Ubuntu 和 Red Hat Linux。自动化服务器还有一张网卡，它可直接连接到互联网，以便下载 Cobbler 所需的一些其他软件包，这些将在下一节中介绍。

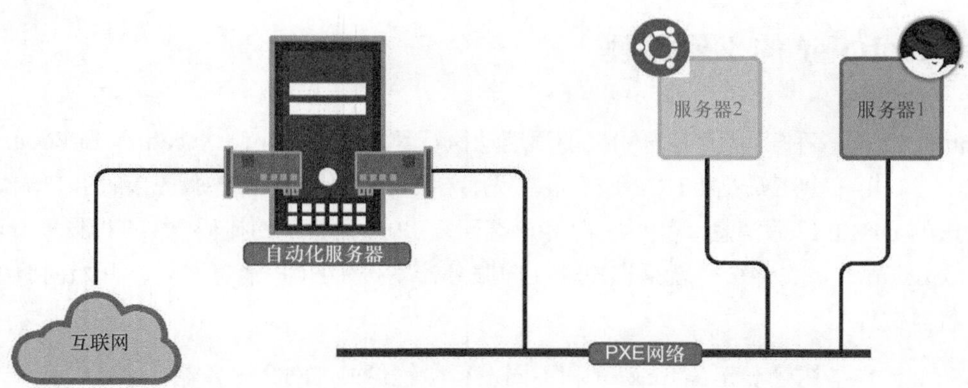

服务器的 IP 地址如下表所示。

服务器	IP 地址
自动化服务器（安装了 Cobbler）	10.10.10.130
服务器 1 （CentOS）	IP 地址范围是 10.10.10.5~10.10.10.10
服务器 2（Ubuntu）	IP 地址范围是 10.10.10.5~10.10.10.10

8.3.2 在自动化服务器上安装 Cobbler

首先，应在自动化服务器（CentOS 或 Ubuntu）上安装一些必要的软件包（如 vim、tcpudump、wget 和 net-tools）。然后，从 epel 存储库中安装 cobbler 包。注意，Cobbler 并不需要上面提到的软件包，但我们需要使用它们来了解 Cobbler 的工作原理。

对于 CentOS 系统，使用下面的命令。

```
yum install vim vim-enhanced tcpdump net-tools wget git -y
```

对于 Ubuntu 系统，使用下面的命令。

```
sudo apt install vim tcpdump net-tools wget git -y
```

由于 Cobbler 在 SELinux 策略方面表现不佳，因此建议禁用它，特别是对于不熟悉它们的用户，这里我们直接禁用它。此外，因为我们只在虚拟实验中使用，而不是用于生产环境，所以会禁用 `iptables` 和 `firewalld`。

对于 CentOS 系统，使用下面的命令。

```
# Disable firewalld service
systemctl disable firewalld
systemctl stop firewalld

# Disable IPTables service
systemctl disable iptables.service
systemctl stop iptables.service

# Set SELinux to permissive instead of enforcing
sed -i s/^SELinux=.*$/SELinux=permissive/ /etc/seLinux/config
setenforce 0
```

对于 Ubuntu 系统，使用下面的命令。

```
# Disable ufw service
sudo ufw disable

# Disable IPTables service
```

```
sudo iptables-save > $HOME/BeforeCobbler.txt
sudo iptables -X
sudo iptables -t nat -F
sudo iptables -t nat -X
sudo iptables -t mangle -F
sudo iptables -t mangle -X
sudo iptables -P INPUT ACCEPT
sudo iptables -P FORWARD ACCEPT
sudo iptables -P OUTPUT ACCEPT

# Set SELinux to permissive instead of enforcing
sed -i s/^SELinux=.*$/SELinux=permissive/ /etc/seLinux/config
setenforce 0
```

最后，为了使这些改动生效，重新启动自动化服务器。

```
reboot
```

现在开始安装 cobbler 包。在 CentOS 中，可以从 epel 存储库中获取它（但需要先安装）。Ubuntu 在上游存储库中没有这个软件，因此需要下载源代码并在平台上编译。

对于 CentOS 系统，使用下面的命令。

```
# Download and Install EPEL Repo
yum install epel-release -y

# Install Cobbler
yum install cobbler -y

#Install cobbler Web UI and other dependencies
yum install cobbler-web dnsmasq fence-agents bind xinetd pykickstart -y
```

在写作本书时 Cobbler 的最新版本是 2.8.2，发布于 2017 年 9 月 16 日。对于 Ubuntu，需要从 GIT 存储库中复制最新的软件包并对源代码进行编译。

```
#install the dependencies

sudo apt-get install createrepo apache2 mkisofs libapache2-mod-wsgi mod_ssl
python-cheetah python-netaddr python-simplejson python-urlgrabber python-yaml
rsync sysLinux atftpd yum-utils make python-dev python-setuptools
python-django -y

#Clone the cobbler 2.8 from the github to your server (require internet)
git clone https://github.com/cobbler/cobbler.git
cd cobbler

#Checkout the release28 (latest as the developing of this book)
git checkout release28

#Build the cobbler core package
```

```
make install

#Build cobbler web
make webtest
```

Cobbler 安装成功之后还要修改默认配置，以适应当前的网络环境。我们需要进行下列配置。

- 选择 bind 或 dnsmasq 模块来管理 DNS 查询。
- 选择 isc 或 dnsmasq 模块来响应客户端的 DHCP 请求。
- 配置 TFTP Cobbler IP 地址（通常就是 Linux 系统中的静态地址）。
- 提供 DHCP 自动分配的 IP 地址范围。
- 重新启动服务使配置生效。

下面是具体的配置方法。

（1）选择 dnsmasq 作为 DNS 服务器。

```
vim /etc/cobbler/modules.conf
[dns]
module = manage_dnsmasq
vim /etc/cobbler/settings
manage_dns: 1
restart_dns: 1
```

（2）选择 dnsmasq 来管理 DHCP 服务。

```
vim /etc/cobbler/modules.conf

[dhcp]
module = manage_dnsmasq
vim /etc/cobbler/settings
manage_dhcp: 1
restart_dhcp: 1
```

（3）将 Cobbler IP 地址配置为 TFTP 服务器的地址。

```
vim /etc/cobbler/settings
server: 10.10.10.130
next_server: 10.10.10.130
vim /etc/xinetd.d/tftp
 disable                    = no
```

另外，将 `pxe_just_once` 设置为 0，启用 PXE 循环启动保护。

```
pxe_just_once: 0
```

（4）在 dnsmasq 服务模板中添加客户端 dhcp-range。

```
vim /etc/cobbler/dnsmasq.template
dhcp-range=10.10.10.5,10.10.10.10,255.255.255.0
```

注意服务模板中的 dhcp-option = 66，$ next_server。[①]Cobbler 会将 next_server——前面配置的 TFTP 服务器地址传递给那些通过 dnsmasq 的 DHCP 获取 IP 地址的客户端。

（5）启用并重新启动服务。

```
systemctl enable cobblerd
systemctl enable httpd
systemctl enable dnsmasq

systemctl start cobblerd
systemctl start httpd
systemctl start dnsmasq
```

8.3.3　通过 Cobbler 检查服务器硬件

现在我们离使用 Cobbler 安装的第一个服务器只有几步之遥。我们需要告诉 Cobbler 一些基本信息，即客户端的 MAC 地址和它所使用的操作系统。

（1）导入 Linux ISO。Cobbler 将自动分析镜像并为它创建配置文件。

```
cobbler import --arch=x86_64 --path=/mnt/cobbler_images --
name=CentOS-7-x86_64-Minimal-1708

task started: 2018-03-28_132623_import
task started (id=Media import, time=Wed Mar 28 13:26:23 2018)
Found a candidate signature: breed=redhat, version=rhel6
Found a candidate signature: breed=redhat, version=rhel7
Found a matching signature: breed=redhat, version=rhel7
Adding distros from path /var/www/cobbler/ks_mirror/CentOS-7-
x86_64-Minimal-1708-x86_64:
creating new distro: CentOS-7-Minimal-1708-x86_64
trying symlink: /var/www/cobbler/ks_mirror/CentOS-7-x86_64-
Minimal-1708-x86_64 -> /var/www/cobbler/links/CentOS-7-
Minimal-1708-x86_64
creating new profile: CentOS-7-Minimal-1708-x86_64
associating repos
checking for rsync repo(s)
checking for rhn repo(s)
```

① 66 表示 TFTP 服务器，用来指定为客户端分配的 TFTP 服务器的域名。——译者注

```
checking for yum repo(s)
starting descent into /var/www/cobbler/ks_mirror/CentOS-7-x86_64-
Minimal-1708-x86_64 for CentOS-7-Minimal-1708-x86_64
processing repo at : /var/www/cobbler/ks_mirror/CentOS-7-x86_64-
Minimal-1708-x86_64
need to process repo/comps: /var/www/cobbler/ks_mirror/CentOS-7-
x86_64-Minimal-1708-x86_64
looking for /var/www/cobbler/ks_mirror/CentOS-7-x86_64-
Minimal-1708-x86_64/repodata/*comps*.xml
Keeping repodata as-is :/var/www/cobbler/ks_mirror/CentOS-7-x86_64-
Minimal-1708-x86_64/repodata
*** TASK COMPLETE ***
```

在使用 Linux ISO 镜像之前需要先使用命令 `mount -O loop /root/<image_iso>/mnt/cobbler_images/` 挂载它。

运行 `cobbler profile report` 命令，检查创建的配置文件。

```
cobbler profile report

Name                              : CentOS-7-Minimal-1708-x86_64
TFTP Boot Files                   : {}
Comment                           :
DHCP Tag                          : default
Distribution                      : CentOS-7-Minimal-1708-x86_64
Enable gPXE?                      : 0
Enable PXE Menu?                  : 1
Fetchable Files                   : {}
Kernel Options                    : {}
Kernel Options (Post Install)     : {}
Kickstart                         :
/var/lib/cobbler/kickstarts/sample_end.ks
Kickstart Metadata                : {}
Management Classes                : []
Management Parameters             : <<inherit>>
Name Servers                      : []
Name Servers Search Path          : []
Owners                            : ['admin']
Parent Profile                    :
Internal proxy                    :
Red Hat Management Key            : <<inherit>>
Red Hat Management Server         : <<inherit>>
Repos                             : []
Server Override                   : <<inherit>>
Template Files                    : {}
Virt Auto Boot                    : 1
Virt Bridge                       : xenbr0
Virt CPUs                         : 1
```

```
    Virt Disk Driver Type          : raw
    Virt File Size(GB)             : 5
    Virt Path                      :
    Virt RAM (MB)                  : 512
    Virt Type                      : kvm
```

可以看到 import 命令自动填充了许多字段，如 Kickstart、RAM、operating system 和 initrd/kernel 文件位置。

（2）在配置文件中添加其他存储库（可选）。

```
cobbler repo add --
mirror=https***.fedoraproject.***/pub/epel/7/x86_64/ --name=epel-
local --priority=50 --arch=x86_64 --breed=yum

cobbler reposync
```

现在编辑配置文件，并将创建的存储库添加到可用的存储库列表中。

```
cobbler profile edit --name=CentOS-7-Minimal-1708-x86_64 --
repos="epel-local"
```

（3）添加客户端 MAC 地址并将它链接到配置文件。

```
cobbler system add --name=centos_client --profile=CentOS-7-
Minimal-1708-x86_64 --mac=00:0c:29:4c:71:7c --ip-
address=10.10.10.5 --subnet=255.255.255.0 --static=1 --
hostname=centos-client --gateway=10.10.10.1 --name-servers=8.8.8.8
--interface=eth0
```

--hostname 字段表示本地系统名称；--ip-address、--subnet 和--gateway 用来配置客户端网络。Cobbler 根据这些选项生成具体的 kickstart 文件。

如果需要自定义服务器并添加其他软件包，配置防火墙、ntp，以及配置分区和硬盘布局，可以在 kickstart 文件中添加这些配置。Cobbler 在/var/lib/cobbler/kickstarts/sample.ks 中提供了一些示例文件，根据需要可以将其复制到另一个文件夹，在上一条命令中通过--kickstart 参数指定配置文件。

要以 pull 模式（而不是默认的 push 模式）运行 Ansible，可以在 kickstart 文件中集成 Ansible。Ansible 将从在线 GIT 存储库（如 GitHub 或 GitLab）中下载 playbook，随后执行 playbook。

（4）让 Cobbler 生成满足客户端需求的配置文件，并通过下列命令使用新信息更新内部数据库。

```
#cobbler sync

task started: 2018-03-28_141922_sync
task started (id=Sync, time=Wed Mar 28 14:19:22 2018)
running pre-sync triggers
cleaning trees
removing: /var/www/cobbler/images/CentOS-7-Minimal-1708-x86_64
removing: /var/www/cobbler/images/Ubuntu_Server-x86_64
removing: /var/www/cobbler/images/Ubuntu_Server-hwe-x86_64
removing: /var/lib/tftpboot/pxeLinux.cfg/default
removing: /var/lib/tftpboot/pxeLinux.cfg/01-00-0c-29-4c-71-7c
removing: /var/lib/tftpboot/grub/01-00-0C-29-4C-71-7C
removing: /var/lib/tftpboot/grub/efidefault
removing: /var/lib/tftpboot/grub/grub-x86_64.efi
removing: /var/lib/tftpboot/grub/images
removing: /var/lib/tftpboot/grub/grub-x86.efi
removing: /var/lib/tftpboot/images/CentOS-7-Minimal-1708-x86_64
removing: /var/lib/tftpboot/images/Ubuntu_Server-x86_64
removing: /var/lib/tftpboot/images/Ubuntu_Server-hwe-x86_64
removing: /var/lib/tftpboot/s390x/profile_list
copying bootloaders
trying hardlink /var/lib/cobbler/loaders/grub-x86_64.efi ->
/var/lib/tftpboot/grub/grub-x86_64.efi
trying hardlink /var/lib/cobbler/loaders/grub-x86.efi ->
/var/lib/tftpboot/grub/grub-x86.efi
copying distros to tftpboot
copying files for distro: Ubuntu_Server-x86_64
trying hardlink /var/www/cobbler/ks_mirror/Ubuntu_Server-
x86_64/install/netboot/ubuntu-installer/amd64/Linux ->
/var/lib/tftpboot/images/Ubuntu_Server-x86_64/Linux
trying hardlink /var/www/cobbler/ks_mirror/Ubuntu_Server-
x86_64/install/netboot/ubuntu-installer/amd64/initrd.gz ->
/var/lib/tftpboot/images/Ubuntu_Server-x86_64/initrd.gz
copying files for distro: Ubuntu_Server-hwe-x86_64
trying hardlink /var/www/cobbler/ks_mirror/Ubuntu_Server-
x86_64/install/hwe-netboot/ubuntu-installer/amd64/Linux ->
/var/lib/tftpboot/images/Ubuntu_Server-hwe-x86_64/Linux
trying hardlink /var/www/cobbler/ks_mirror/Ubuntu_Server-
x86_64/install/hwe-netboot/ubuntu-installer/amd64/initrd.gz ->
/var/lib/tftpboot/images/Ubuntu_Server-hwe-x86_64/initrd.gz
copying files for distro: CentOS-7-Minimal-1708-x86_64
trying hardlink /var/www/cobbler/ks_mirror/CentOS-7-x86_64-
Minimal-1708-x86_64/images/pxeboot/vmlinuz ->
/var/lib/tftpboot/images/CentOS-7-Minimal-1708-x86_64/vmlinuz
trying hardlink /var/www/cobbler/ks_mirror/CentOS-7-x86_64-
Minimal-1708-x86_64/images/pxeboot/initrd.img ->
/var/lib/tftpboot/images/CentOS-7-Minimal-1708-x86_64/initrd.img
copying images
generating PXE configuration files
generating: /var/lib/tftpboot/pxeLinux.cfg/01-00-0c-29-4c-71-7c
```

```
generating: /var/lib/tftpboot/grub/01-00-0C-29-4C-71-7C
generating PXE menu structure
copying files for distro: Ubuntu_Server-x86_64
trying hardlink /var/www/cobbler/ks_mirror/Ubuntu_Server-
x86_64/install/netboot/ubuntu-installer/amd64/Linux ->
/var/www/cobbler/images/Ubuntu_Server-x86_64/Linux
trying hardlink /var/www/cobbler/ks_mirror/Ubuntu_Server-
x86_64/install/netboot/ubuntu-installer/amd64/initrd.gz ->
/var/www/cobbler/images/Ubuntu_Server-x86_64/initrd.gz
Writing template files for Ubuntu_Server-x86_64
copying files for distro: Ubuntu_Server-hwe-x86_64
trying hardlink /var/www/cobbler/ks_mirror/Ubuntu_Server-
x86_64/install/hwe-netboot/ubuntu-installer/amd64/Linux ->
/var/www/cobbler/images/Ubuntu_Server-hwe-x86_64/Linux
trying hardlink /var/www/cobbler/ks_mirror/Ubuntu_Server-
x86_64/install/hwe-netboot/ubuntu-installer/amd64/initrd.gz ->
/var/www/cobbler/images/Ubuntu_Server-hwe-x86_64/initrd.gz
Writing template files for Ubuntu_Server-hwe-x86_64
copying files for distro: CentOS-7-Minimal-1708-x86_64
trying hardlink /var/www/cobbler/ks_mirror/CentOS-7-x86_64-
Minimal-1708-x86_64/images/pxeboot/vmlinuz ->
/var/www/cobbler/images/CentOS-7-Minimal-1708-x86_64/vmlinuz
trying hardlink /var/www/cobbler/ks_mirror/CentOS-7-x86_64-
Minimal-1708-x86_64/images/pxeboot/initrd.img ->
/var/www/cobbler/images/CentOS-7-Minimal-1708-x86_64/initrd.img
Writing template files for CentOS-7-Minimal-1708-x86_64
rendering DHCP files
rendering DNS files
rendering TFTPD files
generating /etc/xinetd.d/tftp
processing boot_files for distro: Ubuntu_Server-x86_64
processing boot_files for distro: Ubuntu_Server-hwe-x86_64
processing boot_files for distro: CentOS-7-Minimal-1708-x86_64
cleaning link caches
running post-sync triggers
running python triggers from /var/lib/cobbler/triggers/sync/post/*
running python trigger cobbler.modules.sync_post_restart_services
running: service dnsmasq restart
received on stdout:
received on stderr: Redirecting to /bin/systemctl restart
dnsmasq.service

running shell triggers from /var/lib/cobbler/triggers/sync/post/*
running python triggers from /var/lib/cobbler/triggers/change/*
running python trigger cobbler.modules.scm_track
running shell triggers from /var/lib/cobbler/triggers/change/*
*** TASK COMPLETE ***
```

启动 CentOS 客户端后可以看到，它将启动 PXE 进程，并通过 `PXE_Network` 发送 DHCP

请求（见下图）。Cobbler 将返回 IP 地址、PXELinux0 文件以及分配给该 MAC 地址的镜像。

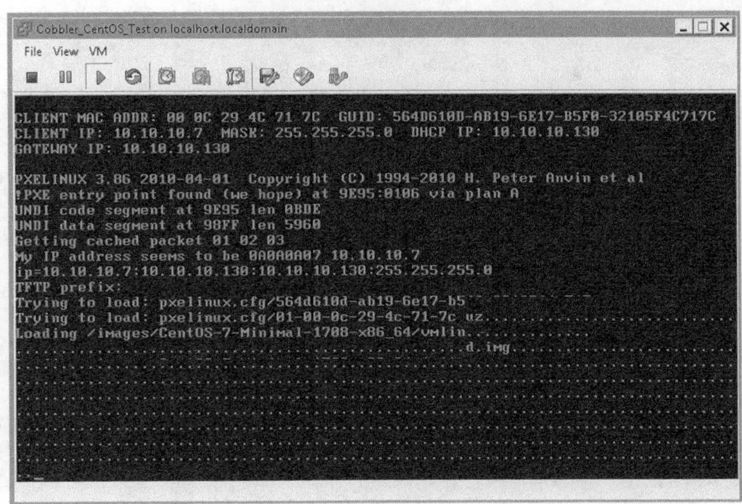

Cobbler 安装完 CentOS 后，我们将会看到在客户端中出现了配置的主机名（见下图）。

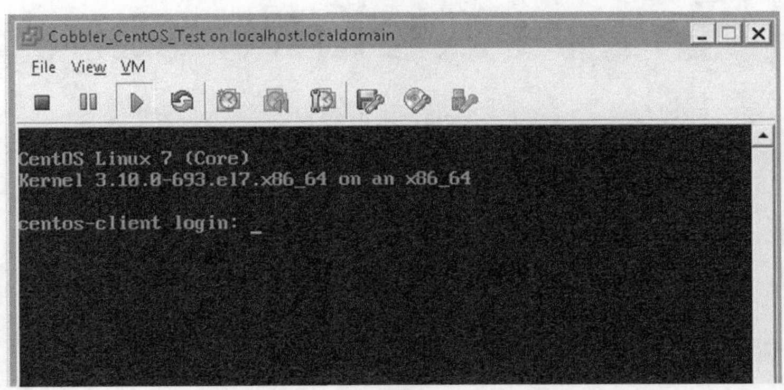

这些步骤同样适用于 Ubuntu 的客户端。

8.4 小结

本章首先介绍了如何通过在虚拟机管理程序上安装两台 Linux 虚拟机（CentOS 和 Ubuntu）来准备实验室环境，然后探讨了自动化选项，并通过 Cobbler 加快了服务器部署的速度。

下一章将介绍如何将命令从 Python 脚本直接发送到操作系统的 shell 并分析返回结果。

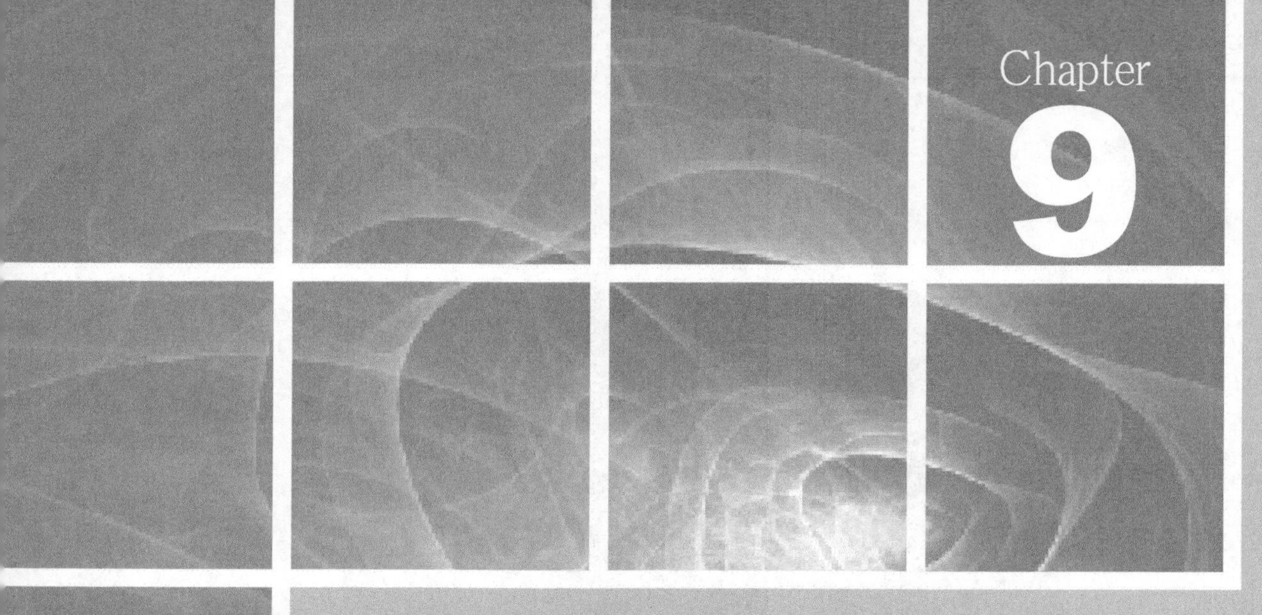

第 9 章 使用 subprocess 库

对于希望自动执行某些操作系统任务或在他们自己的脚本中执行一些命令的系统管理员来说，运行和创建新的系统进程非常有用。Python 提供了许多库来调用外部程序，并能够与其产生的数据进行交互。第一个库就是 OS 库，它提供了一些调用外部进程的工具，例如 `os.system`、`os.spwan` 和 `os.popen*`。然而，它还缺少一些基本功能，因此 Python 开发人员引入了另一个新的库——subprocess，它可以生成新进程，连接到新进程的输入、输出和错误处理管道上，发送和接收数据以及处理错误代码，获取进程的返回值。目前 Python 官方文档推荐使用 subprocess 库调用系统命令，Python 实际上打算用它替换旧模块，如 `os.system`、`os.spawn*`。

本章主要介绍以下内容：

- subprocess 库中的 `Popen()`；
- `stdin`、`stdout` 和 `stderr`；
- subprocess 库中的 `call()` 函数。

9.1 subprocess 库中的 Popen()

subprocess 库中只有一个类——`Popen()`，这个类主要用来在系统上创建新进程。这个类可以接受正在运行的进程的其他参数，以及 `Popen()` 自身的其他参数（见下表）。

参数	含义
`args`	字符串或程序参数列表
`bufsize`	在创建 `stdin/stdout/stderr` 管道文件对象时，作为 `open()` 函数的缓冲参数
`executable`	要执行的替换程序
`stdin`、`stdout` 和 `stderr`	执行程序的标准输入、标准输出和标准错误文件句柄
`shell`	如果为 `True`，则命令将通过 shell 执行（默认为 `False`）。在 Linux 系统中，这意味着在运行子进程之前应调用 `/bin/sh`
`cwd`	在执行命令之前设置当前目录
`env`	定义新进程的环境变量

现在看看 `args`。`Popen()` 命令可以以 Python 列表作为输入，把第一个元素当作命令，把后面的元素当作命令的参数列表 `args`，如下面这段代码所示。

```
import subprocess
print(subprocess.Popen("ifconfig"))
```

脚本的输出如下图所示。

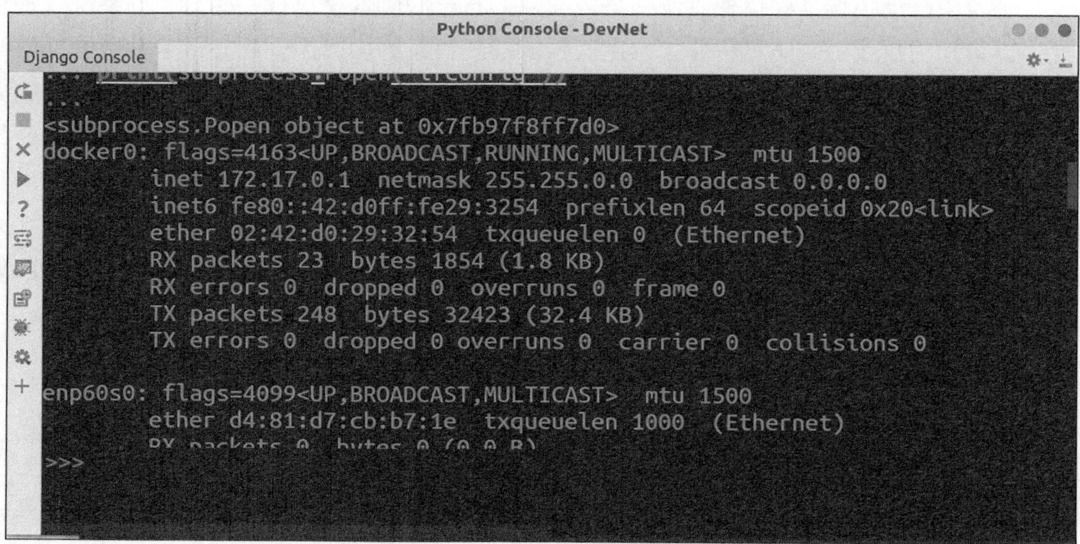

命令返回的结果直接输出到 Python 终端上。

ifconfig 是一个查看网络接口信息的 Linux 应用程序。Windows 用户需要在命令行窗口中使用 ipconfig 命令才能获得类似的输出。

使用列表（而不是字符串）重写前面的代码，如下所示。

```
print(subprocess.Popen(["ifconfig"]))
```

使用这种方法可以将其他参数作为列表中的元素添加到主命令中。

```
print(subprocess.Popen(["sudo", "ifconfig", "enp60s0:0", "10.10.10.2",
"netmask", "255.255.255.0", "up"]))

enp60s0:0: flags=4099<UP,BROADCAST,MULTICAST> mtu 1500
        inet 10.10.10.2 netmask 255.255.255.0 broadcast 10.10.10.255
        ether d4:81:d7:cb:b7:1e txqueuelen 1000 (Ethernet)
        device interrupt 16
```

如果在上面的命令中使用字符串而不是列表，就像第一个例子那样，这条命令将会失败，如下图所示。subprocess 中的 Popen() 函数期望每个列表元素中都有一个可执行文件名，而不是其他参数。

```
... import subprocess
... print(subprocess.Popen(["ifconfig -a"]))
...
Traceback (most recent call last):
  File "<input>", line 3, in <module>
  File "/usr/local/lib/python2.7/subprocess.py", line 394, in __init__
    errread, errwrite)
  File "/usr/local/lib/python2.7/subprocess.py", line 1047, in _execute_child
    raise child_exception
OSError: [Errno 2] No such file or directory

>>>
```

当然，如果要使用字符串方法而不是列表，可以将 shell 参数设置为 True。这样 Popen()会在命令前面加上/bin/sh。因此该命令将会与之后的所有参数一起执行。

```
print(subprocess.Popen("sudo ifconfig enp60s0:0 10.10.10.2 netmask
255.255.255.0 up", shell=True))
```

你可以这么认为，shell = True 表示生成一个 shell 进程，然后将带参数的命令传递给该进程来执行。如果从外部接收命令并希望直接运行，使用 split()可以少写几行代码。

subprocess 默认使用/bin/sh shell。如果当前系统中使用其他 shell（如 tch 或 csh），可以在参数中指定 shell 的类型。另外注意，将命令放在 shell 中运行可能存在安全问题，这么做可能会带来安全注入（security injection）问题。使用你的代码的用户可以在运行脚本时加上 "; rm -rf /"，这可能会导致非常严重的后果。

此外，还可以使用 cwd 参数在运行命令之前指定目录。这对于需要在操作之前列出目录内容的情景非常有用。

```
import subprocess
print(subprocess.Popen(["cat", "interfaces"], cwd="/etc/network"))
```

上述代码的运行结果如下图所示。

```
<subprocess.Popen object at 0x7fb97f86fe10>
# interfaces(5) file used by ifup(8) and ifdown(8)
auto lo
iface lo inet loopback

auto vnet1
iface vnet1 inet static
   address 10.10.88.1
   netmask 255.255.255.0

>>>
```

Ansible 有一个类似的参数——chdir:，在 playbook 任务中它在执行任务之前更改目录。

9.2　stdin、stdout 和 stderr

新建的进程可以通过以下 3 个管道与操作系统进行通信：

- 标准输入（stdin）；
- 标准输出（stdout）；
- 标准错误（stderr）。

在 subprocess 库中，Popen()可以与 3 个通道进行交互，并将任意一个流重定向到外部文件或者 PIPE 中。另外，communicate()方法可以从 stdout 中读取或者向 stdin 中写入内容。communicate()方法可以从用户获取输入并返回标准输出和标准错误，如下面这段代码所示。

```
import subprocess
p = subprocess.Popen(["ping", "8.8.8.8", "-c", "3"], stdin=subprocess.PIPE,
stdout=subprocess.PIPE)
stdout, stderr = p.communicate()
print("""==========The Standard Output is==========
{}""".format(stdout))

print("""==========The Standard Error is==========
{}""".format(stderr))
```

上述代码的运行结果如下图所示。

```
Python Console - DevNet
Django Console
...
==========The Standard Output is==========
PING 8.8.8.8 (8.8.8.8) 56(84) bytes of data.
64 bytes from 8.8.8.8: icmp_seq=1 ttl=44 time=187 ms
64 bytes from 8.8.8.8: icmp_seq=2 ttl=44 time=365 ms
64 bytes from 8.8.8.8: icmp_seq=3 ttl=44 time=380 ms

--- 8.8.8.8 ping statistics ---
3 packets transmitted, 3 received, 0% packet loss, time 2002ms
rtt min/avg/max/mdev = 187.616/311.172/380.608/87.592 ms

==========The Standard Error is==========
None

>>>
```

同样，也可以使用 communicate()中的 input 参数发送数据并写入进程。

```
import subprocess
p = subprocess.Popen(["grep", "subprocess"], stdout=subprocess.PIPE,
stdin=subprocess.PIPE)
stdout,stderr = p.communicate(input=b"welcome to subprocess module\nthis
line is a new line and doesnot contain the require string")

print("""==========The Standard Output is==========
{}""".format(stdout))

print("""==========The Standard Error is==========
{}""".format(stderr))
```

在上面的脚本中我们使用了 communicate()的 input 参数，利用它将数据从一个子进程发送到另一个子进程，后一个子进程将使用 grep 命令搜索 subprocess 关键字。返回的输出将存储在 stdout 变量中。脚本运行结果如下图所示。

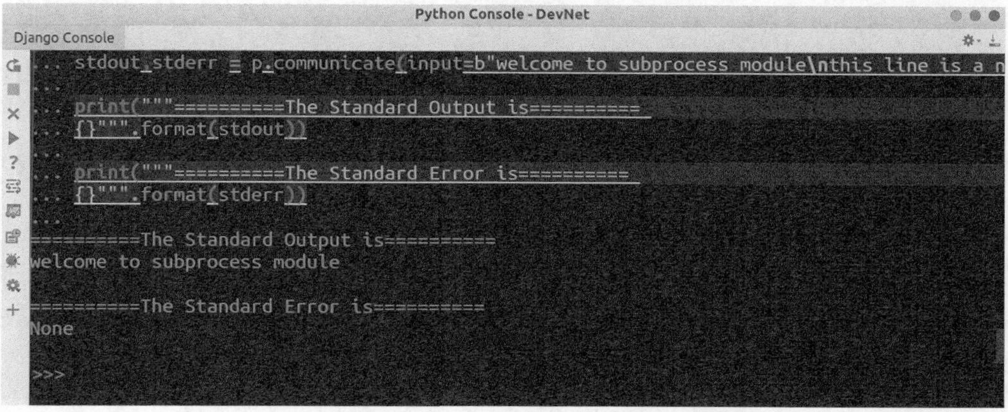

返回值是验证进程是否成功执行的另一个标志。如果命令成功执行且没有错误，返回值通常为 0；否则，返回值会是一个大于 0 的整数。

```
import subprocess

def ping_destination(ip):
    p = subprocess.Popen(['ping', '-c', '3'],
                         stdout=subprocess.PIPE,
                         stderr=subprocess.PIPE)
    stdout, stderr = p.communicate(input=ip)
    if p.returncode == 0:
        print("Host is alive")
        return True, stdout
    else:
        print("Host is down")
```

```
        return False, stderr

while True:
    print(ping_destination(raw_input("Please enter the host:")))
```

该脚本要求用户输入 IP 地址，然后调用 ping_destination()函数。该函数将使用 ping 命令检查该 IP 地址是否可达。ping 命令的结果（成功或失败）通过标准输出返回，communicate()函数根据命令的返回结果设置返回值（True 或 False）。脚本运行结果如下图所示。

```
Python Console - DevNet
Django Console
...         return False, stderr
...
...
... while True:
...     print(ping_destination(raw_input("Please enter the host:")))
...
Please enter the host:>? 8.8.8.8
Host is alive
(True, 'PING 8.8.8.8 (8.8.8.8) 56(84) bytes of data.\n64 bytes from 8.8.8.8: icmp_seq=1 t
Please enter the host:>? HostNotExist
Host is down
(False, 'ping: HostNotExist: Name or service not known\n')
Please enter the host:
>?
```

首先，我们测试了 Google DNS IP 地址。主机处于活动状态，命令执行成功，返回值为 0。代码将返回 True 并且输出主机处于活动状态，然后使用 HostNotExist 字符串进行测试。communicate()函数向主程序返回 False 并输出主机已关闭。此外，communicate()还会输出 ping 命令的标准输出，即 Name or service not known。

使用 echo $?可以检查上一条执行的命令的返回值（有时称为退出码）。

9.3 subprocess 库中的 call()函数

subprocess 库还提供了另一个函数——call()，它在创建进程时比 Popen()更安全。call()函数会等待被调用的命令/程序完成之后才读取输出。call()支持与 Popen()的构造函数相同的参数，例如 shell、executable 和 cwd，不一样的是，你的脚本将等待程序完成后才返回代码而无须使用 communicate()。

```
import subprocess
subprocess.call(["ifconfig", "docker0"], stdout=subprocess.PIPE,
stderr=None, shell=False)
```

查看 call()函数的代码（见下图），你会发现它实际上是对 Popen()类的一个包装，只是在返回输出之前使用了 wait()函数等待命令结束。

```
def call(*popenargs, **kwargs):
    """Run command with arguments.  Wait for command to complete, then
    return the returncode attribute.

    The arguments are the same as for the Popen constructor.  Example:

    retcode = call(["ls", "-l"])
    """
    return Popen(*popenargs, **kwargs).wait()
```

如果希望在代码中设置更多保护，还可以使用 check_call()函数。它与 call()相同，只是对返回值多进行了一次检查。如果返回值等于 0（表示命令已成功执行），则返回输出；否则，将使用命令返回的退出码（错误码）触发异常。这样我们可以在程序流中处理异常。

```
import subprocess

try:
    result = subprocess.check_call(["ping", "HostNotExist", "-c", "3"])
except subprocess.CalledProcessError:
    print("Host is not found")
```

使用 call()函数的一个缺点就是：不能像使用 Popen()那样使用 communicate()将数据发送到进程。

9.4 小结

本章介绍了如何在系统中运行和创建新进程，并分析了这些进程如何与操作系统进行通信，还讨论了 subprocess 库及其 call()函数。

下一章将会介绍如何在远程主机上执行命令。

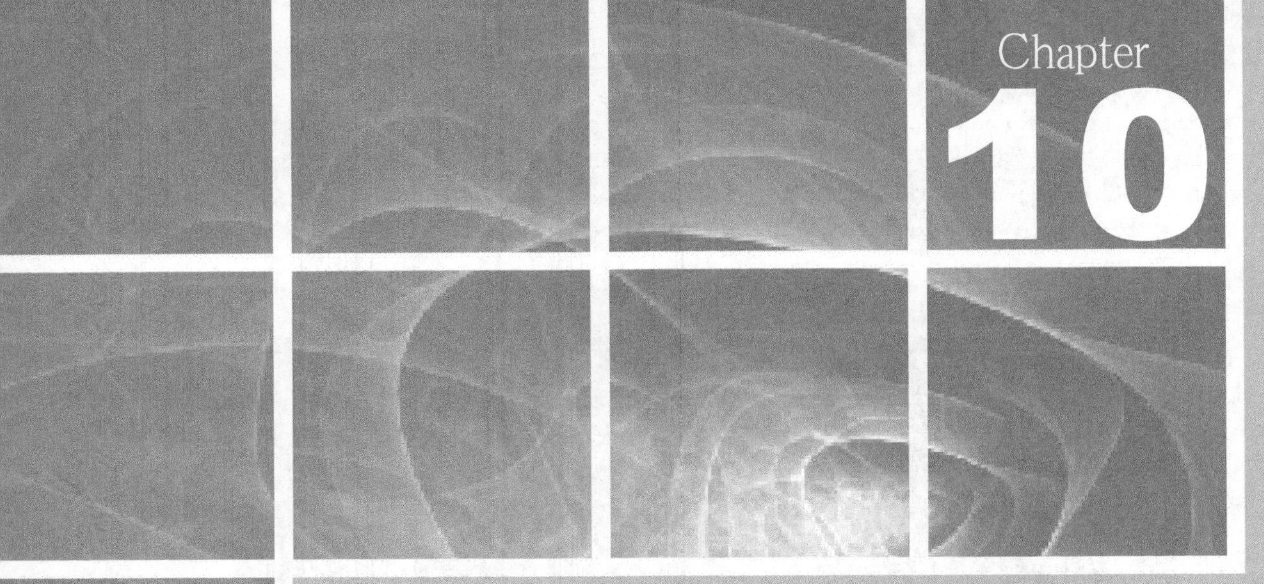

第 10 章

使用 Fabric 运行系统管理任务

在上一章中，我们使用 subprocess 库在托管 Python 脚本的机器上运行和创建了系统进程，并将输出结果返回给终端。但许多自动化任务中需要先连接到远程服务器才能执行命令，使用子进程也不是很方便。对于另一个 Python 库——Fabric 来说，这简直就是小菜一碟。Fabric 库能够与远程主机建立连接并执行不同的任务，如上传和下载文件，使用指定的用户 ID 运行命令，以及提示用户输入信息。Python 中的 Fabric 库是一个强大的工具，能够管理数十台 Linux 机器。

本章主要介绍以下内容：

- Fabric 库；
- 运行第一个 Fabric 文件；
- 其他有用的 Fabric 特性。

10.1 技术要求

使用 Fabric 需要安装下列软件：

- Python 2.7.1*x*。
- PyCharm 社区或专业版；
- EVE-NG 拓扑。有关如何安装和配置系统服务器的内容，请参阅第 8 章。

本章的所有脚本都存放在 GitHub 网站上。

10.2 Fabric 库

Fabric 是一个高级的 Python 库，用来连接远程服务器（利用 paramiko 库）并在其上执行预定任务。Fabric 库在安装了该库的机器上运行一个名为 `fab` 的工具，该工具会在运行它的目录中寻找 `fabfile.py` 文件。

`fabfile.py` 文件包含了需要运行的任务，这些任务被定义成可以从命令行调用的 Python 函数，从而在服务器上启动执行。Fabric 任务本身只是普通的 Python 函数，只是它们包含了一些在远程服务器上执行命令的特殊方法。此外，在 `fabfile.py` 的开头，需要定义一些环境变量，例如，远程主机、用户名、密码以及执行期间所需的任何其他变量（见下图）。

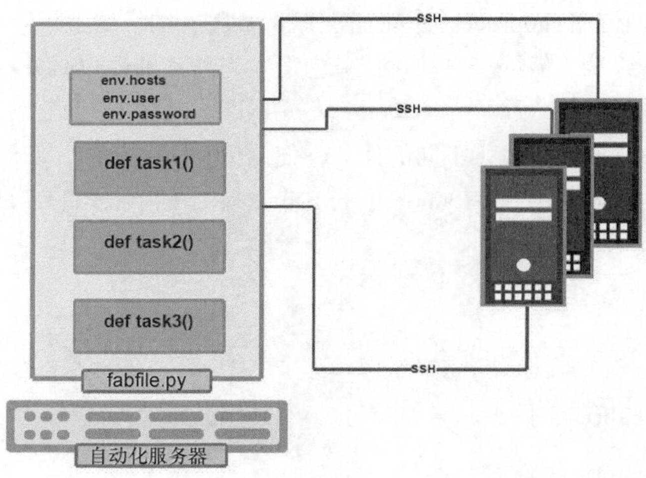

10.2.1 安装 Fabric 库

Fabric 库需要 Python 2.5～2.7。使用 `pip` 可以安装 Fabric 库及其所有依赖项，也可以使用系统包管理器（如 `yum` 或 `apt` 进行安装。无论哪种方式，安装完成后都可以在操作系统中运行 `fab` 程序。

在自动化服务器上执行下面的命令，用 `pip` 安装 Fabric 库。

```
pip install fabric
```

输出结果如下。

```
[root@AutomationServer ~]#
[root@AutomationServer ~]# pip install fabric
Collecting fabric
  Downloading Fabric-1.14.0-py2-none-any.whl (92kB)
    100% |████████████████████████████████| 102kB 738kB/s
Collecting paramiko<3.0,>=1.10 (from fabric)
  Downloading paramiko-2.4.1-py2.py3-none-any.whl (194kB)
    100% |████████████████████████████████| 194kB 1.4MB/s
Collecting pyasn1>=0.1.7 (from paramiko<3.0,>=1.10->fabric)
  Downloading pyasn1-0.4.2-py2.py3-none-any.whl (71kB)
    100% |████████████████████████████████| 71kB 3.2MB/s
Collecting bcrypt>=3.1.3 (from paramiko<3.0,>=1.10->fabric)
  Downloading bcrypt-3.1.4-cp27-cp27mu-manylinux1_x86_64.whl (57kB)
    100% |████████████████████████████████| 61kB 3.3MB/s
Collecting cryptography>=1.5 (from paramiko<3.0,>=1.10->fabric)
  Downloading cryptography-2.2.2-cp27-cp27mu-manylinux1_x86_64.whl (2.2MB)
    100% |████████████████████████████████| 2.2MB 353kB/s
Collecting pynacl>=1.0.1 (from paramiko<3.0,>=1.10->fabric)
  Downloading PyNaCl-1.2.1-cp27-cp27mu-manylinux1_x86_64.whl (696kB)
    100% |████████████████████████████████| 706kB 918kB/s
Requirement already satisfied (use --upgrade to upgrade): six>=1.4.1 in /usr/lib/python2.7/si
te-packages (from bcrypt>=3.1.3->paramiko<3.0,>=1.10->fabric)
Collecting cffi>=1.1 (from bcrypt>=3.1.3->paramiko<3.0,>=1.10->fabric)
  Downloading cffi-1.11.5-cp27-cp27mu-manylinux1_x86_64.whl (407kB)
    100% |████████████████████████████████| 409kB 1.4MB/s
Collecting enum34; python_version < "3" (from cryptography>=1.5->paramiko<3.0,>=1.10->fabric)
  Downloading enum34-1.1.6-py2-none-any.whl
```

注意，Fabric 库需要 paramiko 库，它是一个用于建立 SSH 连接的主流 Python 库。

通过两步就可以验证 Fabric 库是否安装成功。首先，确保系统中有 fab 命令。

```
[root@AutomationServer ~]# which fab
/usr/bin/fab
```

然后，打开 Python 并尝试导入 Fabric 库。如果没有出现错误，就说明 Fabric 已经安装成功。

```
[root@AutomationServer ~]# python
Python 2.7.5 (default, Aug 4 2017, 00:39:18)
[GCC 4.8.5 20150623 (Red Hat 4.8.5-16)] on linux2
Type "help", "copyright", "credits" or "license" for more information.
>>> from fabric.api import *
>>>
```

10.2.2 Fabric 库中的操作

Fabric 库中有许多操作，这些操作可以用作 fabfile 任务（稍后会有关于任务的更多内容）中的函数。下面先介绍 Fabric 库中一些最重要的操作。

1. run 操作

Fabric 库中 run 操作的语法如下。

```
run(command, shell=True, pty=True, combine_stderr=True, quiet=False,
warn_only=False, stdout=None, stderr=None)
```

run 可以在远程主机上执行命令，而 shell 参数控制是否在执行之前创建新的 shell（如/bin/sh），子进程中也有相同的参数。

执行命令后，Fabric 库将根据命令输出结果抛出.succeeded 或.failed。可以通过调用下面的命令测试运行结果（成功还是失败）。

```
def run_ops():
    output = run("hostname")
```

2. get 操作

Fabric 库中 get 操作的语法如下。

```
get(remote_path, local_path)
```

get 使用 rsync 或 scp 将文件从远程主机下载到运行 fabfile 的机器中。当需要将日志文件收集到服务器时，通常会使用该操作，例如以下代码。

```
def get_ops():
    try:
        get("/var/log/messages","/root/")
    except:
        pass
```

3. put 操作

Fabric 库中 put 操作的语法如下。

```
put(local_path, remote_path, use_sudo=False, mirror_local_mode=False,
mode=None)
```

该操作将文件从运行 fabfile（本地）的计算机上传到远程主机。使用 use_sudo 能够解决上传到根目录时的文件权限问题。既可以在本地和远程服务器上保留当前的文件权限，也可以设置新权限。

```
def put_ops():
    try:
        put("/root/VeryImportantFile.txt","/root/")
    except:
        pass
```

4. sudo 操作

Fabric 库中 sudo 操作的语法如下。

```
sudo(command, shell=True, pty=True, combine_stderr=True, user=None,
quiet=False, warn_only=False, stdout=None, stderr=None, group=None)
```

可以将该操作视为对 run() 命令的包装。但无论以何种用户权限执行 fabfile，sudo 操作都会默认以 root 用户执行命令。sudo 操作提供了一个参数 user，用来指定执行命令时使用的用户名。user 参数指定了执行命令的 UID，group 参数定义的是 GID。

```
def sudo_ops():
    sudo("whoami") #it should print the root even if you use another
account
```

5. prompt 操作

Fabric 库中 prompt 操作的语法如下。

```
prompt(text, key=None, default='', validate=None)
```

用户可以使用 prompt 操作为该任务提供一些输入值，这些数值将存储在变量中，供任务内部使用。注意，fabfile 中的每个主机都会提示你输入内容。

```
def prompt_ops():
    prompt("please supply release name", default="7.4.1708")
```

6. reboot 操作

Fabric 库中 `reboot` 操作的语法如下。

```
reboot(wait=120)
```

这是一个简单的操作，用来重新启动主机。在尝试重新连接之前，Fabric 库将等待 120s。使用 `wait` 参数可以更改等待时间。

```
def reboot_ops():
    reboot(wait=60, use_sudo=True)
```

关于其他操作的完整列表，请查看 fabfile 网站。还可以在 PyCharm 中按住 Ctrl +空格键在弹出的自动补全函数中直接查看完整列表。在出现 `fabric.operations import` 后按住 Ctrl 键和空格键，查看 `fabric.operations` 下的所有函数（见下图）。

run	fabric.operations
ssh	paramiko
_AttributeList	fabric.operations
_AttributeString	fabric.operations
_execute	fabric.operations
_noop	fabric.operations
_prefix_commands	fabric.operations
_prefix_env_vars	fabric.operations
_pty_size	fabric.utils
_run_command	fabric.operations
_shell_escape	fabric.operations
_shell_wrap	fabric.operations
_sudo_prefix	fabric.operations
_sudo_prefix_argument	fabric.operations
abort	fabric.utils
apply_lcwd	fabric.utils
char_buffered	fabric.context_managers
closing	contextlib
connections	fabric.state
contextmanager	contextlib
default_channel	fabric.state
env	fabric.state
error	fabric.utils
get	fabric.operations
glob	glob
handle_prompt_abort	fabric.utils
hide	fabric.context_managers
indent	fabric.utils
input_loop	fabric.io
local	fabric.operations
needs_host	fabric.network
open_shell	fabric.operations
output_loop	fabric.io
prompt	fabric.operations
put	fabric.operations
quiet_manager	fabric.operations
reboot	fabric.operations

Did you know that Quick Documentation View (Ctrl+Q) works in completion lookups as well? >> π

10.3　运行第一个 Fabric 文件

现在我们知道了 Fabric 库中的操作是如何完成的，接下来将这些操作放在 fabfile 中，创建一个可以与远程机器交互的完整的自动化脚本。创建 fabfile 的第一步仍然是导入所需的类，其中大多数类位于 fabric.api 中，因此我们将整个内容都导入 Python 脚本中。

```
from fabric.api import *
```

然后，定义远程机器的 IP 地址、用户名和密码。在这里的环境中，两台机器（除了自动化服务器之外）分别运行了 Ubuntu 16.04 和 CentOS 7.4，详细信息如下表所示。

机器类型	IP 地址	用户名	密码
Ubuntu 16.04	10.10.10.140	root	access123
CentOS 7.4	10.10.10.193	root	access123

将它们直接填写在 Python 脚本中，代码如下所示。

```
env.hosts = [
    '10.10.10.140', # ubuntu machine
    '10.10.10.193', # CentOS machine
]

env.user = "root"
env.password = "access123"
```

注意，脚本中使用了 env 变量，该变量继承自_AttributeDict 类。在这个变量中，可以设置用于 SSH 连接的用户名和密码。另外，可以通过 env.use_ssh_config = True 使用存储在.ssh 目录下的 SSH 密钥，这需要 Fabric 使用密钥进行连接。

最后，将任务定义为 Python 函数。在任务中可以使用前面所讲的操作来执行命令。

下面是完整的脚本。

```
from fabric.api import *

env.hosts = [
    '10.10.10.140', # ubuntu machine
    '10.10.10.193', # CentOS machine
]

env.user = "root"
env.password = "access123"

def detect_host_type():
```

```
    output = run("uname -s")
    if output.failed:
        print("something wrong happen, please check the logs")
    elif output.succeeded:
        print("command executed successfully")
def list_all_files_in_directory():
    directory = prompt("please enter full path to the directory to list",
default="/root")
    sudo("cd {0} ; ls -htlr".format(directory))


def main_tasks():
    detect_host_type()
    list_all_files_in_directory()
```

在上面的例子中应注意以下几点。

首先，定义了两个任务。第一个任务用来执行 uname -s 命令并返回输出结果，以及验证命令是否成功完成。该任务使用了 run()操作。

然后，在第二个任务中使用了两个操作——prompt()和 sudo()。第一个操作要求用户输入目录的完整路径，第二个操作用于列出目录中的所有内容。

最后一个任务 main_tasks()实际上将前两个方法合并成一个任务，方便我们从命令行调用。

为了运行脚本，需要将文件上传到自动化服务器，并使用 fab 程序来运行它。

```
fab -f </full/path/to/fabfile>.py <task_name>
```

如果文件名是 fabfile.py，则不需要在命令中使用-f 参数；否则，需要使用-f 为 fab 工具指定文件名。此外，fabfile 应当保存在当前目录中；否则，需要提供完整路径。

执行下面的命令来运行 fabfile。

```
fab -f fabfile_first.py main_tasks
```

系统将首先执行第一个任务，并将输出结果返回终端。

```
[10.10.10.140] Executing task 'main_tasks'
[10.10.10.140] run: uname -s
[10.10.10.140] out: Linux
[10.10.10.140] out:

command executed successfully
```

然后，输入/var/log/，列出远程主机中该文件夹中的内容。

```
please enter full path to the directory to list [/root] /var/log/
[10.10.10.140] sudo: cd /var/log/ ; ls -htlr
[10.10.10.140] out: total 1.7M
[10.10.10.140] out: drwxr-xr-x 2 root   root 4.0K Dec  7 23:54 lxd
[10.10.10.140] out: drwxr-xr-x 2 root   root 4.0K Dec 11 15:47 sysstat
[10.10.10.140] out: drwxr-xr-x 2 root   root 4.0K Feb 22 18:24 dist-upgrade
[10.10.10.140] out: -rw------- 1 root   utmp    0 Feb 28 20:23 btmp
[10.10.10.140] out: -rw-r----- 1 root   adm    31 Feb 28 20:24 dmesg
[10.10.10.140] out: -rw-r--r-- 1 root   root  57K Feb 28 20:24
bootstrap.log
[10.10.10.140] out: drwxr-xr-x 2 root   root 4.0K Apr  4 08:00 fsck
[10.10.10.140] out: drwxr-xr-x 2 root   root 4.0K Apr  4 08:01 apt
[10.10.10.140] out: -rw-r--r-- 1 root   root  32K Apr  4 08:09 faillog
[10.10.10.140] out: drwxr-xr-x 3 root   root 4.0K Apr  4 08:09 installer


command executed successfully
```

同样，也可以列出 CentOS 机器中 network-scripts 目录下的配置文件。

```
please enter full path to the directory to list [/root]
/etc/sysconfig/network-scripts/
[10.10.10.193] sudo: cd /etc/sysconfig/network-scripts/ ; ls -htlr
[10.10.10.193] out: total 232K
[10.10.10.193] out: -rwxr-xr-x. 1 root root 1.9K Apr 15  2016 ifup-TeamPort
[10.10.10.193] out: -rwxr-xr-x. 1 root root 1.8K Apr 15  2016 ifup-Team
[10.10.10.193] out: -rwxr-xr-x. 1 root root 1.6K Apr 15  2016 ifdown-
TeamPort
[10.10.10.193] out: -rw-r--r--. 1 root root  31K May  3  2017 networkfunctions-
ipv6
[10.10.10.193] out: -rw-r--r--. 1 root root  19K May  3  2017 networkfunctions
[10.10.10.193] out: -rwxr-xr-x. 1 root root 5.3K May  3  2017 init.ipv6-
global
[10.10.10.193] out: -rwxr-xr-x. 1 root root 1.8K May  3  2017 ifup-wireless
[10.10.10.193] out: -rwxr-xr-x. 1 root root 2.7K May  3  2017 ifup-tunnel
[10.10.10.193] out: -rwxr-xr-x. 1 root root 3.3K May  3  2017 ifup-sit
[10.10.10.193] out: -rwxr-xr-x. 1 root root 2.0K May  3  2017 ifup-routes
[10.10.10.193] out: -rwxr-xr-x. 1 root root 4.1K May  3  2017 ifup-ppp
[10.10.10.193] out: -rwxr-xr-x. 1 root root 3.4K May  3  2017 ifup-post
[10.10.10.193] out: -rwxr-xr-x. 1 root root 1.1K May  3  2017 ifup-plusb

<output omitted for brevity>
```

最后，Fabric 断开与两台机器的连接。

```
[10.10.10.193] out:


Done.
```

```
Disconnecting from 10.10.10.140... done.
Disconnecting from 10.10.10.193... done.
```

10.3.1 有关 fab 工具的更多信息

fab 工具本身支持许多操作。fab 可以列出 fabfile 中的不同任务，还可以在执行期间设置 fab 环境。例如，一方面，使用-H 或--hosts 定义运行命令的主机，且无须在 fabfile 中指定。这实际上在 fabfile 运行期间设置了 env.hosts 变量。

```
fab -H srv1,srv2
```

另一方面，还可以使用 fab 工具定义要运行的命令，这有点像 Ansible 的即席模式（这将在第 13 章中详细介绍）。

```
fab -H srv1,srv2 -- ifconfig -a
```

如果不想在 fabfile 脚本中以明文形式存储密码，有两个选择。一个方法是通过-i 选项指定 SSH 密钥文件（私钥），使用密钥连接主机。另一个方法是使用-I 选项，强制 Fabric 在连接到远程主机时提示用户输入密码。

注意，在 fabfile 中使用这些选项将覆盖 env.password 参数。

-D 选项会禁用已知主机并强制 Fabric 不从.ssh 目录加载 known_hosts 文件。可以使用-r 或--reject-unknown-hosts 使 Fabric 拒绝与在 known_hosts 文件中定义的主机之外的所有设备连接。

此外，通过使用-l 或-list 并为 fab 工具提供 fabfile 名称，可以列出 fabfile 中支持的所有任务。例如，对前面的脚本执行这个操作将生成下面的输出。

```
# fab -f fabfile_first.py -l
Available commands:

    detect_host_type
    list_all_files_in_directory
    main_tasks
```

使用-h 选项或通过 fabfile 网站可以查看 fab 命令行的所有可用选项和参数。

10.3.2　使用 Fabric 检查系统健康状态

在这个例子中，我们将利用 Fabric 开发一个在远程机器上执行多条命令的脚本。该脚本的目标是收集 `discovery` 命令和 `health` 命令的输出。`discovery` 命令收集正常运行时间、主机名、内核版本以及私有和公共 IP 地址，而 `health` 命令收集已用内存、CPU 利用率、进程数和磁盘使用情况。我们将设计一个 fabfile，以方便扩展脚本以及向其添加更多命令。

```
#!/usr/bin/python
__author__ = "Bassim Aly"
__EMAIL__ = "basim.alyy@gmail.com"

from fabric.api import *
from fabric.context_managers import *
from pprint import pprint

env.hosts = [
    '10.10.10.140', # Ubuntu Machine
    '10.10.10.193', # CentOS Machine
]

env.user = "root"
env.password = "access123"


def get_system_health():
    discovery_commands = {
        "uptime": "uptime | awk '{print $3,$4}'",
        "hostname": "hostname",
        "kernel_release": "uname -r",
        "architecture": "uname -m",
        "internal_ip": "hostname -I",
        "external_ip": "curl -s ipecho.net/plain;echo",


    }
    health_commands = {
        "used_memory": "free | awk '{print $3}' | grep -v free | head - n1",
        "free_memory": "free | awk '{print $4}' | grep -v shared | head - n1",
        "cpu_usr_percentage": "mpstat | grep -A 1 '%usr' | tail -n1 | awk
        '{print $4}'",
        "number_of_process": "ps -A --no-headers | wc -l",
        "logged_users": "who",
        "top_load_average": "top -n 1 -b | grep 'load average:' | awk
        '{print $10 $11 $12}'",
```

```
        "disk_usage": "df -h| egrep 'Filesystem|/dev/sda*|nvme*'"

    }

    tasks = [discovery_commands,health_commands]

    for task in tasks:
        for operation,command in task.iteritems():
print("============================{0}=============================".forma
t(operation))
            output = run(command)
```

注意，首先，创建了两个字典——discover_commands 和 health_commands，这两个字典的键值对中都包含了 Linux 命令。键表示操作，而值表示实际的 Linux 命令。然后，创建了一个 tasks 列表，将这两个词典分为两组。

最后，创建嵌套的 for 循环。外部循环用于迭代列表项，内部 for 循环用来遍历字典中的键值对。使用 Fabric 库中的 run()操作将命令发送到远程主机。

```
# fab -f fabfile_discoveryAndHealth.py get_system_health
[10.10.10.140] Executing task 'get_system_health'
============================uptime=============================
[10.10.10.140] run: uptime | awk '{print $3,$4}'
[10.10.10.140] out: 3:26, 2
[10.10.10.140] out:

============================kernel_release=============================
[10.10.10.140] run: uname -r
[10.10.10.140] out: 4.4.0-116-generic
[10.10.10.140] out:

============================external_ip=============================
[10.10.10.140] run: curl -s ipecho.net/plain;echo
[10.10.10.140] out: <Author_Masked_The_Output_For_Privacy>
[10.10.10.140] out:

============================hostname=============================
[10.10.10.140] run: hostname
[10.10.10.140] out: ubuntu-machine
[10.10.10.140] out:

============================internal_ip=============================
[10.10.10.140] run: hostname -I
[10.10.10.140] out: 10.10.10.140
[10.10.10.140] out:

============================architecture=============================
[10.10.10.140] run: uname -m
[10.10.10.140] out: x86_64
```

```
[10.10.10.140] out:

=============================disk_usage=============================
[10.10.10.140] run: df -h| egrep 'Filesystem|/dev/sda*|nvme*'
[10.10.10.140] out: Filesystem                                  Size  Used Avail
Use% Mounted on
[10.10.10.140] out: /dev/sda1                                   472M  58M  390M
13% /boot
[10.10.10.140] out:

=============================used_memory=============================
[10.10.10.140] run: free | awk '{print $3}' | grep -v free | head -n1
[10.10.10.140] out: 75416
[10.10.10.140] out:

=============================logged_users=============================
[10.10.10.140] run: who
[10.10.10.140] out: root     pts/0       2018-04-08 23:36 (10.10.10.130)
[10.10.10.140] out: root     pts/1       2018-04-08 21:23 (10.10.10.1)
[10.10.10.140] out:

=============================top_load_average=============================
[10.10.10.140] run: top -n 1 -b | grep 'load average:' | awk '{print $10
$11 $12}'
[10.10.10.140] out: 0.16,0.03,0.01
[10.10.10.140] out:

=============================cpu_usr_percentage=============================
=
[10.10.10.140] run: mpstat | grep -A 1 '%usr' | tail -n1 | awk '{print $4}'
[10.10.10.140] out: 0.02
[10.10.10.140] out:

=============================number_of_process=============================
[10.10.10.140] run: ps -A --no-headers | wc -l
[10.10.10.140] out: 131
[10.10.10.140] out:

=============================free_memory=============================
[10.10.10.140] run: free | awk '{print $4}' | grep -v shared | head -n1
[10.10.10.140] out: 5869268
[10.10.10.140] out:
```

在第二台服务器上也将执行同样的任务（`get_system_health`），并将输出结果返回到终端。

```
[10.10.10.193] Executing task 'get_system_health'
=============================uptime=============================
[10.10.10.193] run: uptime | awk '{print $3,$4}'
[10.10.10.193] out: 3:26, 2
```

```
[10.10.10.193] out:

=============================kernel_release=============================
[10.10.10.193] run: uname -r
[10.10.10.193] out: 3.10.0-693.el7.x86_64
[10.10.10.193] out:

=============================external_ip=============================
[10.10.10.193] run: curl -s ipecho.net/plain;echo
[10.10.10.193] out: <Author_Masked_The_Output_For_Privacy>
[10.10.10.193] out:

=============================hostname=============================
[10.10.10.193] run: hostname
[10.10.10.193] out: controller329
[10.10.10.193] out:

=============================internal_ip=============================
[10.10.10.193] run: hostname -I
[10.10.10.193] out: 10.10.10.193
[10.10.10.193] out:

=============================architecture=============================
[10.10.10.193] run: uname -m
[10.10.10.193] out: x86_64
[10.10.10.193] out:

=============================disk_usage=============================
[10.10.10.193] run: df -h| egrep 'Filesystem|/dev/sda*|nvme*'
[10.10.10.193] out: Filesystem               Size Used Avail Use% Mounted
on
[10.10.10.193] out: /dev/sda1                488M  93M  360M 21% /boot
[10.10.10.193] out:

=============================used_memory=============================
[10.10.10.193] run: free | awk '{print $3}' | grep -v free | head -n1
[10.10.10.193] out: 287048
[10.10.10.193] out:

=============================logged_users=============================
[10.10.10.193] run: who
[10.10.10.193] out: root     pts/0        2018-04-08 23:36 (10.10.10.130)
[10.10.10.193] out: root     pts/1        2018-04-08 21:23 (10.10.10.1)
[10.10.10.193] out:

=============================top_load_average=============================
[10.10.10.193] run: top -n 1 -b | grep 'load average:' | awk '{print $10
$11 $12}'
[10.10.10.193] out: 0.00,0.01,0.02
[10.10.10.193] out:
```

```
============================cpu_usr_percentage============================
=
[10.10.10.193] run: mpstat | grep -A 1 '%usr' | tail -n1 | awk '{print $4}'
[10.10.10.193] out: 0.00
[10.10.10.193] out:

============================number_of_process============================
[10.10.10.193] run: ps -A --no-headers | wc -l
[10.10.10.193] out: 190
[10.10.10.193] out:

============================free_memory============================
[10.10.10.193] run: free | awk '{print $4}' | grep -v shared | head -n1
[10.10.10.193] out: 32524912
[10.10.10.193] out:
```

最后，Fabric 库在执行完所有任务后将终止已建立的 SSH 会话，并断开与两台机器的连接。

```
Disconnecting from 10.10.10.140... done.
Disconnecting from 10.10.10.193... done.
```

注意，我们可以重新设计前面的脚本，把 discovery_commands 和 health_commands 作为 Fabric 任务，然后将它们包含在 get_system_health() 中。在执行 fab 命令时，调用 get_system_health()，它会执行另外两个函数。最后得到和之前的脚本一样的输出结果。下面是修改后的脚本。

```
#!/usr/bin/python
__author__ = "Bassim Aly"
__EMAIL__ = "basim.alyy@gmail.com"

from fabric.api import *
from fabric.context_managers import *
from pprint import pprint

env.hosts = [
    '10.10.10.140', # Ubuntu Machine
    '10.10.10.193', # CentOS Machine
]

env.user = "root"
env.password = "access123"


def discovery_commands():
    discovery_commands = {
        "uptime": "uptime | awk '{print $3,$4}'",
        "hostname": "hostname",
```

```
        "kernel_release": "uname -r",
        "architecture": "uname -m",
        "internal_ip": "hostname -I",
        "external_ip": "curl -s ipecho.net/plain;echo",


    }
    for operation, command in discovery_commands.iteritems():
print("=============================={0}==============================".format
(operation))
        output = run(command)

def health_commands():
    health_commands = {
        "used_memory": "free | awk '{print $3}' | grep -v free | head -
n1",
        "free_memory": "free | awk '{print $4}' | grep -v shared | head -
n1",
        "cpu_usr_percentage": "mpstat | grep -A 1 '%usr' | tail -n1 | awk
'{print $4}'",
        "number_of_process": "ps -A --no-headers | wc -l",
        "logged_users": "who",
        "top_load_average": "top -n 1 -b | grep 'load average:' | awk
'{print $10 $11 $12}'",
        "disk_usage": "df -h| egrep 'Filesystem|/dev/sda*|nvme*'"

    }
    for operation, command in health_commands.iteritems():
print("=============================={0}==============================".format
(operation))
        output = run(command)

def get_system_health():
    discovery_commands()
    health_commands()
```

10.4 其他有用的 Fabric 特性

Fabric 库还有一些其他功能，如角色（role）和上下文（context）管理器。

10.4.1 Fabric 角色

Fabric 可以定义主机的角色，并在属于某个角色成员的主机上运行任务。比如，我们可能有大量数据库服务器，需要查看它们是否启动了 MySQL 服务；同时还有许多其他 Web 服务器，需要验证它们是否启动了 Apache 服务。这时可以将这些主机按角色分组，然后根据角色来执行不同的函数。

```
#!/usr/bin/python
__author__ = "Bassim Aly"
__EMAIL__ = "basim.alyy@gmail.com"

from fabric.api import *

env.hosts = [
    '10.10.10.140', # ubuntu machine
    '10.10.10.193', # CentOS machine
    '10.10.10.130',
]

env.roledefs = {
    'webapps': ['10.10.10.140','10.10.10.193'],
    'databases': ['10.10.10.130'],
}

env.user = "root"
env.password = "access123"

@roles('databases')
def validate_mysql():
    output = run("systemctl status mariadb")


@roles('webapps')
def validate_apache():
    output = run("systemctl status httpd")
```

在前面的例子中，在设置 env.roledef 时，首先使用了 Fabric 装饰器（decorator）装饰 roles（从 fabric.api 中导入）。然后为每个服务器分配了 webapp 或 database 角色（将角色分配视为对服务器的标记）。这样我们就能够灵活地只在具有 database 角色的服务器上执行 validate_mysql 函数了。

```
# fab -f fabfile_roles.py validate_mysql:roles=databases
[10.10.10.130] Executing task 'validate_mysql'
[10.10.10.130] run: systemctl status mariadb
[10.10.10.130] out: mariadb.service - MariaDB database server
[10.10.10.130] out: Loaded: loaded
(/usr/lib/systemd/system/mariadb.service; enabled; vendor preset: disabled)
[10.10.10.130] out:    Active: active (running) since Sat 2018-04-07
19:47:35 EET; 1 day 2h ago
<output omitted>
```

10.4.2 Fabric 上下文管理器

在第一个 Fabric 脚本 fabfile_first.py 中有一个任务，它提示用户输入目录，然后切换到这个目录并输出其中的内容。这是使用分号（;）来完成的，它将两个 Linux 命令连接在一起。但是这种操作并不能适用于其他所有的操作系统。这就是 Fabric 上下文（context）管理器的用武之地。

上下文管理器用来在执行命令时维护目录状态。它使用了 Python 的 with 语句，并且在代码块内可以使用前面介绍的任意 Fabric 操作。我们通过一个例子来解释这个方法。

```
from fabric.api import *
from fabric.context_managers import *

env.hosts = [
    '10.10.10.140', # ubuntu machine
    '10.10.10.193', # CentOS machine
]

env.user = "root"
env.password = "access123"

def list_directory():
    with cd("/var/log"):
        run("ls")
```

在上面的例子中，首先全局地导入了 fabric.context_managers 中的所有内容，然后使用上下文管理器 cd 切换到指定目录。这里使用了 Fabric 的 run()操作，它在该目录中执行 ls。这与在 SSH 会话上运行 cd /var/log ; ls 的效果是一样的，但这种方法让代码更符合 Python 编程规范。

with 语句可以嵌套，例如，可以将前面的代码重写为以下形式。

```
def list_directory_nested():
    with cd("/var/"):
        with cd("log"):
            run("ls")
```

本地更改目录（Local Change Directory，LCD）是另一个上下文管理器，与上一个例子中的上下文管理器 cd 的功能一样，但使用在运行 fabfile 的本地计算机上。[①]我们可以使

① 这里强调的是修改“本地”目录。——译者注

用 LCD 更改本地目录（例如，将文件上传到远程计算机或从远程计算机下载文件，然后自动更改回脚本运行的目录）。

```
def uploading_file():
    with lcd("/root/"):
        put("VeryImportantFile.txt")
```

上下文管理器 `prefix` 能够以一条命令作为输入，并在执行 `with` 块内的其他命令前执行它。例如，可以在运行命令之前导入某个文件或者 Python 的虚拟 `env` 包装器脚本来设置虚拟环境变量。

```
def prefixing_commands():
    with prefix("source ~/env/bin/activate"):
        sudo('pip install wheel')
        sudo("pip install -r requirements.txt")
        sudo("python manage.py migrate")
```

这实际上相当于 Linux shell 中的下列命令。

```
source ~/env/bin/activate && pip install wheel
source ~/env/bin/activate && pip install -r requirements.txt
source ~/env/bin/activate && python manage.py migrate
```

最后一个上下文管理器是 `shell_env（new_path, behavior ='append'）`，它可以改变包装命令的 shell 环境变量。也就是说，其中的任何调用将使用修改后的变量。

```
def change_shell_env():
    with shell_env(test1='val1', test2='val2', test3='val3'):
        run("echo $test1") #This command run on remote host
        run("echo $test2")
        run("echo $test3")
        local("echo $test1") #This command run on local host
```

操作完成后，Fabric 将使用旧的环境变量恢复到原始环境。

10.5　小结

Fabric 是一个优秀并且功能强大的工具，可以在远程机器中自动执行任务。它可以集成到 Python 脚本中，方便访问 SSH 套件。可以为不同的任务开发不同的 fab 文件，并将它们集成在一起，以创建自动化工作流，包括部署、重新启动和停止服务器或进程。

下一章将介绍如何收集数据以及定期生成系统监控报告。

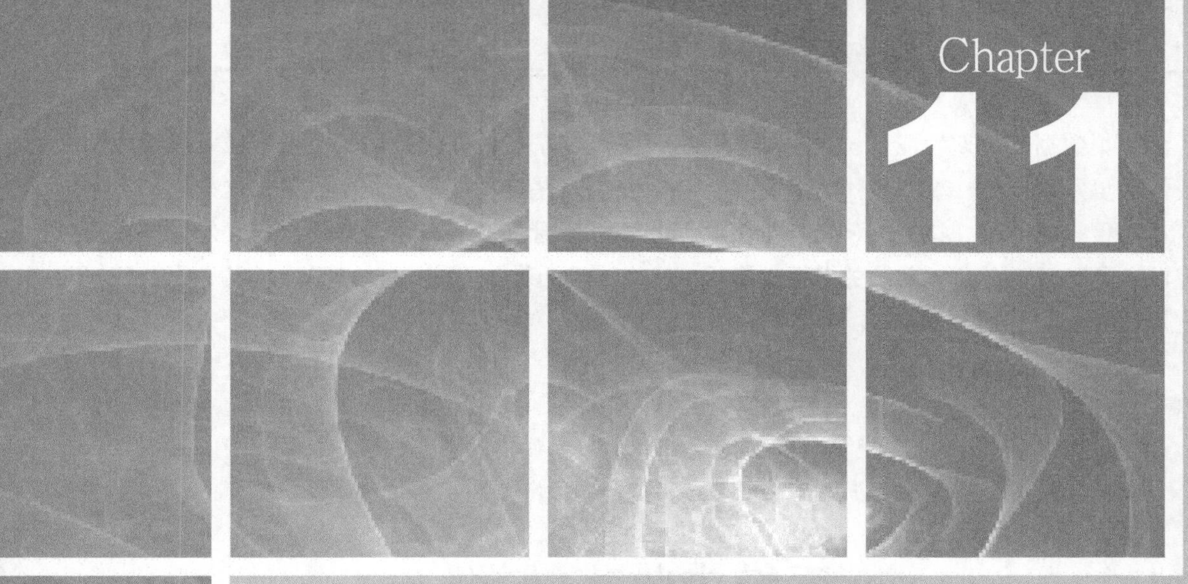

第 11 章

生成系统报告和监控系统

收集数据并定期生成系统报告属于系统管理员的基本任务。自动运行这些任务可以帮助我们尽早发现问题，及时提出解决方案。本章介绍一些自动从服务器上收集数据并用数据生成正式报告的方法，讨论如何使用 Python 和 Ansible 管理新用户及现有用户。此外，本章还将深入研究日志分析、系统**关键绩效指标**（Key Performance Indicator，KPI）监测，以及如何定期运行监控脚本。

本章主要介绍以下内容：

- 从 Linux 系统中收集数据；
- 在 Ansible 中管理用户。

11.1 从 Linux 系统中收集数据

使用 Linux 命令可以查看当前系统状态和运行状况的相关数据。然而，单个 Linux 命令和应用程序只能获取某一方面的系统数据。我们需要利用 Python 模块将这些详细信息反馈给管理员，同时生成一份有用的系统报告。

我们将报告分为两部分。第一部分是使用 platform 模块获取的一般系统信息，第二部分是硬件资源，如 CPU 和内存等。

首先从导入 platform 模块开始，它是一个内置的 Python 库。platform 模块中有很多方法，它们可用来获取当前运行 Python 命令的操作系统的详细信息。

```
import platform
system = platform.system()
print(system)
```

上述代码的运行结果如下。

该脚本返回当前系统的类型，同样的脚本在 Windows 系统上运行会得到不同的结果。当

它在 Windows 系统上运行时，输出结果就变成 `Windows`。

```
Python 2.7.14 (v2.7.14:84471935ed, Sep 16 2017, 20:19:30) [MSC v.1500 32 bit (In
tel)] on win32
Type "help", "copyright", "credits" or "license" for more information.
>>> import platform
>>> print(platform.system())
Windows
>>> _
```

常用的函数 `uname()` 和 Linux 命令（`uname -a`）的功能一样：获取机器的主机名、体系结构和内核信息，但是 `uname()` 采用了结构化格式，以便通过序号来引用相应的值。

```
import platform
from pprint import pprint
uname = platform.uname()
pprint(uname)
```

上述代码的运行结果如下。

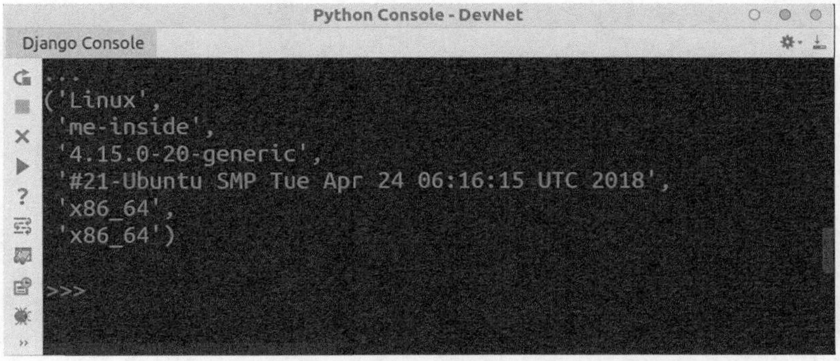

`system()` 方法获得的第一个值是系统类型，第二个是当前机器的主机名。

使用 PyCharm 中的自动补全功能可以浏览并列出 platform 模块中的所有可用函数，按 Ctrl + Q 组合键就可以查看每个函数的文档（见下图）。

```
platform(aliased, terse)                              platform
uname()                                               platform
system()                                              platform
version()                                             platform
_abspath(path, isabs, join, getcwd, normpath)         platform
_architecture_split                                   platform
_bcd2str(bcd)                                         platform
_default_architecture                                 platform
_dist_try_harder(distname, version, id)               platform
_follow_symlinks(filepath)                            platform
_ironpython_sys_version_parser                        platform
_java_getprop(name, default)                          platform
_libc_search                                          platform
_lsb_release_version                                  platform
_mac_ver_gestalt()                                    platform
Did you know that Quick Documentation View (Ctrl+Q) works in completion lookups as well? >>
```

然后，使用 Linux 文件提供的信息列出 Linux 机器中的硬件配置。这里需要记住，在/proc/目录下可以访问 CPU、内存以及网络等相关信息；我们将读取这些信息并在 Python 中使用标准的 open()函数访问它们。查看/proc/目录可以获取更多信息。

下面给出具体的脚本。

首先，导入 platform 模块，它仅在当前任务中使用。

```
#!/usr/bin/python
__author__ = "Bassim Aly"
__EMAIL__ = "basim.alyy@gmail.com"

import platform
```

然后，定义函数。以下代码包含了本次练习中需要的两个函数——check_feature()和 get_value_from_string()。

```
def check_feature(feature,string):
    if feature in string.lower():
        return True
    else:
        return False
def get_value_from_string(key,string):
    value = "NONE"
    for line in string.split("\n"):
        if key in line:
            value = line.split(":")[1].strip()
    return value
```

最后是 Python 脚本的主要部分，其中包括用来获取所需信息的 Python 代码。

```
cpu_features = []
with open('/proc/cpuinfo') as cpus:
    cpu_data = cpus.read()
    num_of_cpus = cpu_data.count("processor")
    cpu_features.append("Number of Processors: {0}".format(num_of_cpus))
    one_processor_data = cpu_data.split("processor")[1]
    print one_processor_data
    if check_feature("vmx",one_processor_data):
        cpu_features.append("CPU Virtualization: enabled")
    if check_feature("cpu_meltdown",one_processor_data):
        cpu_features.append("Known Bugs: CPU Metldown ")
    model_name = get_value_from_string("model name ",one_processor_data)
    cpu_features.append("Model Name: {0}".format(model_name))

    cpu_mhz = get_value_from_string("cpu MHz",one_processor_data)
    cpu_features.append("CPU MHz: {0}".format((cpu_mhz)))

memory_features = []
```

```
with open('/proc/meminfo') as memory:
    memory_data = memory.read()
    total_memory = get_value_from_string("MemTotal",memory_data).replace("kB","")
    free_memory = get_value_from_string("MemFree",memory_data).replace("kB","")
    swap_memory = get_value_from_string("SwapTotal",memory_data).replace("kB","")
    total_memory_in_gb = "Total Memory in GB:
{0}".format(int(total_memory)/1024)
    free_memory_in_gb = "Free Memory in GB:
{0}".format(int(free_memory)/1024)
    swap_memory_in_gb = "SWAP Memory in GB:
{0}".format(int(swap_memory)/1024)
    memory_features =
[total_memory_in_gb,free_memory_in_gb,swap_memory_in_gb]
```

这部分代码用来输出从上一节的代码中获取的信息。

```
print("============System Information============")

print("""
System Type: {0}
Hostname: {1}
Kernel Version: {2}
System Version: {3}
Machine Architecture: {4}
Python version: {5}
""".format(platform.system(),
           platform.uname()[1],
           platform.uname()[2],
           platform.version(),
           platform.machine(),
           platform.python_version()))


print("============CPU Information============")
print("\n".join(cpu_features))


print("============Memory Information============")
print("\n".join(memory_features))
```

在上面的例子中我们完成了以下任务。

（1）打开/proc/cpuinfo 并读取其内容，然后将结果存储在 cpu_data 中。

（2）使用字符串函数 count()统计文件中关键字 processor 的数量，从而得知机器上有多少个处理器。

（3）获取每个处理器支持的选项和功能，我们只需要读取其中一个处理器的信息（因为通常所有处理器的属性都一样）并传递给 check_feature()函数。该方法的一个参数是我们期望处理器支持的功能，另一个参数是处理器的属性信息。如果处理器的属性支持第一个参数指定的功能，该方法返回 `True`。

（4）由于处理器的属性数据以键值对的方式呈现，因此我们设计了 `get_value_from_string()` 方法。该方法根据输入的键名通过迭代处理器属性数据来搜索对应的值，然后根据冒号拆分返回的键值对，以获取其中的值。

（5）使用 `append()` 方法将所有值添加到 `cpu_feature` 列表中。

（6）对内存信息重复相同的操作，获得总内存、空闲内存和交换内存的大小。

（7）使用 platform 的内置方法（如 `system()`、`uname()` 和 `python_version()`）来获取系统的相关信息。

（8）输出包含上述信息的报告。

脚本输出如下图所示。

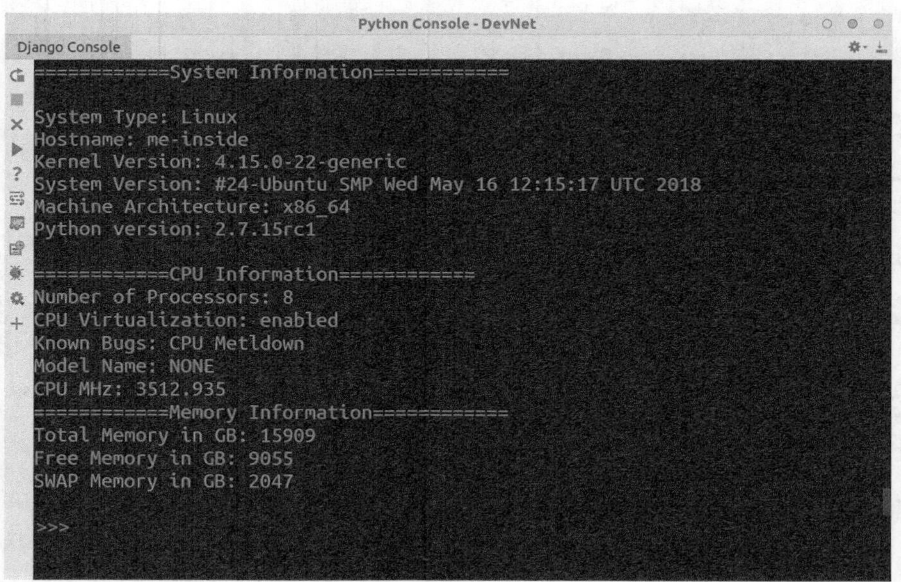

另一种呈现数据的方式是利用第 5 章中介绍的 Matplotlib 库，可视化随时间变化的数据。

11.1.1 通过邮件发送收集的数据

从上一节生成的报告中可以看到系统中当前的资源。在本节中，我们调整脚本，增强其功能，比如，将这些信息通过电子邮件发送出去。对于**网络操作中心**（Network Operation Center，NOC）团队来说，这个功能非常有用。当某个特殊事件（如 HDD 故障、高 CPU 或丢包）发生时，他们希望被监控系统能够自动给他们发送邮件。Python 有一个内置库 smtplib，它利用**简单邮件传输协议**（Simple Mail Transfer Protocol，SMTP）从邮件服务器中发送和接收电子邮件。

使用该功能要求在计算机上安装本地电子邮件服务器，或者能够使用免费的在线电子邮件服务（如 Gmail 或 Outlook）。在这个例子中我们将使用 SMTP 登录 Gmail 网站，将数据通过电子邮件发送出去。

接下来，开始动手修改脚本，为其添加 SMTP 功能。

将所需模块导入 Python，这次需要导入 smtplib 和 platform。

```
#!/usr/bin/python
__author__ = "Bassem Aly"
__EMAIL__ = "basim.alyy@gmail.com"

import smtplib
imp        ort platform
```

下面是 `check_feature()` 和 `get_value_from_string()` 这两个函数的代码。

```
def check_feature(feature,string):
    if feature in string.lower():
        return True
    else:
        return False

def get_value_from_string(key,string):
    value = "NONE"
    for line in string.split("\n"):
        if key in line:
            value = line.split(":")[1].strip()
    return value
```

最后是 Python 脚本的主体，其中包含了获取所需信息的 Python 代码。

```
    cpu_features = []
    with open('/proc/cpuinfo') as cpus:
        cpu_data = cpus.read()
        num_of_cpus = cpu_data.count("processor")
        cpu_features.append("Number of Processors: {0}".format(num_of_cpus))
        one_processor_data = cpu_data.split("processor")[1]
        if check_feature("vmx",one_processor_data):
            cpu_features.append("CPU Virtualization: enabled")
        if check_feature("cpu_meltdown",one_processor_data):
            cpu_features.append("Known Bugs: CPU Metldown ")
        model_name = get_value_from_string("model name ",one_processor_data)
        cpu_features.append("Model Name: {0}".format(model_name))

        cpu_mhz = get_value_from_string("cpu MHz",one_processor_data)
        cpu_features.append("CPU MHz: {0}".format((cpu_mhz)))

    memory_features = []
    with open('/proc/meminfo') as memory:
        memory_data = memory.read()
        total_memory = get_value_from_string("MemTotal",memory_data).replace("kB","")
        free_memory = get_value_from_string("MemFree",memory_data).replace("kB","")
        swap_memory = get_value_from_string("SwapTotal",memory_data).replace("kB","")
        total_memory_in_gb = "Total Memory in GB:
    {0}".format(int(total_memory)/1024)
        free_memory_in_gb = "Free Memory in GB:
    {0}".format(int(free_memory)/1024)
        swap_memory_in_gb = "SWAP Memory in GB:
    {0}".format(int(swap_memory)/1024)
        memory_features =
    [total_memory_in_gb,free_memory_in_gb,swap_memory_in_gb]

    Data_Sent_in_Email = ""
    Header = """From: PythonEnterpriseAutomationBot <basim.alyy@gmail.com>
    To: To Administrator <basim.alyy@gmail.com>
    Subject: Monitoring System Report

    """
    Data_Sent_in_Email += Header
    Data_Sent_in_Email +="============System Information============"

    Data_Sent_in_Email +="""
    System Type: {0}
    Hostname: {1}
    Kernel Version: {2}
    System Version: {3}
    Machine Architecture: {4}
    Python version: {5}
    """.format(platform.system(),
               platform.uname()[1],
               platform.uname()[2],
```

```
            platform.version(),
            platform.machine(),
            platform.python_version())


    Data_Sent_in_Email +="============CPU Information============\n"
    Data_Sent_in_Email +="\n".join(cpu_features)


    Data_Sent_in_Email +="\n============Memory Information============\n"
    Data_Sent_in_Email +="\n".join(memory_features)
```

下面给出连接到 gmail 服务器所需的信息。

```
    fromaddr = 'yyyyyyyyyyy@gmail.com'
    toaddrs = 'basim.alyy@gmail.com'
    username = 'yyyyyyyyyyy@gmail.com'
    password = 'xxxxxxxxxx'
    server = smtplib.SMTP('smtp.gmail.com:587')
    server.ehlo()
    server.starttls()
    server.login(username,password)

    server.sendmail(fromaddr, toaddrs, Data_Sent_in_Email)
    server.quit()
```

在前面的例子中实现了以下功能。

（1）第一部分与上一个例子相同，只是没有将数据输出到终端，而是将其添加到 `Data_Sent_in_Email` 变量中。

（2）`Header` 变量表示电子邮件标题，包括发件人地址、收件人地址和电子邮件主题。

（3）使用 smtplib 模块内的 `SMTP()` 类连接到公共 Gmail SMTP 服务器并完成 TTLS 连接。这也是连接 Gmail 服务器的默认方法。我们将 SMTP 连接保存在 `server` 变量中。

（4）使用 `login()` 方法登录服务器，最后使用 `sendmail()` 函数发送电子邮件。`sendmail()` 有 3 个输入参数——发件人、收件人和电子邮件正文。

（5）关闭与服务器的连接。

脚本输出如下图所示。

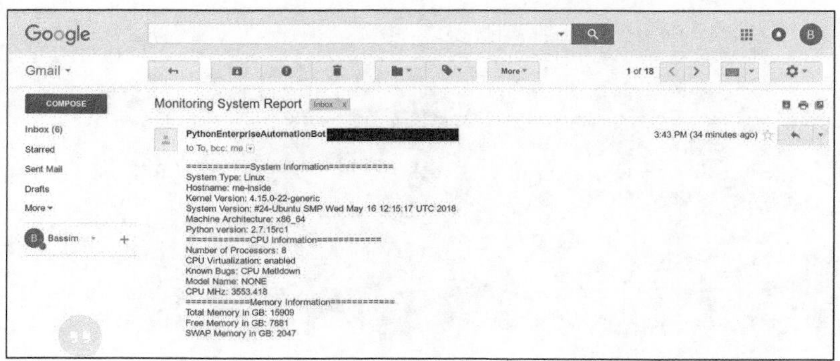

11.1.2　使用 time 和 date 模块

到目前为止，我们已经能将从服务器中生成的自定义数据通过电子邮件发送出去。但由于网络拥塞、邮件系统故障或任何其他问题，生成的数据与电子邮件的传递时间之间可能存在时间差，因此我们不能根据收到电子邮件的时间来推算实际生成数据的时间。

出于上述原因，需要使用 Python 中的 datetime 模块来获取被监控系统上的当前时间。该模块可以使用各种字段（如年、月、日、小时和分钟）来格式化时间。

除此之外，datetime 模块中的 `datetime` 实例实际上是 Python 中独立的对象（如 int、string、boolean 等），因此 `datetime` 实例在 Python 中有自己的属性。

使用 `strftime()` 方法可以将 `datetime` 对象转换为字符串。该方法使用下表中的格式符号来格式化时间。

格式符号	说明
`%Y`	返回一个十进制形式并且带世纪的年份（范围为 0001～9999）
`%m`	返回一个十进制形式的月份（01～12）
`%d`	返回一个十进制形式的日期（01～31），表示当月第几天
`%H`	返回一个十进制形式的小时数（00～23）
`%M`	返回一个十进制形式的分钟数（00～59）
`%S`	返回一个十进制形式的秒数（00～59）

修改脚本，将下面的代码段添加到代码中。

```
from datetime import datetime
time_now = datetime.now()
time_now_string = time_now.strftime("%Y-%m-%d %H:%M:%S")
Data_Sent_in_Email += "====Time Now is {0}====\n".format(time_now_string)
```

在这段代码中，首先从 datetime 模块中导入 datetime 类。然后使用 datetime 类和 now() 函数创建 time_now 对象，该函数返回系统的当前时间。最后使用带格式化符号的 strftime() 来格式化时间并将其转换为字符串，用于输出（注意，该对象包含了 datetime 对象）。

脚本的输出如下。

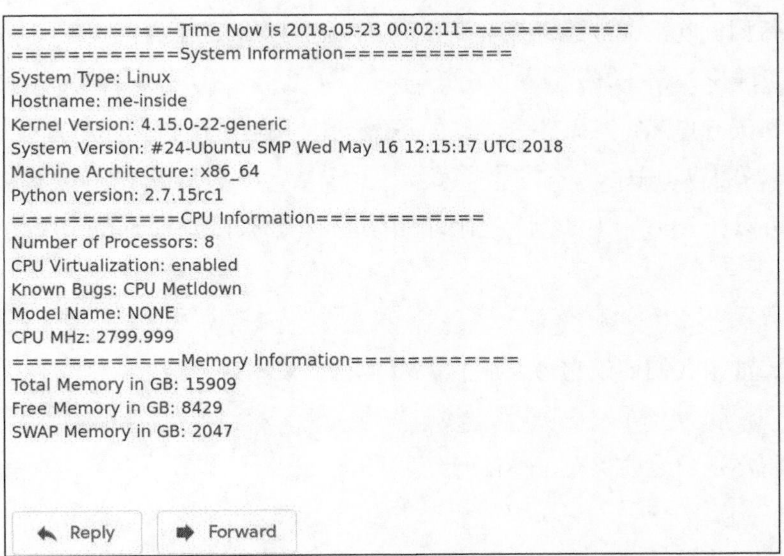
============Time Now is 2018-05-23 00:02:11============
============System Information============
System Type: Linux
Hostname: me-inside
Kernel Version: 4.15.0-22-generic
System Version: #24-Ubuntu SMP Wed May 16 12:15:17 UTC 2018
Machine Architecture: x86_64
Python version: 2.7.15rc1
============CPU Information============
Number of Processors: 8
CPU Virtualization: enabled
Known Bugs: CPU Metldown
Model Name: NONE
CPU MHz: 2799.999
============Memory Information============
Total Memory in GB: 15909
Free Memory in GB: 8429
SWAP Memory in GB: 2047

11.1.3 定期运行脚本

在脚本的最后一步，设置运行脚本的时间间隔，它可以是每天、每周、每小时或某个特定的时间。该功能使用了 Linux 系统上的 cron 服务。cron 用来调度周期性的重复事件，例如，清理目录、备份数据库、转储日志或任何其他事件。

使用下面的命令可以查看当前计划中的任务。

```
crontab -l
```

编辑 crontab 需要使用-e 选项。第一次运行 cron 时，系统会提示你选择自己喜欢的编辑器（nano 或 vi）。

典型的 crontab 由 5 颗星组成，每颗星代表一个时间项（见下表）。

每颗星对应的字段	值
Minutes	0～59
Hours	0～23
Day of the month	1～31
Month	1～12
Day of the week	0～6（周日到周六）

如果需要每周五晚上 9 点运行某个任务，可以使用下面的配置。

```
0 21 ** 5 /path/to/command
```

如果需要每天 0 点运行某条命令（比如备份），使用这个配置。

```
0 0 *** /path/to/command
```

另外，还可以让 cron 以某个特定时间间隔运行。如果需要每 5min 运行一次命令，可以使用这个配置。

```
*/5 **** /path/to/command
```

回到脚本，如果我们期望它每天早上 7:30 运行，使用这个配置。

```
30 7 *** /usr/bin/python /root/Send_Email.py
```

最后，记得在退出之前保存 cron 配置。

最好使用绝对路径的 Linux 命令，而不是相对路径，以避免出现任何潜在的问题。

11.2 在 Ansible 中管理用户

本书讨论如何管理不同系统中的用户。

11.2.1 在 Linux 系统中通过 Ansible 管理用户

Ansible 提供了强大的用户管理模块来管理系统上的不同任务。第 13 章将详细探讨 Ansible。本章先介绍 Ansible 在企业基础设施中管理用户账户的功能。

企业有时会允许所有用户拥有 root 权限，以避免用户管理的麻烦。但从安全性和审计角度来看，这种方法显然存在问题。正确的做法是向每个用户提供适当的权限，并在用户离开公司后撤销这些权限。

无论是有密码还是无密码（SSH 密钥）的方式，在 Ansible 中都能够通过多种方法来管理多个服务器上的用户。

在 Linux 系统中创建用户时，还需要考虑其他一些事项，例如，用户必须有 shell（如 Bash、CSH、ZSH 等）才能登录服务器，同时用户应该有一个主目录（通常在/home 下）。最后用户必须属于某个组。同一个用户组内的用户拥有相同的组权限。

在第一个例子中，使用特定命令在远程服务器中创建带 SSH 密钥的用户。密钥源在 ansible tower 模块中。在所有服务器上执行以下命令。

```
ansible all -m copy -a "src=~/id_rsa dest=~/.ssh/id_rsa mode=0600"
```

在第二个例子中，使用 playbook 创建用户。

```
---
- hosts: localhost
  tasks:
    - name: create a username
      user:
        name: bassem
        password: "$crypted_value$"
        groups:
          - root
        state: present
        shell: /bin/bash
        createhome: yes
        home: /home/bassem
```

这个任务的参数如下。

- 在这个任务中使用了 user 模块，其中有多个参数。第一个参数是用来设置用户名的 name。
- 第二个参数是 password，该参数用来设置用户密码，但采用的是加密格式，需要使用 mkpasswd 命令。该命令会提示用户输入密码并生成哈希值。
- groups 是用户所属的用户组。用户将继承用户组的权限，在这个字段中可以使用逗号分隔值。
- state 用来告诉 Ansible 是创建还是删除用户。
- 通过 shell 参数可以定义用于远程登录的用户 shell。
- createhome 和 home 这两个参数用来指定用户的 home 目录。

另外，还有两个参数要注意。ssh_key_file 参数用来指定 SSH 文件名，ssh_key_passphrase 用来指定 SSH 密钥的密码。

11.2.2 在 Windows 系统中通过 Ansible 管理用户

Ansible 中的 win_user 模块用来管理本地 Windows 系统中的用户账户。该模块主要用来在活动目录域或 Microsoft SQL 数据库（mssql）上创建用户，或在普通计算机上创建默认账户。在下面的例子中将创建一个密码为 access123 的用户 bassem。注意，这里的密码是以纯文本形式出现的，同基于 UNIX 的系统一样，没有加密。

```
- hosts: localhost
  tasks:
    - name: create user on windows machine
      win_user:
        name: bassem
        password: 'access123'
        password_never_expires: true
        account_disabled: no
        account_locked: no
        password_expired: no
        state: present
        groups:
          - Administrators
          - Users
```

参数 password_never_expires 阻止 Windows 系统在特定时间后使密码失效，在创建管理员和默认账户时经常这样用。而 password_expired（如果设置为 yes）将要求用户在首次登录时输入新密码来更改原始密码。

groups 参数用来指定用户组或使用逗号分隔的用户组列表。根据 groups_action 参数，添加用户，替换用户，或者删除用户。

最后 state 告诉 Ansible 应该对用户执行什么操作。该参数的值可以是 present、absent 或 query。

11.3 小结

本章介绍了如何从 Linux 系统中收集数据，以及使用时间和日期模块通过电子邮件发送报告或警告。另外，本章还讨论了如何在 Ansible 中管理用户。

下一章将讲述如何使用 Python 连接器与 DBMS 进行交互。

Chapter 12

第 12 章

与数据库交互

在前面的章节中，我们分别用不同的 Python 应用程序和工具生成了不同的报告。在本章中我们将利用 Python 库连接到外部数据库，把生成的数据提交到数据库中，然后从外部应用程序访问数据库来获取相应的信息。

Python 提供了大量的库和模块来管理主流的**数据库管理系统**（Database Management System，DBMS），如 MySQL、PostgreSQL 和 Oracle。本章将介绍如何与 DBMS 交互，然后通过例子演示如何将数据上传到数据库中。

本章主要介绍以下内容：

- 在自动化服务器上安装 MySQL；
- 从 Python 访问 MySQL 数据库。

12.1　在自动化服务器上安装 MySQL

首先需要建立一个数据库。下面将介绍如何在第 8 章中创建的自动化服务器上安装 MySQL 数据库。安装 MySQL 需要使用一台连接互联网的基于 Linux 的计算机（CentOS 或 Ubuntu）来下载 SQL 包。MySQL 是一个开源 DBMS，它是关系型数据库，使用 SQL 与数据交互。在 CentOS 7 中，另一个分支版本——MariaDB 取代了 MySQL。两者使用相同的源代码，只是在 MariaDB 中增强了一些功能。

按照下面的步骤安装 MariaDB。

（1）使用 `yum` 包管理器（在基于 Debian 的系统中使用 `apt`）下载 `mariadb-server` 软件包。命令如下。

```
yum install mariadb-server -y
```

（2）安装完成后，启动 `mariadb` 守护程序。使用 `systemd` 命令在操作系统启动时启用该服务。

```
systemctl enable mariadb ; systemctl start mariadb

Created symlink from /etc/systemd/system/multiuser.
target.wants/mariadb.service to
/usr/lib/systemd/system/mariadb.service.
```

（3）运行下面的命令验证数据库状态。如果输出结果中有 `Active: active(running)`，说明安装成功。

```
systemctl status mariadb
```

```
mariadb.service - MariaDB database server
    Loaded: loaded (/usr/lib/systemd/system/mariadb.service;
enabled; vendor preset: disabled)
    Active: active (running) since Sat 2018-04-07 19:47:35 EET; 1min
34s ago
```

12.1.1 安装后的安全问题

安装后就该考虑如何来保护 MariaDB 了。MariaDB 中包含了一个安全脚本，用来更改 MySQL 配置文件中的选项，比如，创建访问数据库的 root 密码并允许远程访问。使用下面的命令启动脚本。

```
mysql_secure_installation
```

执行命令之后会出现提示，要求你提供 root 密码。这个 root 密码不是 Linux root 用户的密码，而是 MySQL 数据库的 root 密码。由于这是第一次安装，还没有设置 root 密码，因此只要按 Enter 键就可进入下一步。

```
Enter current password for root (enter for none): <PRESS_ENTER>
```

脚本建议为 root 设置密码。我们接受该建议，输入 Y 之后输入新密码。

```
Set root password? [Y/n] Y
New password:EnterpriseAutomation
Re-enter new password:EnterpriseAutomation
Password updated successfully!
Reloading privilege tables..
 ... Success!
```

接下来建议（强烈建议）禁止匿名用户管理和访问数据库。

```
Remove anonymous users? [Y/n] y
 ... Success!
```

从远程计算机上运行 SQL 命令可以访问托管在自动化服务器中的数据库。该操作需要 root 用户具有特殊权限，以便他们可以远程访问数据库。

```
Disallow root login remotely? [Y/n] n
 ... skipping.
```

最后删除任何人都可以访问的测试数据库，并重新加载权限表单以确保所有更改立即生效。

```
Remove test database and access to it? [Y/n] y
 - Dropping test database...
 ... Success!
```

```
 - Removing privileges on test database...
 ... Success!

Reload privilege tables now? [Y/n] y
 ... Success!

Cleaning up...

All done!  If you've completed all of the above steps, your MariaDB
installation should now be secure.

Thanks for using MariaDB!
```

现在数据库已经安装完成，接下来开始验证。

12.1.2　验证数据库的安装

安装 MySQL 后首先要做的工作就是验证。我们需要验证 mysqld 守护程序是否已启动并正在监听端口 3306。这里使用 netstat 命令并用 grep 过滤监听端口。

```
netstat -antup | grep -i 3306
tcp    0    0 0.0.0.0:3306      0.0.0.0:*          LISTEN        3094/mysqld
```

也就是说，mysqld 服务可以通过端口 3306 接受来自其他 IP 地址的连接请求。

如果计算机上运行了 iptables，需要向 INPUT 表中添加规则，允许远程主机连接到 MySQL 数据库。同时还需要检查 SELINUX 的配置是否正确。

然后，使用 mysqladmin 应用程序连接到数据库。该工具包含在 MySQL 客户端中，能够在远程（或本地）MySQL 数据库上执行命令。其中的选项如下表所示。

```
mysqladmin -u root -p ping
Enter password:EnterpriseAutomation

mysqld is alive
```

选项	描述
-u	指定用户名
-p	连接时使用的密码
ping	验证 MySQL 数据库是否处于活动状态

输出结果表明，MySQL 的安装已成功完成，我们已经准备好开始下一步。

12.2 从 Python 中访问 MySQL 数据库

Python 开发人员创建了 MySQLdb 库，该库能够帮助我们在 Python 脚本中管理数据库或与数据库进行交互。可以使用 Python 中的 pip 安装这个模块，也可以使用操作系统包（如 yum 或 apt）管理器来安装。

用下面的命令安装软件包。

```
yum install MySQL-python
```

用下面的命令验证安装结果。

```
[root@AutomationServer ~]# python
Python 2.7.5 (default, Aug 4 2017, 00:39:18)
[GCC 4.8.5 20150623 (Red Hat 4.8.5-16)] on linux2
Type "help", "copyright", "credits" or "license" for more information.
>>> import MySQLdb
>>>
```

导入模块后没有提示任何错误就意味着 Python 模块已经安装成功。

现在通过控制台访问数据库并创建一个包含一张表的简单数据库 TestingPython，然后从 Python 连接这个数据库。

```
[root@AutomationServer ~]# mysql -u root -p
Enter password: EnterpriseAutomation
Welcome to the MariaDB monitor. Commands end with ; or \g.
Your MariaDB connection id is 12
Server version: 5.5.56-MariaDB MariaDB Server

Copyright (c) 2000, 2017, Oracle, MariaDB Corporation Ab and others.

Type 'help;' or '\h' for help. Type '\c' to clear the current input
statement.

MariaDB [(none)]> CREATE DATABASE TestingPython;
Query OK, 1 row affected (0.00 sec)
```

在上面的代码中，通过 MySQL 应用程序连接数据库，然后用 CREATE 命令创建一个新的空白数据库。

用下面的命令验证新创建的数据库。

```
MariaDB [(none)]> SHOW DATABASES;
+--------------------+
| Database           |
```

```
+--------------------+
| information_schema |
| TestingPython      |
| mysql              |
| performance_schema |
+--------------------+
4 rows in set (0.00 sec)
```

SQL 命令不必使用大写形式，但在实际中通常会这么做，以便将它们与变量和其他操作区分开。

用下面的命令切换到新的数据库。

```
MariaDB [(none)]> use TestingPython;
Database changed
```

执行下面的命令在数据库中创建一个新表。

```
MariaDB [TestingPython]> CREATE TABLE TestTable (id INT PRIMARY KEY, fName
VARCHAR(30), lname VARCHAR(20), Title VARCHAR(10));
Query OK, 0 rows affected (0.00 sec)
```

在创建表时需要指定列类型，例如，fname 是一个最多包含 30 个字符的字符串，而 id 是一个整数。

用下面的命令验证新创建的表。

```
MariaDB [TestingPython]> SHOW TABLES;
+-------------------------+
| Tables_in_TestingPython |
+-------------------------+
| TestTable               |
+-------------------------+
1 row in set (0.00 sec)

MariaDB [TestingPython]> describe TestTable;
+-------+-------------+------+-----+---------+-------+
| Field | Type        | Null | Key | Default | Extra |
+-------+-------------+------+-----+---------+-------+
| id    | int(11)     | NO   | PRI | NULL    |       |
| fName | varchar(30) | YES  |     | NULL    |       |
| lname | varchar(20) | YES  |     | NULL    |       |
| Title | varchar(10) | YES  |     | NULL    |       |
+-------+-------------+------+-----+---------+-------+
4 rows in set (0.00 sec)
```

12.2.1 查询数据库

现在数据库已经准备好，等着我们用 Python 脚本来操作它。创建一个新的 Python 文件，并在文件中填上数据库的相关参数。

```
import MySQLdb
SQL_IP ="10.10.10.130"
SQL_USERNAME="root"
SQL_PASSWORD="EnterpriseAutomation"
SQL_DB="TestingPython"

sql_connection = MySQLdb.connect(SQL_IP,SQL_USERNAME,SQL_PASSWORD,SQL_DB)
print sql_connection
```

在端口 3306 上建立数据库连接并进行身份验证时需要使用这些参数（SQL_IP、SQL_USERNAME、SQL_PASSWORD 和 SQL_DB）。

下表列出了所有参数及其描述。

参数	描述
host	安装 MySQL 的服务器 IP 地址
user	拥有管理权限并且用来连接数据库的用户名
passwd	使用 mysql_secure_installation 脚本创建的密码
db	数据库名称

输出结果如下。

```
<_mysql.connection open to '10.10.10.130' at 1cfd430>
```

返回的对象就是成功与数据库建立的连接。使用这个对象来创建用于执行实际命令的 SQL 游标。

```
cursor = sql_connection.cursor()
cursor.execute("show tables")
```

可以将多个游标关联到单个连接上，把其中一个游标的任何改变立即报告给其他游标，因为这些游标都关联到同一个连接。

游标有两个主要方法——execute() 和 fetch*()。

execute() 方法用来向数据库发送命令并返回查询结果，而 fetch*() 方法有 3 种风格，如下表所示。

方法名	描述
fetchone()	无论返回多少行的结果，只获取其中一条记录
fetchmany(num)	返回指定条数的记录
fetchall()	返回所有记录

fetchall()是一个通用方法，用来获取一条记录或所有记录。在这个例子中我们使用的就是 fetchall()。

```
output = cursor.fetchall()
print(output)

# python mysql_simple.py
(('TestTable',),)
```

12.2.2 向数据库中插入数据

MySQLdb 库允许我们使用相同的游标操作将记录插入数据库中。注意，插入和查询都可以使用 execute()方法。在本节中，我们对前面的脚本进行修改，加入 insert 命令。

```
#!/usr/bin/python
__author__ = "Bassim Aly"
__EMAIL__ = "basim.alyy@gmail.com"

import MySQLdb

SQL_IP ="10.10.10.130"
SQL_USERNAME="root"
SQL_PASSWORD="EnterpriseAutomation"
SQL_DB="TestingPython"

sql_connection = MySQLdb.connect(SQL_IP,SQL_USERNAME,SQL_PASSWORD,SQL_DB)

employee1 = {
    "id": 1,
    "fname": "Bassim",
    "lname": "Aly",
    "Title": "NW_ENG"
}

employee2 = {
    "id": 2,
    "fname": "Ahmed",
    "lname": "Hany",
    "Title": "DEVELOPER"
}
```

```
employee3 = {
    "id": 3,
    "fname": "Sara",
    "lname": "Mosaad",
    "Title": "QA_ENG"
}

employee4 = {
    "id": 4,
    "fname": "Aly",
    "lname": "Mohamed",
    "Title": "PILOT"
}

employees = [employee1,employee2,employee3,employee4]

cursor = sql_connection.cursor()

for record in employees:
    SQL_COMMAND = """INSERT INTO TestTable(id,fname,lname,Title) VALUES
({0},'{1}','{2}','{3}')""".format(record['id'],record['fname'],record['lnam
e'],record['Title'])

    print SQL_COMMAND
    try:
        cursor.execute(SQL_COMMAND)
        sql_connection.commit()
    except:
        sql_connection.rollback()

sql_connection.close()
```

在上面的例子中完成了以下操作。

首先，定义了一个字典，其中包括 4 条员工记录。每条员工记录都包含 id、fname、lname 和 title 这 4 个键，每个键对应不同的值。

然后，将这 4 个员工放在一个 list 类型的 employees 变量中。

接下来，创建一个 for 循环来遍历 employees 列表。在循环内部我们格式化了 insert SQL 命令，并使用 execute()方法将数据推送到 SQL 数据库。注意，在 execute 函数内部不需要在命令后面添加分号，因为 execute 会自动添加分号。

每次成功执行 SQL 命令后，都会使用 commit()操作强制向数据库引擎提交数据，否则，连接将会回滚。

最后，使用 close() 函数关闭已建立的 SQL 连接。

关闭数据库连接意味着将所有游标发送到 Python 垃圾回收器并且无法继续使用。注意，在未提交更改的情况下关闭连接，数据库引擎将立即回滚所有事务。

脚本的输出结果如下。

```
# python mysql_insert.py
INSERT INTO TestTable(id,fname,lname,Title) VALUES
(1,'Bassim','Aly','NW_ENG')
INSERT INTO TestTable(id,fname,lname,Title) VALUES
(2,'Ahmed','Hany','DEVELOPER')
INSERT INTO TestTable(id,fname,lname,Title) VALUES
(3,'Sara','Mosad','QA_ENG')
INSERT INTO TestTable(id,fname,lname,Title) VALUES
(4,'Aly','Mohamed','PILOT')
```

可以通过 MySQL 控制台查询数据库，来验证数据是否已提交到数据库。

```
MariaDB [TestingPython]> select * from TestTable;
+----+--------+---------+-----------+
| id | fName  | lname   | Title     |
+----+--------+---------+-----------+
|  1 | Bassim | Aly     | NW_ENG    |
|  2 | Ahmed  | Hany    | DEVELOPER |
|  3 | Sara   | Mosaad  | QA_ENG    |
|  4 | Aly    | Mohamed | PILOT     |
+----+--------+---------+-----------+
```

现在回到 Python 代码，再次使用 execute() 函数。这次用它选择在 TestTable 中插入的所有数据。

```
import MySQLdb

SQL_IP ="10.10.10.130"
SQL_USERNAME="root"
SQL_PASSWORD="EnterpriseAutomation"
SQL_DB="TestingPython"

sql_connection = MySQLdb.connect(SQL_IP,SQL_USERNAME,SQL_PASSWORD,SQL_DB)
# print sql_connection

cursor = sql_connection.cursor()
cursor.execute("select * from TestTable")

output = cursor.fetchall()
```

```
print(output)
```

脚本的输出结果如下。

```
python mysql_show_all.py
((1L, 'Bassim', 'Aly', 'NW_ENG'), (2L, 'Ahmed', 'Hany', 'DEVELOPER'), (3L,
'Sara', 'Mosaa    d', 'QA_ENG'), (4L, 'Aly', 'Mohamed', 'PILOT'))
```

在上一个例子中，id 值之后的 L 字符可以通过 int()函数将数据再次转换成整数（在 Python 中）来解析。

游标内的另一个属性.rowcount 表示最后一个.execute()方法的返回结果中有多少行。

12.3 小结

本章讨论了如何使用 Python 连接器与 DBMS 进行交互。我们在自动化服务器上安装了 MySQL 数据库，然后对它进行了验证。接着使用 Python 脚本访问 MySQL 数据库，并对它执行了一些操作。

下一章将讲述如何使用 Ansible 管理系统。

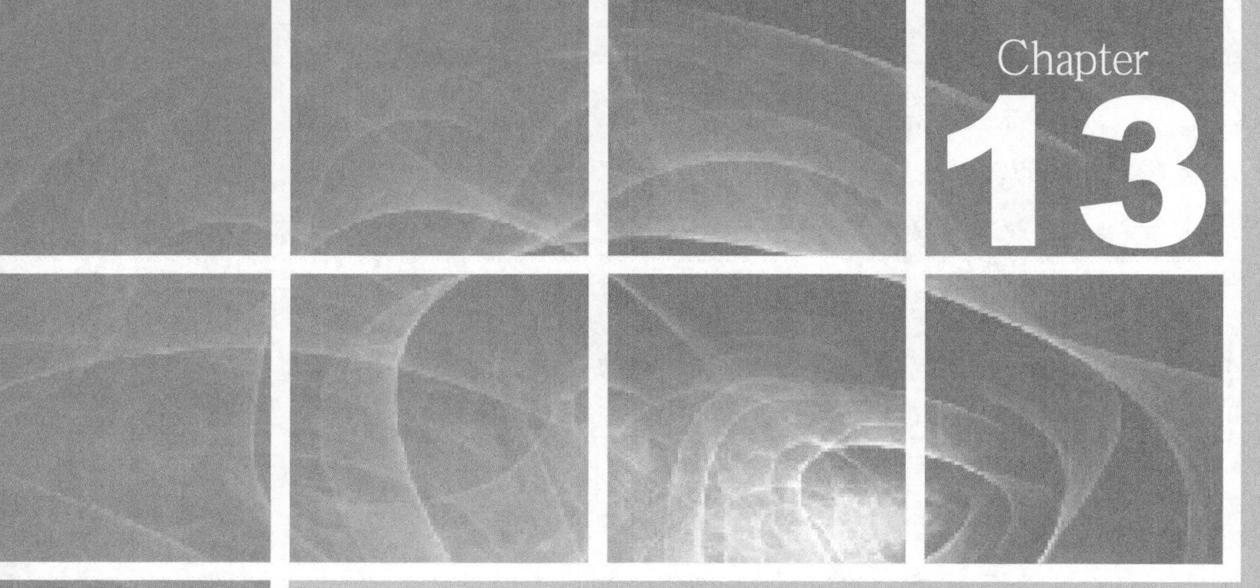

第 13 章 使用 Ansible 管理系统

本章将探讨一个非常流行的自动化框架——Ansible，世界上许多网络和系统工程师在使用它。Ansible 通过多种传输协议（如 SSH、Netconf 和 API）来管理服务器和网络设备，提供了一个可靠的自动化基础设施。

我们首先学习 Ansible 中用到的术语，如何创建包含基础设施访问细节的 `inventory` 文件，如何使用条件、循环和模板渲染等功能创建强大的 playbook。

Ansible 属于配置管理类软件，用来在整个生命周期内管理多个不同设备和服务器上的配置，确保在所有设备和服务器上应用相同的配置，帮助创建基础设施即代码（Infrastructure as a code，IaaC）环境。

本章主要介绍以下内容：

- Ansible 术语；
- 在 Linux 系统上安装 Ansible；
- 在即席模式下使用 Ansible；
- 创建第一个 playbook；
- Ansible 的条件、处理程序和循环；
- 使用 Ansible fact；
- 使用 Ansible 模板。

13.1 Ansible 术语

Ansible 是一个自动化工具，提供了一个基于 Python 工具的抽象层，构成了一个完整的框架。它最初主要用于处理任务自动化，该任务可以在单个服务器或数千台服务器上执行。Ansible 能够快速地完成这些任务。之后，Ansible 的应用范围扩展到网络设备和云供应商。Ansible 遵循幂等性（idempotency）概念。也就是说，Ansible 指令可以多次运行相同的任务，最终对所有设备完成相同的配置，并且总是以最小的改变达到期望的状态。例如，如果我们运行 Ansible 将文件上传到特定的服务器组，然后再次运行它，那么 Ansible 将首先验证之前的操作——该文件是否在远程目标中已经存在。如果存在，Ansible 就不再上传它。

这个特性就是所谓的**幂等性**。

无代理是 Ansible 的另一个特性。Ansible 在运行任务之前不需要在服务器中安装任何代理。Ansible 利用 SSH 连接和 Python 标准库在远程服务器上执行任务，并将输出返回 Ansible 服务器。此外，Ansible 不会创建存储远程计算机信息的数据库，而是依赖 inventory 文本文件来存储所有必需的服务器信息，如 IP 地址、认证信息和基础设施类型。在下面的例子中给出了一个简单的 inventory 文件。

```
[all:children]
web-servers
db-servers

[web-servers]
web01 Ansible_ssh_host=192.168.10.10


[db-servers]
db01 Ansible_ssh_host=192.168.10.11
db02 Ansible_ssh_host=192.168.10.12

[all:vars]
Ansible_ssh_user=root
Ansible_ssh_pass=access123

[db-servers:vars]
Ansible_ssh_user=root
Ansible_ssh_pass=access123

[local]
127.0.0.1 Ansible_connection=local
Ansible_python_interpreter="/usr/bin/python"
```

注意，我们将在基础设施中提供相同功能的服务器分成一组（如数据库服务器都放在 [db-servers] 组中，对于 [web-servers] 也是如此）。然后定义一个特殊组 [all]，它包含这两个组，以防有那种针对所有服务器的任务。

[all:children] 中的 children 关键字表示组内的每个元素都是一个包含主机的组。

Ansible 的即席（ad hoc）模式允许用户直接从终端执行远程服务器上的命令。假设需要更新某种类型的服务器（如数据库或 Web 后端服务器）上的某个包来解决新的错误，同时又不希望开发复杂的 playbook 来执行这种简单任务。利用 Ansible 的即席模式，可以在 Ansible 主机终端上执行远程服务器上的各种命令，甚至可以在终端中执行某些模块。具体方法将在 13.3 节中详细介绍。

13.2 在 Linux 系统上安装 Ansible

所有主要的 Linux 发行版都支持 Ansible。在本节中，我们将在 Ubuntu 和 CentOS 上安装 Ansible。在本书写作时使用的是 Ansible 2.5，它支持 Python 2.6 和 Python 2.7。此外，从 2.2 版本开始，Ansible 为 Python 3.5+提供了技术预览。

13.2.1 在 RHEL 系统和 CentOS 上安装 Ansible

在安装 Ansible 之前，需要安装并启用 EPEL 存储库，命令如下。

```
sudo yum install epel-release
```

然后，继续安装 Ansible，命令如下。

```
sudo yum install Ansible
```

13.2.2 在 Ubuntu 系统上安装 Ansible

首先，确保系统是最新的，并添加了 Ansible 存储库。然后，安装 Ansible，命令如下。

```
$ sudo apt-get update
$ sudo apt-get install software-properties-common
$ sudo apt-add-repository ppa:Ansible/Ansible
$ sudo apt-get update
$ sudo apt-get install Ansible
```

要了解更多安装信息，可以查看 Ansible 官网。

运行 `Ansible --version` 可以验证是否成功安装，并检查已安装的版本。

```
bassim@me-inside:~$ ansible --version
ansible 2.5.1
  config file = /etc/ansible/ansible.cfg
  configured module search path = [u'/home/bassim/.ansible/plugins/modules', u'/usr/sha
re/ansible/plugins/modules']
  ansible python module location = /usr/lib/python2.7/dist-packages/ansible
  executable location = /usr/bin/ansible
  python version = 2.7.14 (default, Sep 23 2017, 22:06:14) [GCC 7.2.0]
bassim@me-inside:~$
```

Ansible 配置文件通常存储在 /etc/Ansible 文件夹中，文件名为 Ansible.cfg。

13.3　在即席模式下使用 Ansible

当需要在远程计算机上执行简单操作而不是创建复杂和永久性任务时，可以使用 Ansible 的即席模式。用户首次使用 Ansible 时通常也是从这个模式开始的，然后才开始在 playbook 中执行高级任务。

在即席模式下执行命令需要两步。首先需要 inventory 文件中的主机或组，其次需要在目标机器上执行的 Ansible 模块。

（1）定义主机并将 CentOS 和 Ubuntu 机器添加到两个不同的组中。

```
[all:children]
centos-servers
ubuntu-servers

[centos-servers]
centos-machine01 Ansible_ssh_host=10.10.10.193

[ubuntu-servers]
ubuntu-machine01 Ansible_ssh_host=10.10.10.140

[all:vars]
Ansible_ssh_user=root
Ansible_ssh_pass=access123

[centos-servers:vars]
Ansible_ssh_user=root
Ansible_ssh_pass=access123

[ubuntu-servers:vars]
Ansible_ssh_user=root
Ansible_ssh_pass=access123

[routers]
gateway ansible_ssh_host = 10.10.88.110 ansible_ssh_user=cisco
ansible_ssh_pass=cisco

[local]
127.0.0.1 Ansible_connection=local
Ansible_python_interpreter="/usr/bin/python"
```

（2）将这个文件另存为 hosts，存放在/root/或主目录下的 AutomationServer 中。

（3）使用 ping 模块运行 Ansible 命令。

```
# Ansible -i hosts all -m ping
```

-i 参数指定了 inventory 文件，-m 参数指定了 Ansible 模块。

命令执行后可以看到下列输出，它提示连接到远程计算机时出现错误。

```
ubuntu-machine01 | FAILED! => {
    "msg": "Using a SSH password instead of a key is not possible because
Host Key checking is enabled and sshpass does not support this. Please add
this host's fingerprint to your known_hosts file to manage this host."
}
centos-machine01 | FAILED! => {
    "msg": "Using a SSH password instead of a key is not possible because
Host Key checking is enabled and sshpass does not support this. Please add
this host's fingerprint to your known_hosts file to manage this host."
}
```

出现这种情况是因为远程机器不在 Ansible 服务器的 known_hosts 中。解决这个问题有两种方法。

第一种方法是手动完成 SSH 连接，将主机指纹添加到服务器中。第二种方法是在 Ansible 配置中禁用主机密钥检查，命令如下。

```
sed -i -e 's/#host_key_checking = False/host_key_checking = False/g'
/etc/Ansible/Ansible.cfg

sed -i -e 's/#   StrictHostKeyChecking ask/    StrictHostKeyChecking no/g'
/etc/ssh/ssh_config
```

重新运行 Ansible 命令。应该能从 3 台机器中成功获取输出。

```
127.0.0.1 | SUCCESS => {
    "changed": false,
    "ping": "pong"
}
ubuntu-machine01 | SUCCESS => {
    "changed": false,
    "ping": "pong"
}
centos-machine01 | SUCCESS => {
    "changed": false,
    "ping": "pong"
}
```

Ansible 中的 ping 模块不对设备执行 ICMP 操作，实际上，ping 模块尝试使用 SSH 提供的验证信息登录设备。如果登录成功就把 pong 关键字返回给 Ansible 主机。

模块 apt（或 yum）也很有用，它用来管理 Ubuntu 或 CentOS 服务器上的软件包。在下面的例子中将使用 apt 在 Ubuntu 机器上安装 apache2 软件包。

```
# Ansible -i hosts ubuntu-servers -m apt -a "name=apache2 state=present"
```

下面给出了 apt 模块中 state 的值及动作。

state 的值	动作
absent	从系统中删除包
present	确保软件包已安装在系统上
latest	确保包的版本是最新的

运行 Ansible-doc <module_name>可以访问 Ansible 模块文档，在这里可以查看到模块的完整选项及例子。

service 模块用来管理和操作服务，以及改变服务状态。可以在 state 选项中将服务状态更改为 started、restarted 或 stopped，Ansible 将运行相应的命令来修改服务状态。同时还可以通过 enabled 来配置在启动时启用还是禁用服务。

```
#Ansible -i hosts centos-servers -m service -a "name=httpd state=stopped,
enabled=no"
```

此外，还可以通过服务名将 state 设置为 restarted 来重启服务。

```
#Ansible -i hosts centos-servers -m service -a "name=mariadb
state=restarted"
```

在即席模式下运行 Ansible 还有一种方法，即不使用内置模块，而将命令通过-a 参数直接传递给 Ansible。

```
#Ansible -i hosts all -a "ifconfig"
```

甚至可以直接运行 reboot 命令重启服务器，但这次我们只在 CentOS 服务器上运行这条命令。

```
#Ansible -i hosts centos-servers -a "reboot"
```

有时需要使用其他用户运行命令（或模块）。比如，当在远程服务器上运行脚本时，需要使用其他用户的权限，而不是登录 SSH 的用户的权限。在这种情况下，只要在命令中添加-u、

--become 和--ask-become-pass(-K)选项。这会让 Ansible 用指定的用户名运行命令，Ansible 会提示用户输入密码。

```
#Ansible -i hosts ubuntu-servers --become-user bassim --ask-become-pass -a
"cat /etc/sudoers"
```

Ansible 的工作方式

基本上 Ansible 是用 Python 编写的，但它使用的是自己的领域特定语言（Domain Specific Language，DSL）。你可以使用 DSL 编写代码，Ansible 在远程计算机上将其转换为 Python 代码并执行任务。因此，在执行任务时，Ansible 首先验证任务语法并将模块从 Ansible 主机复制到远程服务器，然后通过 SSH 在机器上执行该任务（见下图）。

执行结果以 JSON 格式返回给 Ansible 主机，因此可以通过键来匹配任何返回的值。

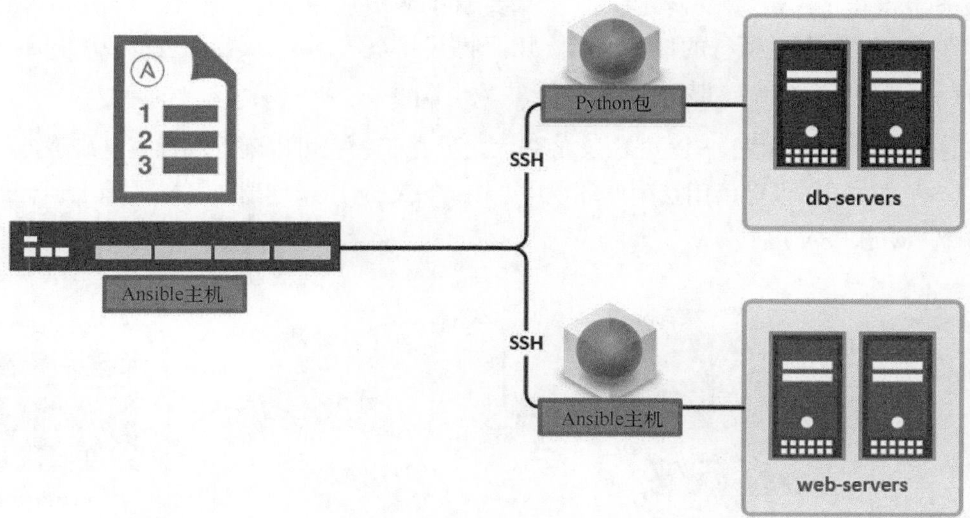

如果在网络操作系统（Network Operating System，NOS）上安装了 Python 的网络设备，只要网络设备（如 Juniper 和 Cisco Nexus）支持，Ansible 就可以使用 API 或 netconf，或者使用 paramiko 的 exec_command() 函数来执行命令，然后将输出结果返回给 Ansible 主机。这些都可以使用 raw 模块完成，如下面的代码所示。

```
# Ansible -i hosts routers -m raw -a "show arp"
gateway | SUCCESS | rc=0 >>


Sat Apr 21 01:33:58.391 CAIRO
```

```
Address          Age        Hardware Addr   State       Type  Interface
85.54.41.9         -           45ea.2258.d0a9  Interface  ARPA
TenGigE0/2/0/0
10.88.18.1       -          d0b7.428b.2814  Satellite   ARPA  TenGigE0/2/0/0
192.168.100.1    -          00a7.5a3b.4193  Interface   ARPA
GigabitEthernet100/0/0/9
192.168.100.2    02:08:03   fc5b.3937.0b00  Dynamic     ARPA \
```

13.4 创建第一个 playbook

接下来就是见证奇迹的时刻了。在 Ansible 中 playbook 是一组需要按顺序执行的命令（称为任务），它描述了任务完成后主机需要进入的状态。可以将 playbook 看作手册，其中包含一组有关如何更改基础设施状态的说明。每条指令都依赖许多内置的 Ansible 模块来执行任务。例如，可能有一个用于构建 Web 应用程序的 playbook，它由用作后段数据库的 SQL 服务器和 nginx Web 服务器组成。如果要删除 Web 应用程序，则该 playbook 中应该有需要在每组服务器上执行的任务列表，用于将其状态从 No-Exist 更改为 Present、Restarted 或 Absent（如果你想删除这个 Web App）。

相对于即席命令来说，playbook 的强大之处在于，它可以配置和设置基础设施。创建开发环境的方法同样也可以用在生产环境中。playbook 用来创建在基础设施上运行的自动化工作流（workflow）。

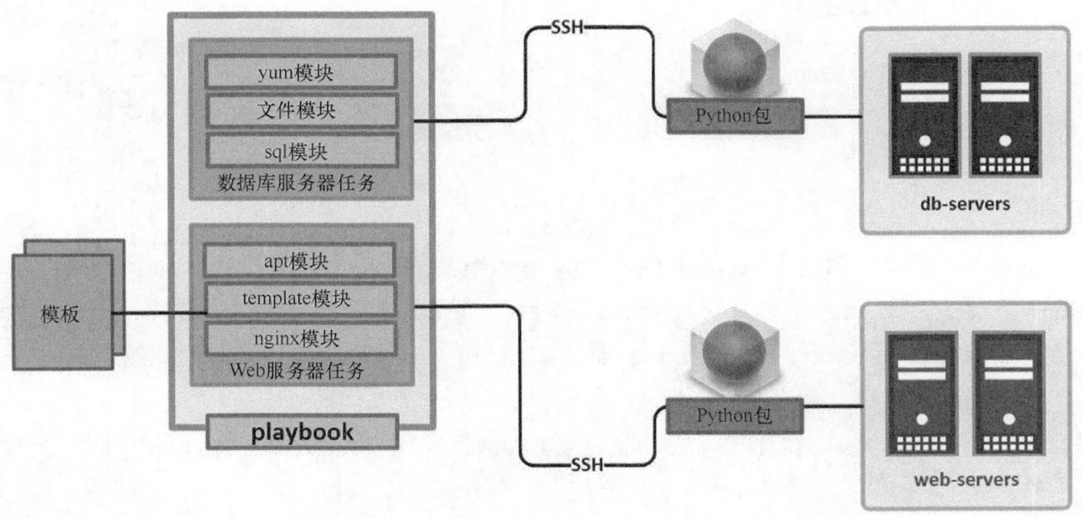

playbook 是用 YAML 编写的，第 6 章讨论过 YAML。一个 playbook 由多个子项（play）组成，对 inventory 文件中定义的一组主机执行任务。把这些主机转换成 Python 列表，列表中的每个元素都称为一个 play。在前面的例子中，db-servers 任务中包含了一组 play，它仅对 db-servers 执行任务。在 playbook 执行任务期间，可以决定运行文件中的所有 play、某些指定的 play 或者具有特殊标签的任务（不管这些任务属于哪个 play）。

现在看看第一个 playbook，感受一下它的样子。

```
- hosts: centos-servers
  remote_user: root

  tasks:
    - name: Install openssh
      yum: pkg=openssh-server state=installed

    - name: Start the openssh
      service: name=sshd state=started enabled=yes
```

这是一个简单的 playbook，它包含两个任务。

（1）安装 openssh-server。

（2）安装后启动 sshd 服务，并保证每次重启后都可用。

现在需要将该 playbook 应用于某个（或一组）主机。我们将主机设置为以前在 inventory 文件中定义的 CentOS 服务器，并将 remote_user 设置为 root，确保以 root 权限执行后面的任务。

任务包括名称和 Ansible 模块。其中，第一部分是名称，用于描述任务。为任务命名并不是强制性的，但如果需要从某个任务开始执行，推荐使用任务名。

第二部分是 Ansible 模块，这部分必须存在。在这里的例子中使用核心（core）模块 yum 将 openssh-server 软件包安装到目标服务器上。第二个任务与第一个任务的结构相同，但这次使用另一个核心模块——service 来启动和启用 sshd 守护程序。

最后注意观察 Ansible 内不同组件的缩进。例如，任务名的缩进处在同一级别，而任务则与相应的主机对齐。

在自动化服务器中运行 playbook 并检查输出。

```
#Ansible-playbook -i hosts first_playbook.yaml

PLAY [centos-servers]
```

```
****************************************************************************

TASK [Gathering Facts]
***************************************************************************
ok: [centos-machine01]

TASK [Install openssh]
***************************************************************************
ok: [centos-machine01]

TASK [Start the openssh]
*************************************************************************
ok: [centos-machine01]

PLAY RECAP
********************************************************************************
******
centos-machine01            : ok=3    changed=0    unreachable=0    failed=0
```

可以看到 playbook 根据定义的顺序在 centos-machine01 上执行任务。

YAML 要求保留缩进级别。不要混合使用制表符和空格，否则将会出错。许多文本编辑器和 IDE 可以将制表器转换为一定数量的空格，Notepad++ 编辑器的 Preferences 对话框展示了这种选项的一个示例，如下图所示。

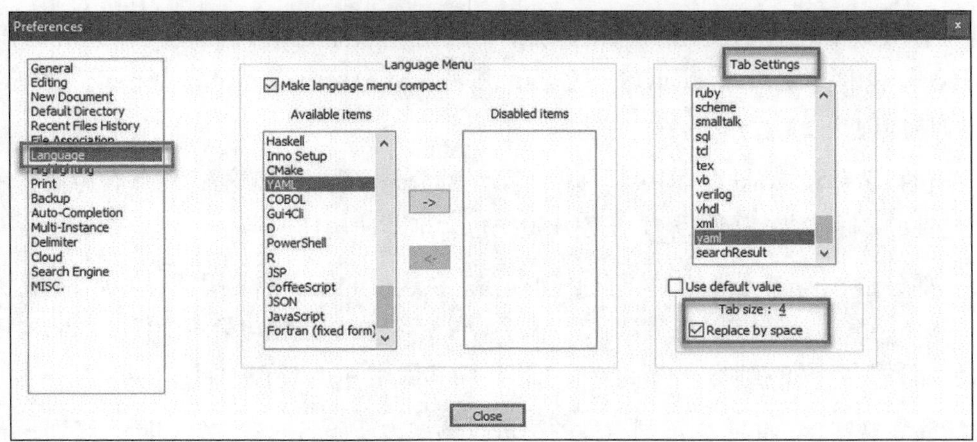

13.5 Ansible 的条件、处理程序和循环

本节将介绍 Ansible 中 playbook 的一些高级特性。

13.5.1 设计条件

在 Ansible 中 playbook 可以根据任务内部特殊条件（condition）的结果来执行任务（或跳过它们）。例如，当在某个系列的操作系统（Debian 或 CentOS）或某个版本的操作系统上安装软件包时，甚至当远程主机是虚拟的而不是物理机（bare metal，也叫裸机）时，都可以在任务内部使用 when 子句来加以区分，使用不同的命令进行操作。

我们改造以前的 playbook，将 openssh-server 的安装限制在基于 CentOS 的系统上，这样当它遇到使用 apt 模块（而不是 yum）的 Ubuntu 服务器时就不会出错。

首先，将下面两段代码添加到 inventory 文件中，以便对 CentOS 和 Ubuntu 机器进行分组。

```
[infra:children]
centos-servers
ubuntu-servers

[infra:vars]
Ansible_ssh_user=root
Ansible_ssh_pass=access123
```

然后，重新设计 playbook 中的任务，添加 when 子句。该子句限制了仅在基于 CentOS 的机器上执行任务。这段程序翻译成文字就是“如果远程主机是基于 CentOS 的，那么我将执行任务；否则，就跳过去”。

```
- hosts: infra
  remote_user: root

  tasks:
    - name: Install openssh
      yum: pkg=openssh-server state=installed
      when: Ansible_distribution == "CentOS"

    - name: Start the openssh
      service: name=sshd state=started enabled=yes
      when: Ansible_distribution == "CentOS"
```

运行这个 playbook。

```
# Ansible-playbook -i hosts using_when.yaml

PLAY [infra]
***************************************************************************
****
```

```
TASK [Gathering Facts]
***********************************************************************
ok: [centos-machine01]
ok: [ubuntu-machine01]

TASK [Install openssh]
***********************************************************************
skipping: [ubuntu-machine01]
ok: [centos-machine01]

TASK [Start the openssh]
*********************************************************************
skipping: [ubuntu-machine01]
ok: [centos-machine01]

PLAY RECAP
*****************************************************************************
******
centos-machine01            : ok=3    changed=0    unreachable=0    failed=0
ubuntu-machine01            : ok=1    changed=0    unreachable=0    failed=0
```

注意，playbook 首先收集有关远程计算机的信息（这将在本章后面讨论），然后检查操作系统。当遇到 ubuntu-machine01 时跳过该任务，该任务只在 CentOS 上正常运行。

还可以为任务设定多个条件，只有当所有条件全部满足（等于 true）时才会执行任务。例如，下面的 playbook 需要验证两个条件：首先机器是基于 Debian 的，其次它是虚拟机而不是物理机。

```
- hosts: infra
  remote_user: root

  tasks:
    - name: Install openssh
      apt: pkg=open-vm-tools state=installed
      when:
        - Ansible_distribution == "Debian"
        - Ansible_system_vendor == "VMware, Inc."
```

这个 playbook 的运行结果如下。

```
# Ansible-playbook -i hosts using_when_1.yaml

PLAY [infra]
*****************************************************************************
****

TASK [Gathering Facts]
***********************************************************************
```

```
ok: [centos-machine01]
ok: [ubuntu-machine01]

TASK [Install openssh]
**********************************************************************
skipping: [centos-machine01]
ok: [ubuntu-machine01]

PLAY RECAP
****************************************************************************
******
centos-machine01            : ok=1    changed=0    unreachable=0    failed=0
ubuntu-machine01            : ok=2    changed=0    unreachable=0    failed=0
```

在 Ansible 中 when 子句也接受表达式。例如，可以检查返回的输出（使用寄存器标志保存）中是否包含某个关键字，根据检查结果决定是否执行任务。

下面的 playbook 可以验证 OSPF 邻居状态。第一个任务在路由器上执行 show ip ospf neighbor，并将输出保存在 neighbors 变量中。第二个任务检查返回的输出中是否存在 EXSTART 或 EXCHANGE，若存在，就在控制台上输出“OSPF neighbors stuck”。

```
hosts: routers

tasks:
  - name: "show the ospf neighbor status"
    raw: show ip ospf neighbor
    register: neighbors

  - name: "Validate the Neighbors"
    debug:
      msg: "OSPF neighbors stuck"
    when: ('EXSTART' in neighbors.stdout) or ('EXCHANGE' in
neigbnors.stdout)
```

常用的 when 子句详见 Ansible 网站。

13.5.2 在 Ansible 中创建循环

Ansible 提供了许多方法，用来在 play 中重复执行相同的任务，但每次执行任务时使用不同的参数。例如，如果要在服务器上安装多个软件包，则无须为每个软件包创建任务。可以创建一个安装包的任务，并为任务提供一个包含了软件包的列表。Ansible 将遍历整个列表，直到完成所有软件的安装。使用这种方法需要在任务中使用 with_items 标志，并给出列表以及列表中的元素 {{item}}（这里的 item 表示占位符）。该 playbook 利用 with_items

标志遍历一组安装包并将它们传递给 yum 模块，其中包括安装包的名称和状态。

```
- hosts: infra
  remote_user: root

  tasks:
    - name: "Modifying Packages"
      yum: name={{ item.name }} state={{ item.state }}
      with_items:
        - { name: python-keyring-5.0-1.el7.noarch, state: absent }
        - { name: python-django, state: absent }
        - { name: python-django-bash-completion, state: absent }
        - { name: httpd, state: present }
        - { name: httpd-tools, state: present }
        - { name: python-qpid, state: present }
      when: Ansible_distribution == "CentOS"
```

可以将 state 的值硬编码为 present，这样将安装所有软件包。然而，正常情况下 with_items 将传递给 yum 模块两个值。

playbook 的输出如下。

```
PLAY [infra] *******************************************************************************

TASK [Gathering Facts] *********************************************************************
ok: [centos-machine01]
ok: [ubuntu-machine01]

TASK [Modifying Packages] ******************************************************************
skipping: [ubuntu-machine01] => (item={u'state': u'absent', u'name': u'python-keyring-5.0-1.
el7.noarch'})
skipping: [ubuntu-machine01] => (item={u'state': u'absent', u'name': u'python-django'})
skipping: [ubuntu-machine01] => (item={u'state': u'absent', u'name': u'python-django-bash-co
mpletion'})
skipping: [ubuntu-machine01] => (item={u'state': u'present', u'name': u'httpd'})
skipping: [ubuntu-machine01] => (item={u'state': u'present', u'name': u'httpd-tools'})
skipping: [ubuntu-machine01] => (item={u'state': u'present', u'name': u'python-qpid'})
ok: [centos-machine01] => (item={u'state': u'absent', u'name': u'python-keyring-5.0-1.el7.no
arch'})
ok: [centos-machine01] => (item={u'state': u'absent', u'name': u'python-django'})
ok: [centos-machine01] => (item={u'state': u'absent', u'name': u'python-django-bash-completi
on'})
changed: [centos-machine01] => (item={u'state': u'present', u'name': u'httpd'})
ok: [centos-machine01] => (item={u'state': u'present', u'name': u'httpd-tools'})
changed: [centos-machine01] => (item={u'state': u'present', u'name': u'python-qpid'})

PLAY RECAP *********************************************************************************
centos-machine01           : ok=2    changed=1    unreachable=0    failed=0
ubuntu-machine01           : ok=1    changed=0    unreachable=0    failed=0
```

13.5.3 使用处理程序触发任务

我们已经在系统中安装并删除了一系列软件包，这能够将文件复制到服务器或从服务器复制到其他地方，并使用 playbook 改变服务器中的许多配置。现在需要重新启动一些服务，或者在文件中添加几行内容来配置服务，因此需要添加一个新任务。这样做是正确的。但是 Ansible 提供了另一个强大的方法——**处理程序**，它在命中时不会自动执行（与任务不同），仅在调用时执行。这样我们就可以在 playbook 中执行任务时灵活地调用它们。

处理程序位于每个 play 的底部，与主机和任务的对齐方式一样。当需要调用处理程序时，可以使用原始任务中的 notify 标志来决定执行哪个处理程序，Ansible 会将它们联系在一起。

接下来，编写一个在 CentOS 服务器上安装和配置 KVM 的 playbook。KVM 安装后需要对系统进行一些修改，如加载 sysctl，启用 kvm 和 802.1q 模块，以及在启动时加载 kvm。

```
  - hosts: centos-servers
    remote_user: root

    tasks:
      - name: "Install KVM"
        yum: name={{ item.name }} state={{ item.state }}
        with_items:
          - { name: qemu-kvm, state: installed }
          - { name: libvirt, state: installed }
          - { name: virt-install, state: installed }
          - { name: bridge-utils, state: installed }

        notify:
          - load sysctl
          - load kvm at boot
          - enable kvm

  handlers:
    - name: load sysctl
      command: sysctl -p

    - name: enable kvm
      command: "{{ item.name }}"
      with_items:
        - {name: modprobe -a kvm}
        - {name: modprobe 8021q}
        - {name: udevadm trigger}

      - name: load kvm at boot
        lineinfile: dest=/etc/modules state=present create=True line={{
  item.name }}
        with_items:
          - {name: kvm}
```

注意，在安装任务后面使用了 notify。任务运行时它将按顺序通知 3 个处理程序，以执行这些动作。处理程序将在任务执行成功之后运行。也就是说，如果任务没有运行（例如，找不到 kvm 软件包，或者由于没有互联网连接而无法下载软件），就不会对系统进行任何改动，也不会启用 kvm 服务。

处理程序还有一个很重要的特性——只在任务发生变化时运行。假如重新运行该任务，Ansible 将不会安装 kvm 软件包，因为已经安装过了；Ansible 也不会调用任何处理程序，因为它没有检测到系统中发生改变。

最后再介绍两个模块 lineinfile 和 command。第一个模块实质上使用正则表达式从配置文件中插入或删除行，我们用它将 kvm 插入/etc/modules 中，以便在机器启动时自动启动 KVM。第二个模块 command 用来在设备上直接执行 shell 命令，并将输出返回 Ansible 主机。

13.6　使用事实数据

Ansible 不仅可以用来部署和配置远程主机，还可以用来收集这些主机的各种信息和事实数据。从繁忙的系统上收集所有内容可能需要花费大量时间，但这能够帮助我们获取目标主机的完整视图。

收集的事实数据在 playbook 中可以用来设计任务条件（condition）。比如，使用 when 子句限制只在基于 CentOS 的机器上安装 openssh。

```
when: Ansible_distribution == "CentOS"
```

通过在与主机和任务相同的缩进级别上配置 gather_facts，能够在 playbook 中启用/禁用收集事实数据的功能。

```
- hosts: centos-servers
  gather_facts: yes
  tasks:
    <your tasks go here>
```

在 Ansible 中收集事实数据并输出的另一种方法是在即席模式下使用以下 setup 模块。返回结果采用了嵌套的字典和列表格式，用来描述远程目标的事实数据，如服务器架构、内存、网络设置、操作系统版本等。

```
#Ansible -I hosts ubuntu-servers -m setup | less
```

```
ubuntu-machine01 | SUCCESS => {
    "ansible_facts": {
        "ansible_all_ipv4_addresses": [
            "10.10.10.140"
        ],
        "ansible_all_ipv6_addresses": [
            "fe80::20c:29ff:feef:a88c"
        ],
        "ansible_apparmor": {
            "status": "enabled"
        },
        "ansible_architecture": "x86_64",
        "ansible_bios_date": "09/17/2015",
        "ansible_bios_version": "6.00",
        "ansible_cmdline": {
            "BOOT_IMAGE": "/vmlinuz-4.4.0-116-generic",
            "ro": true,
            "root": "/dev/mapper/ubuntu--machine--vg-root"
        },
        "ansible_date_time": {
            "date": "2018-04-26",
            "day": "26",
            "epoch": "1524699626",
            "hour": "01",
            "iso8601": "2018-04-25T23:40:26Z",
            "iso8601_basic": "20180426T014026018841",
            "iso8601_basic_short": "20180426T014026",
```


使用点表示法或方括号可以从事实数据中获取某个值，例如，使用 `Ansible_eth0["ipv4"]["address"]` 或 `Ansible_eth0.ipv4.address` 能够获取 `eth0` 的 IPv4 地址。

13.7 使用 Ansible 模板

为了使用 Ansible，还需要了解它是如何处理模板的。Ansible 使用 Jinja2 模板，第 6 章讨论过该模板。Ansible 使用事实数据或 `vars` 部分中提供的静态值填充参数，甚至还可以使用 `register` 标志存储的任务结果来填充参数。

在下面的例子中，我们将创建一个包含对应信息的 `playbook`。首先，在 `vars` 部分中定义一个名为 `Header` 的变量，以欢迎消息作为静态值。然后，启用 `gather_facts`，从目标计算机获取所有可能的信息。最后，执行 `date` 命令，获取服务器的当前日期并将输出存储在 `date_now` 变量中。

```
- hosts: centos-servers
  vars:
    - Header: "Welcome to Server facts page generated from Ansible
playbook"
  gather_facts: yes
  tasks:
    - name: Getting the current date
      command: date
      register: date_now
    - name: Setup webserver
      yum: pkg=nginx state=installed
      when: Ansible_distribution == "CentOS"
```

```
      notify:
        - enable the service
        - start the service

    - name: Copying the index page
      template: src=index.j2 dest=/usr/share/nginx/html/index.html

handlers:
  - name: enable the service
    service: name=nginx enabled=yes

  - name: start the service
    service: name=nginx state=started
```

在上面的 playbook 中使用的 template 模块接受名为 index.j2 的 Jinja2 文件。该文件和 playbook 保存在相同的目录中，然后使用前面讨论过的 3 个信息源为 jinj2 变量提供所有值。接下来，把渲染文件存储在 template 模块的 dest 选项指定的路径中。

index.j2 的内容如下。这是一个利用 Jinja2 语言生成的简单的 HTML 页面。

```
<html>
<head><title>Hello world</title></head>
<body>
<font size="6" color="green">{{ Header }}</font>

<br>
<font size="5" color="#ff7f50">Facts about the server</font>
<br>
<b>Date Now is:</b> {{ date_now.stdout }}

<font size="4" color="#00008b">
<ul>
    <li>IPv4 Address: {{ Ansible_default_ipv4['address'] }}</li>
    <li>IPv4 gateway: {{ Ansible_default_ipv4['gateway'] }}</li>
    <li>Hostname: {{ Ansible_hostname }}</li>
    <li>Total Memory: {{ Ansible_memtotal_mb }}</li>
    <li>Operating System Family: {{ Ansible_os_family }}</li>
    <li>System Vendor: {{ Ansible_system_vendor }}</li>
</ul>
</font>
</body>
</html>
```

运行这个 playbook 会在基于 CentOS 的机器上安装 Nginx Web 服务器，并向它添加 index.html 页面。使用浏览器可以访问这个页面（见下图）。

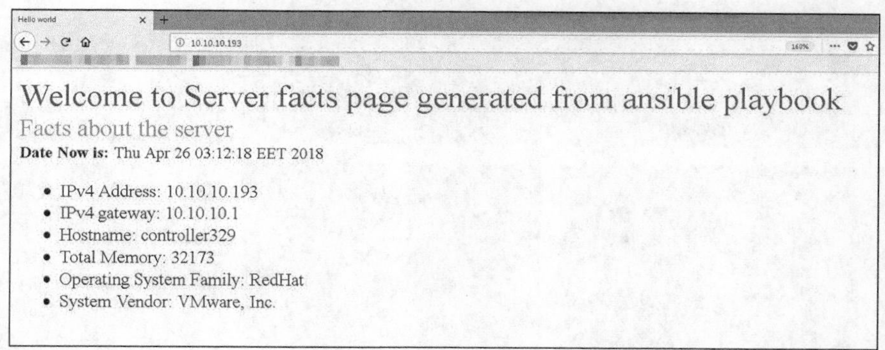

还可以使用 template 模块来生成网络设备的配置文件。在 playbook 中可以重用第 6 章中用来生成路由器的 day0 和 day1 配置的 Jinja2 模板。

13.8 小结

Ansible 是一个用来自动部署、配置、管理 IT 基础设施的强大工具。Ansible 包含许多模块和库，这几乎涵盖了系统和网络自动化中的所有内容，使软件部署、软件包管理和配置管理变得非常容易。虽然 Ansible 可以在即席模式下执行单个模块，但是 Ansible 的强大之处在于编写和开发 playbook。

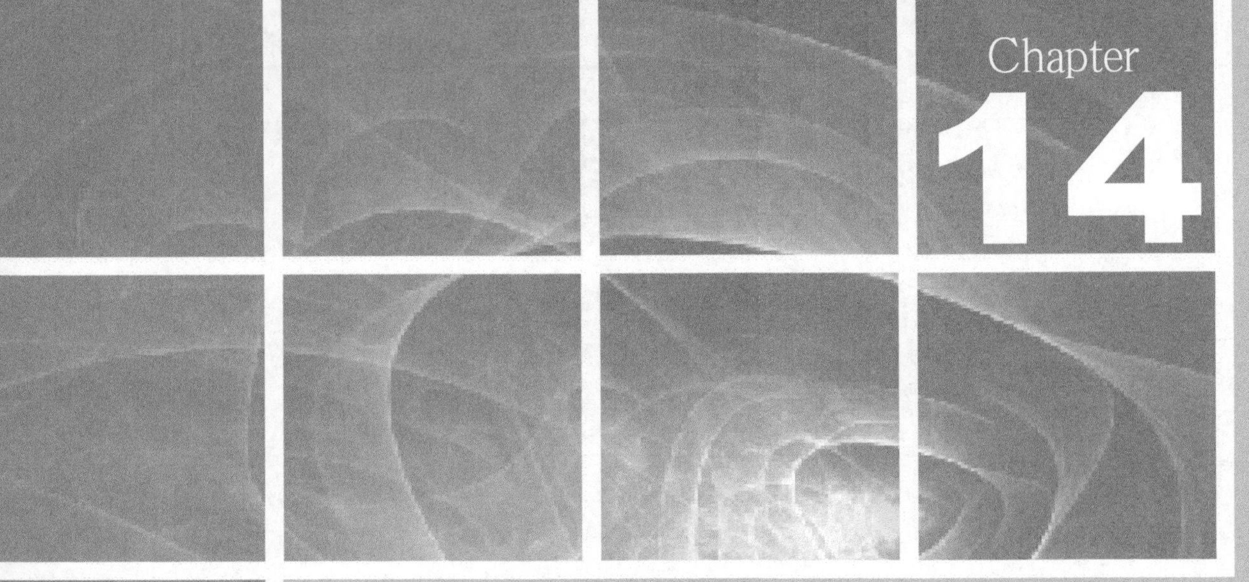

第 14 章 创建和管理 VMware 虚拟机

长期以来虚拟化在 IT 行业都是一项重要技术。因为虚拟化提供了一种有效利用硬件资源的方式，同时让我们能够轻松地管理**虚拟机**（VM）内应用程序的生命周期。2001 年 VMware 发布了第 1 版 ESXi，它可以直接在成熟的**商业服务器**上运行，将服务器转换为可由多个独立虚拟机使用的资源。本章将介绍几种使用 Python 和 Ansible 自动构建虚拟机的方法。

本章主要介绍以下内容：

- 设置实验室环境；
- 利用 Jinja2 生成 VMX 文件；
- VMware Python 客户端；
- 使用 Ansible 中的 `playbook` 管理实例。

14.1 设置环境

在本章中我们将在 Cisco UCS 服务器上安装 VMware ESXi 5.5 版并托管一些虚拟机。这需要在 ESXi 服务器中启用一些功能，向外公开一些端口。具体步骤如下。

（1）启用 ESXi 控制台的 Shell 和 SSH 访问。ESXi 基本上使用 vSphere 客户端来进行管理（5.5.*x* 之前的版本基于 C#，版本 6 及更高版本基于 HTML）。启用 Shell 和 SSH 访问后，就能够使用 CLI 管理虚拟化基础设施，执行创建、删除和自定义虚拟机等任务。

（2）访问 ESXi vSphere 客户端，选择 **Configuration** 选项卡，然后从左侧 Software 选项卡中选择 **Security Profiles**，最后单击 **Properties**（见下图）。弹出的一个窗口列出了可用的服务、状态和各种选项。

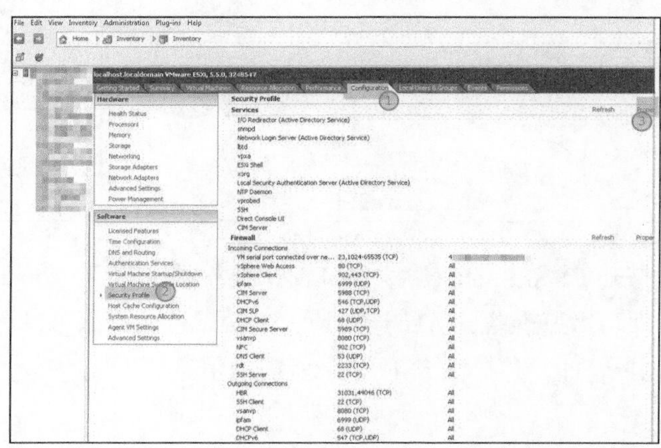

（3）选择 **SSH** 服务，并单击 **Options** 按钮，弹出另外一个窗口（见下图）。

（4）在 **Startup Policy** 选项组中选择第一个选项，也就是 **Start automatically if any ports are open, and stop when all ports are closed**。

（5）单击 **Service Command** 选项组下的 **Start** 按钮，然后单击 **OK** 按钮。

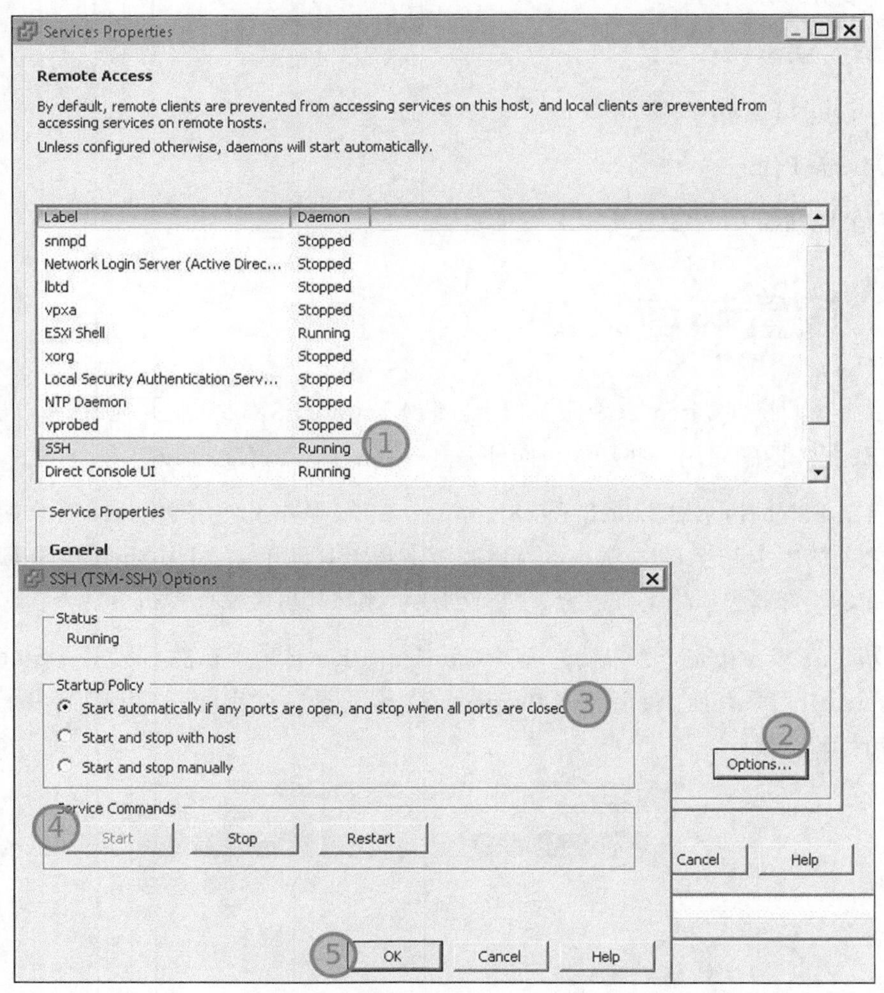

使用同样的步骤打开 **ESXi Shell** 服务。在 ESXi 服务器启动后，将自动启动这两项服务。这些服务运行起来后即可做好准备，等待连接请求。测试这两个服务的方法很简单，只需要知道 SSH 到 ESXi 的 IP 地址，并提供 SSH 登录所需的信息。

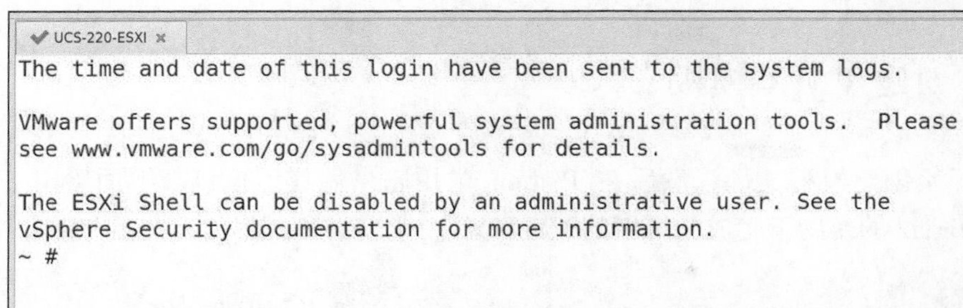

14.2 使用 Jinja2 生成 VMX 文件

VMX 文件是虚拟机（有时也称为客户机）的基本组成部分。该文件包含了建立虚拟机必需的配置，如计算资源、内存、硬盘驱动器和网络等。此外，该文件还定义了计算机上运行的操作系统，以便 VMware 安装一些工具来管理 VM 的电源。

虚拟机还需要另一个文件——VMDK，它是 VM 分区的硬盘，用来存储 VM 的内容。

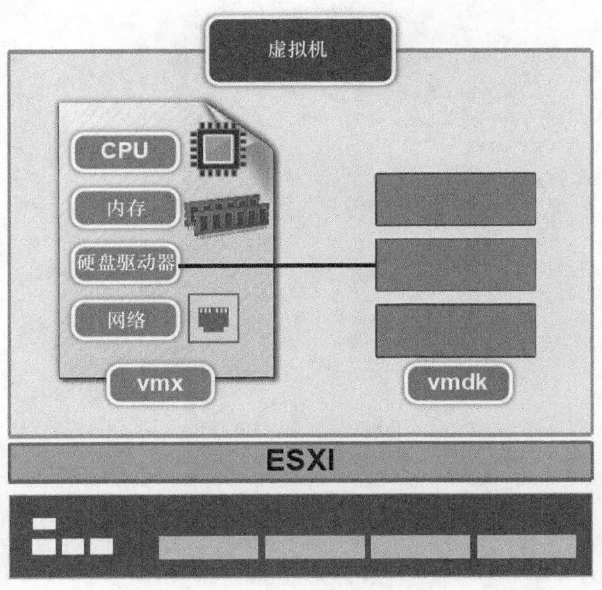

这些文件（VMX 和 VMDK）应该存储在 ESXi Shell 中的`/vmfs/volumes/datastore1`目录下，位于以虚拟机名字命名的子文件夹中。

14.2.1　创建 VMX 模板

现在开始创建模板文件，然后在 Python 中用它来创建虚拟机。下面给出一个需要在 Python 和 Jinja2 的帮助下生成的可用的 VMX 文件。

```
.encoding = "UTF-8"
vhv.enable = "TRUE"
config.version = "8"
virtualHW.version = "8"

vmci0.present = "TRUE"
hpet0.present = "TRUE"
displayName = "test_jinja2"

# Specs
memSize = "4096"
numvcpus = "1"
cpuid.coresPerSocket = "1"


# HDD
scsi0.present = "TRUE"
scsi0.virtualDev = "lsilogic"
scsi0:0.deviceType = "scsi-hardDisk"
scsi0:0.fileName = "test_jinja2.vmdk"
scsi0:0.present = "TRUE"

# Floppy
floppy0.present = "false"

#  CD-ROM
ide1:0.present = "TRUE"
ide1:0.deviceType = "cdrom-image"
ide1:0.fileName = "/vmfs/volumes/datastore1/ISO Room/CentOS-7-x86_64-
Minimal-1708.iso"

#  Networking
ethernet0.virtualDev = "e1000"
ethernet0.networkName = "network1"
ethernet0.addressType = "generated"
ethernet0.present = "TRUE"

# VM Type
guestOS = "ubuntu-64"

# VMware Tools
```

```
toolScripts.afterPowerOn = "TRUE"
toolScripts.afterResume = "TRUE"
toolScripts.beforeSuspend = "TRUE"
toolScripts.beforePowerOff = "TRUE"
tools.remindInstall = "TRUE"
tools.syncTime = "FALSE"
```

这里在文件中添加了一些注释来解释各部分的功能。然而，在实际使用的文件中是不会有这些注释的。

分析这个文件，解释一下某些字段的含义。

- vhv.enable：当设置为 True 时，ESXi 服务器会将 CPU 主机标志传递给虚拟机 CPU，允许在虚拟机内运行 VM（称为嵌套虚拟化）。
- displayName：在 ESXi 中注册并显示 vSphere 客户端中的名称。
- memsize：分配给 VM 的 RAM 大小，以兆字节为单位。
- numvcpus：分配给 VM 的 CPU 数量，与 cpuid.coresPerSocket 一起使用，定义了 vCPU 总数。
- scsi0.virtualDev：表示虚拟硬盘驱动器的 SCSI 控制器类型，可以从 4 种类型（BusLogic、LSI Logic parallel、LSI Logic SAS 或 VMware paravirtual）中选择。
- scsi0:0.fileName：存储虚拟机的 vmdk 名称（在同一目录中）。
- ide1:0.fileName：ISO 格式的安装镜像的路径。ESXi 将该 ISO 镜像插入设备的 CD-ROM（IDE 设备）中。
- ethernet0.networkName：VM 连接到 ESXi 虚拟交换机的网卡（NIC）名称。如果需要连接更多设备，可以在这里添加其他网卡。

现在开始创建 Jinja2 模板。如果需要了解使用 Jinja2 语言进行模板化的基础知识，可以查看第 6 章。

```
.encoding = "UTF-8"
vhv.enable = "TRUE"
config.version = "8"
virtualHW.version = "8"

vmci0.present = "TRUE"
hpet0.present = "TRUE"
displayName = "{{vm_name}}"
```

```
# Specs
memSize = "{{ vm_memory_size }}"
numvcpus = "{{ vm_cpu }}"
cpuid.coresPerSocket = "{{cpu_per_socket}}"


# HDD
scsi0.present = "TRUE"
scsi0.virtualDev = "lsilogic"
scsi0:0.deviceType = "scsi-hardDisk"
scsi0:0.fileName = "{{vm_name}}.vmdk"
scsi0:0.present = "TRUE"

# Floppy
floppy0.present = "false"


# CDRom
ide1:0.present = "TRUE"
ide1:0.deviceType = "cdrom-image"
ide1:0.fileName = "/vmfs/volumes/datastore1/ISO Room/{{vm_image}}"


# Networking
ethernet0.virtualDev = "e1000"
ethernet0.networkName = "{{vm_network1}}"
ethernet0.addressType = "generated"
ethernet0.present = "TRUE"

# VM Type
guestOS = "{{vm_guest_os}}" #centos-64 or ubuntu-64

# VMware Tools
toolScripts.afterPowerOn = "TRUE"
toolScripts.afterResume = "TRUE"
toolScripts.beforeSuspend = "TRUE"
toolScripts.beforePowerOff = "TRUE"
tools.remindInstall = "TRUE"
tools.syncTime = "FALSE"
```

注意，我们删除了相关字段的静态值（如 diplayName、memsize 等），将其替换为带变量名的双花括号。在渲染模板的过程中，Python 将使用实际值替换这些字段，以创建可用的 VMX 文件。

现在开始编辑用来渲染文件的 Python 脚本。通常情况下使用 YAML 数据序列化和 Jinja2 来填充模板中的数据。由于第 6 章已经解释了 YAML 的概念，因此这里将从另一个数据源（即 Excel 工作表）中获取数据（见下图）。

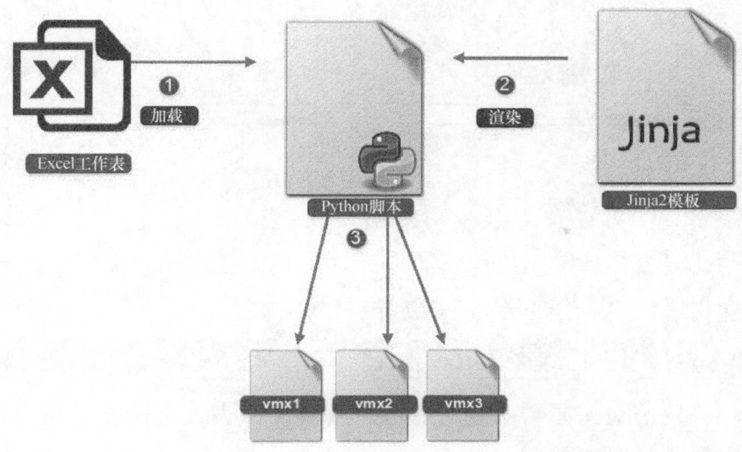

14.2.2 处理 Excel 工作表中的数据

Python 中有些优秀的库可以用来处理 Excel 工作表中的数据。在第 4 章中已经使用过 Excel 工作表。在自动完成 netmiko 配置时，需要读取保存在 Excel 文件中的基础设施数据。首先，在 Automation Server 中安装 Python 的 xlrd 库。

使用 `pip install xlrd` 命令安装 xlrd 库。

安全过程如下所示。

```
[root@AutomationServer ~]# pip install xlrd
Collecting xlrd
  Downloading xlrd-1.1.0-py2.py3-none-any.whl (108kB)
    100% |████████████████████████████████| 112kB 750kB/s
Installing collected packages: xlrd
Successfully installed xlrd-1.1.0
[root@AutomationServer ~]# 
```

然后，按照下列步骤操作。

（1）xlrd 库可以打开 Excel 工作表并使用 `open_workbook()` 方法解析内容。

（2）将工作表索引或工作表名称传递给 `sheet_by_index()` 或 `sheet_by_name()` 方法即可选中相应的工作表及其数据。

（3）向 `row()` 函数提供行号来访问行数据，该函数将行数据转换为 Python 列表（见下图）。

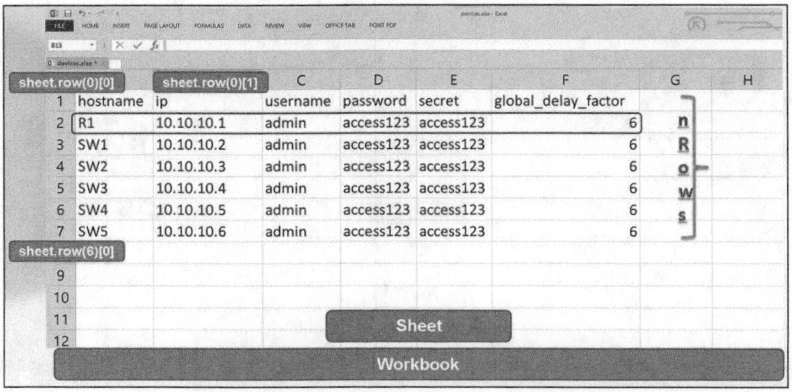

sheet.row(0)[0] sheet.row(0)[1]

	hostname	ip	username	password	secret	global_delay_factor
1	hostname	ip	username	password	secret	global_delay_factor
2	R1	10.10.10.1	admin	access123	access123	6
3	SW1	10.10.10.2	admin	access123	access123	6
4	SW2	10.10.10.3	admin	access123	access123	6
5	SW3	10.10.10.4	admin	access123	access123	6
6	SW4	10.10.10.5	admin	access123	access123	6
7	SW5	10.10.10.6	admin	access123	access123	6

sheet.row(6)[0]

nRows

Sheet

Workbook

注意，nrows 和 ncols 是特殊变量。一旦打开工作表，工作表内的行数和列数就会自动填充到这两个变量中。可以使用 for 循环遍历它们。

回到虚拟机的例子。Excel 工作表中保存了下列数据，这些数据记录了虚拟机的设置。

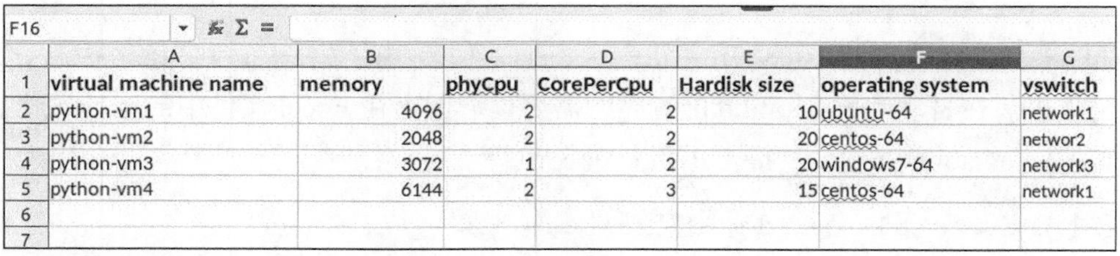

	A	B	C	D	E	F	G
1	virtual machine name	memory	phyCpu	CorePerCpu	Hardisk size	operating system	vswitch
2	python-vm1	4096	2	2	10	ubuntu-64	network1
3	python-vm2	2048	2	2	20	centos-64	networ2
4	python-vm3	3072	1	2	20	windows7-64	network3
5	python-vm4	6144	2	3	15	centos-64	network1
6							
7							

使用下面的脚本将数据读入 Python 中。

```
import xlrd
workbook =
xlrd.open_workbook(r"/media/bassim/DATA/GoogleDrive/Packt/EnterpriseAutomat
ionProject/Chapter14_Creating_and_managing_VMware_virtual_machines/vm_inven
tory.xlsx")
sheet = workbook.sheet_by_index(0)
print(sheet.nrows)
print(sheet.ncols)

print(int(sheet.row(1)[1].value))

for row in range(1,sheet.nrows):
    vm_name = sheet.row(row)[0].value
    vm_memory_size = int(sheet.row(row)[1].value)
    vm_cpu = int(sheet.row(row)[2].value)
    cpu_per_socket = int(sheet.row(row)[3].value)
    vm_hdd_size = int(sheet.row(row)[4].value)
    vm_guest_os = sheet.row(row)[5].value
    vm_network1 = sheet.row(row)[6].value
```

在上面的脚本中执行了以下这些操作。

（1）导入 xlrd 库并将 Excel 工作表传递给 open_workbook() 方法。读取 Excel 工作表并将其内容保存到 workbook 变量中。

（2）使用 sheet_by_index() 方法访问第一张工作表，并将引用保存到 sheet 变量中。

（3）遍历打开的工作表并使用 row() 方法获取每个字段，工作表的行被转换成一个 Python 列表。由于我们需要行内的数据，因此需要使用索引来访问列表内的元素。记住，列表索引都是以零开头的。将值存储到变量中，在下一节中将用这个变量来填充 Jinja2 模板。

14.2.3　生成 VMX 文件

在本节中，利用 Jinja2 模板生成 VMX 文件。首先，我们从 Excel 工作表中读取数据并将其添加到空的字典 vmx_data 中。然后，把该字典传递给 Jinja2 模板内的 render() 函数。在模板中变量名称是 Python 字典的键，对应的值用来渲染文件。在脚本的最后一部分中，在 vmx_files 目录中以写模式打开文件，并将数据写入每个 VMX 文件中。

```
from jinja2 import FileSystemLoader, Environment
import os
import xlrd

print("The script working directory is {}"
.format(os.path.dirname(__file__)))
script_dir = os.path.dirname(__file__)

vmx_env = Environment(
    loader=FileSystemLoader(script_dir),
    trim_blocks=True,
    lstrip_blocks= True
)


workbook = xlrd.open_workbook(os.path.join(script_dir,"vm_inventory.xlsx"))
sheet = workbook.sheet_by_index(0)
print("The number of rows inside the Excel sheet is {}"
.format(sheet.nrows))
print("The number of columns inside the Excel sheet is {}"
.format(sheet.ncols))


vmx_data = {}
```

```
for row in range(1,sheet.nrows):
    vm_name = sheet.row(row)[0].value
    vm_memory_size = int(sheet.row(row)[1].value)
    vm_cpu = int(sheet.row(row)[2].value)
    cpu_per_socket = int(sheet.row(row)[3].value)
    vm_hdd_size = int(sheet.row(row)[4].value)
    vm_guest_os = sheet.row(row)[5].value
    vm_network1 = sheet.row(row)[6].value

    vmx_data["vm_name"] = vm_name
    vmx_data["vm_memory_size"] = vm_memory_size
    vmx_data["vm_cpu"] = vm_cpu
    vmx_data["cpu_per_socket"] = cpu_per_socket
    vmx_data["vm_hdd_size"] = vm_hdd_size
    vmx_data["vm_guest_os"] = vm_guest_os
    if vm_guest_os == "ubuntu-64":
        vmx_data["vm_image"] = "ubuntu-16.04.4-server-amd64.iso"

    elif vm_guest_os == "centos-64":
        vmx_data["vm_image"] = "CentOS-7-x86_64-Minimal-1708.iso"

    elif vm_guest_os == "windows7-64":
        vmx_data["vm_image"] = "windows_7_ultimate_sp1_ x86-x64_bg-en_IE10_
April_2013.iso"

    vmx_data["vm_network1"] = vm_network1

    vmx_data = vmx_env.get_template("vmx_template.j2").render(vmx_data)
    with open(os.path.join(script_dir,"vmx_files/{}.vmx".format(vm_name)),
"w") as f:
        print("Writing Data of {} into directory".format(vm_name))
        f.write(vmx_data)
    vmx_data = {}
```

脚本的输出结果如下图所示。

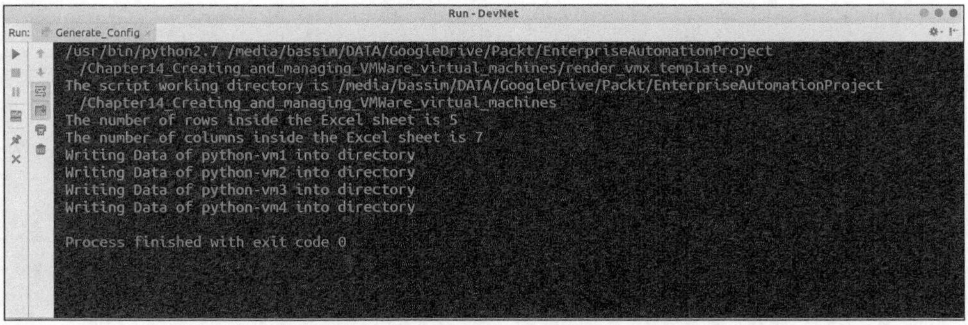

```
/usr/bin/python2.7 /media/bassim/DATA/GoogleDrive/Packt/EnterpriseAutomationProject
  /Chapter14_Creating_and_managing_VMWare_virtual_machines/render_vmx_template.py
The script working directory is /media/bassim/DATA/GoogleDrive/Packt/EnterpriseAutomationProject
  /Chapter14_Creating_and_managing_VMWare_virtual_machines
The number of rows inside the Excel sheet is 5
The number of columns inside the Excel sheet is 7
Writing Data of python-vm1 into directory
Writing Data of python-vm2 into directory
Writing Data of python-vm3 into directory
Writing Data of python-vm4 into directory

Process finished with exit code 0
```

这些文件存储在 vmx_files 目录中。每个文件都包含了 Excel 工作表中存储的虚拟机配置信息（见下图）。

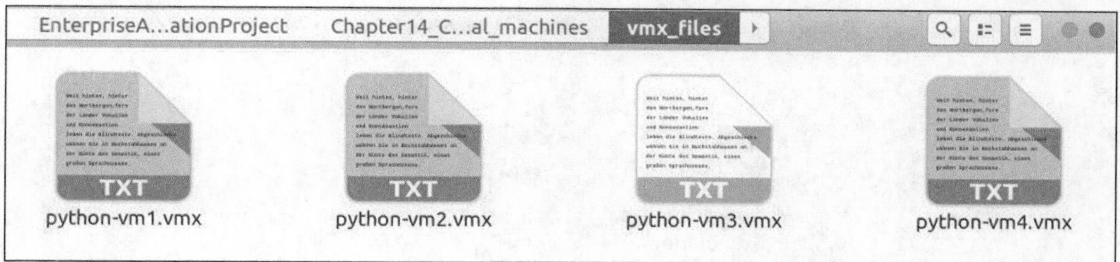

使用 paramiko 库和 scp 库连接到 ESXi Shell 并上传/vmfs/volumes/datastore1 中的文件。要完成这个操作，首先需要创建一个名为 upload_and_create_directory() 的函数，该函数有 3 个输入参数——vm name、hard disk 和 VMX sourcefile。paramiko 库帮助我们连接到 ESXi 服务器并执行相应的命令，这些命令将在/vmfs/volumes/datastore1 下创建目录和 VMDK。然后使用 scp 模块中的 SCPClient 将源文件上传到之前创建的目录中，运行 registry 命令将虚拟机添加到 vSphere 客户端。

```
#!/usr/bin/python
__author__ = "Bassim Aly"
__EMAIL__ = "basim.alyy@gmail.com"

import paramiko
from scp import SCPClient
import time

def upload_and_create_directory(vm_name, hdd_size, source_file):

    commands = ["mkdir /vmfs/volumes/datastore1/{0}".format(vm_name),
                "vmkfstools -c {0}g -a lsilogic -d zeroedthick
/vmfs/volumes/datastore1/{1}/{1}.vmdk".format(hdd_size,
vm_name),]
    register_command = "vim-cmd solo/registervm
/vmfs/volumes/datastore1/{0}/{0}.vmx".format(vm_name)
    ipaddr = "10.10.10.115"
    username = "root"
    password = "access123"
    ssh = paramiko.SSHClient()
    ssh.set_missing_host_key_policy(paramiko.AutoAddPolicy())

    ssh.connect(ipaddr, username=username, password=password,
look_for_keys=False, allow_agent=False)
```

```
        for cmd in commands:
            try:
                stdin, stdout, stderr = ssh.exec_command(cmd)
                print " DEBUG: ... Executing the command on ESXi
server".format(str(stdout.readlines()))

            except Exception as e:
                print e
                pass
                print " DEBUG: **ERR....unable to execute command"
            time.sleep(2)
        with SCPClient(ssh.get_transport()) as scp:
            scp.put(source_file,
remote_path='/vmfs/volumes/datastore1/{0}'.format(vm_name))
            ssh.exec_command(register_command)
        ssh.close()
```

需要在运行 Jinja2 模板生成 VMX 之前定义该函数，然后将文件保存到 vmx_files 目录中并将所需参数传递给该函数，才能调用它。

完整代码如下。

```
#!/usr/bin/python
__author__ = "Bassim Aly"
__EMAIL__ = "basim.alyy@gmail.com"

import paramiko
from scp import SCPClient
import time
from jinja2 import FileSystemLoader, Environment
import os
import xlrd

def upload_and_create_directory(vm_name, hdd_size, source_file):

    commands = ["mkdir /vmfs/volumes/datastore1/{0}".format(vm_name),
                "vmkfstools -c {0}g -a lsilogic -d zeroedthick
/vmfs/volumes/datastore1/{1}/{1}.vmdk".format(hdd_size,
vm_name),]
    register_command = "vim-cmd solo/registervm
/vmfs/volumes/datastore1/{0}/{0}.vmx".format(vm_name)

    ipaddr = "10.10.10.115"
    username = "root"
    password = "access123"

    ssh = paramiko.SSHClient()
    ssh.set_missing_host_key_policy(paramiko.AutoAddPolicy())

    ssh.connect(ipaddr, username=username, password=password,
```

```
look_for_keys=False, allow_agent=False)

    for cmd in commands:
        try:
            stdin, stdout, stderr = ssh.exec_command(cmd)
            print " DEBUG: ... Executing the command on ESXi
server".format(str(stdout.readlines()))

        except Exception as e:
            print e
            pass
            print " DEBUG: **ERR....unable to execute command"
        time.sleep(2)
    with SCPClient(ssh.get_transport()) as scp:
        print(" DEBUG: ... Uploading file to the datastore")
        scp.put(source_file,
remote_path='/vmfs/volumes/datastore1/{0}'.format(vm_name))
        print(" DEBUG: ... Register the virtual machine
{}".format(vm_name))
        ssh.exec_command(register_command)

    ssh.close()

print("The script working directory is {}"
.format(os.path.dirname(__file__)))
script_dir = os.path.dirname(__file__)

vmx_env = Environment(
    loader=FileSystemLoader(script_dir),
    trim_blocks=True,
    lstrip_blocks= True
)

workbook = xlrd.open_workbook(os.path.join(script_dir,"vm_inventory.xlsx"))
sheet = workbook.sheet_by_index(0)
print("The number of rows inside the Excel sheet is {}"
.format(sheet.nrows))
print("The number of columns inside the Excel sheet is {}"
.format(sheet.ncols))


vmx_data = {}

for row in range(1,sheet.nrows):
    vm_name = sheet.row(row)[0].value
    vm_memory_size = int(sheet.row(row)[1].value)
    vm_cpu = int(sheet.row(row)[2].value)
    cpu_per_socket = int(sheet.row(row)[3].value)
    vm_hdd_size = int(sheet.row(row)[4].value)
    vm_guest_os = sheet.row(row)[5].value
```

```
    vm_network1 = sheet.row(row)[6].value

    vmx_data["vm_name"] = vm_name
    vmx_data["vm_memory_size"] = vm_memory_size
    vmx_data["vm_cpu"] = vm_cpu
    vmx_data["cpu_per_socket"] = cpu_per_socket
    vmx_data["vm_hdd_size"] = vm_hdd_size
    vmx_data["vm_guest_os"] = vm_guest_os
    if vm_guest_os == "ubuntu-64":
        vmx_data["vm_image"] = "ubuntu-16.04.4-server-amd64.iso"

    elif vm_guest_os == "centos-64":
        vmx_data["vm_image"] = "CentOS-7-x86_64-Minimal-1708.iso"

    elif vm_guest_os == "windows7-64":
        vmx_data["vm_image"] = "windows_7_ultimate_sp1_ x86-x64_bg-en_IE10_
        April_2013.iso"

    vmx_data["vm_network1"] = vm_network1

    vmx_data = vmx_env.get_template("vmx_template.j2").render(vmx_data)
    with open(os.path.join(script_dir,"vmx_files/{}.vmx".format(vm_name)),
    "w") as f:
        print("Writing Data of {} into directory".format(vm_name))
        f.write(vmx_data)
        print(" DEBUG:Communicating with ESXi server to upload and register
        the VM")
    upload_and_create_directory(vm_name,
                                vm_hdd_size,
os.path.join(script_dir,"vmx_files","{}.vmx".format(vm_name)))
    vmx_data = {}
```

脚本的输出结果如下图所示。

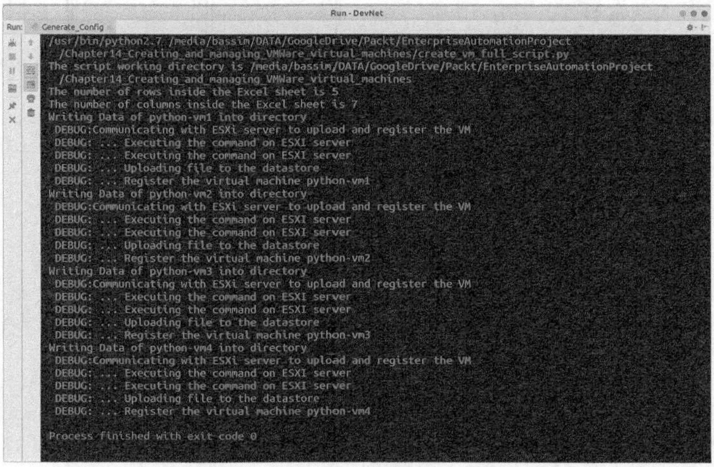

```
Run - DevNet
Run: Generate_Config
/usr/bin/python2.7 /media/bassim/DATA/GoogleDrive/Packt/EnterpriseAutomationProject
  /Chapter14_Creating_and_managing_VMWare_virtual_machines/create_vm_full_script.py
The script working directory is /media/bassim/DATA/GoogleDrive/Packt/EnterpriseAutomationProject
  /Chapter14_Creating_and_managing_VMWare_virtual_machines
The number of rows inside the Excel sheet is 5
The number of columns inside the Excel sheet is 7
Writing Data of python-vm1 into directory
 DEBUG:Communicating with ESXi server to upload and register the VM
 DEBUG: ... Executing the command on ESXI server
 DEBUG: ... Executing the command on ESXI server
 DEBUG: ... Uploading file to the datastore
 DEBUG: ... Register the virtual machine python-vm1
Writing Data of python-vm2 into directory
 DEBUG:Communicating with ESXi server to upload and register the VM
 DEBUG: ... Executing the command on ESXI server
 DEBUG: ... Executing the command on ESXI server
 DEBUG: ... Uploading file to the datastore
 DEBUG: ... Register the virtual machine python-vm2
Writing Data of python-vm3 into directory
 DEBUG:Communicating with ESXi server to upload and register the VM
 DEBUG: ... Executing the command on ESXI server
 DEBUG: ... Executing the command on ESXI server
 DEBUG: ... Uploading file to the datastore
 DEBUG: ... Register the virtual machine python-vm3
Writing Data of python-vm4 into directory
 DEBUG:Communicating with ESXi server to upload and register the VM
 DEBUG: ... Executing the command on ESXI server
 DEBUG: ... Executing the command on ESXI server
 DEBUG: ... Uploading file to the datastore
 DEBUG: ... Register the virtual machine python-vm4

Process finished with exit code 0
```

在运行脚本之后检查 vSphere 客户端，会发现已根据 Excel 工作表中指定的名称创建了 4 台虚拟机（见下图）。

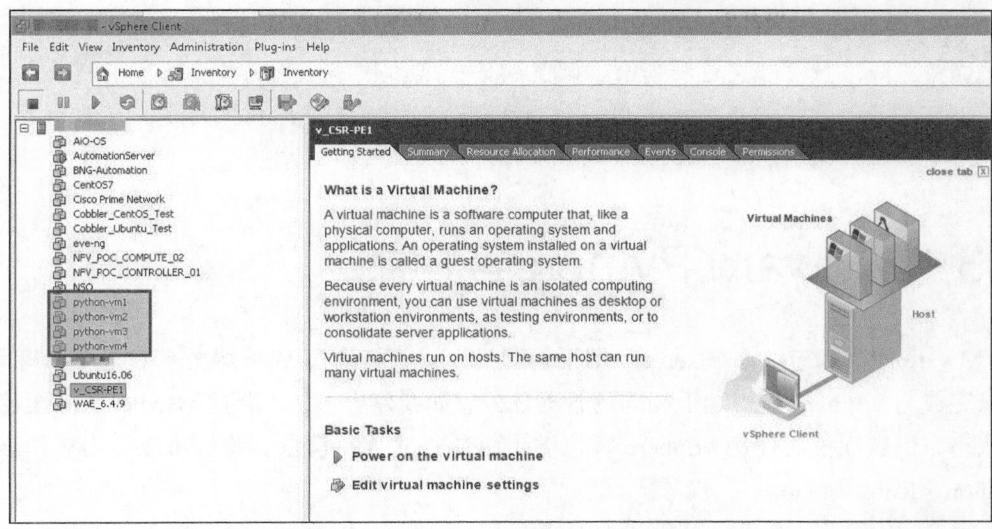

如下图所示，这些虚拟机使用的设置（如 **CPU**、内存和连接的 ISO 文件等）也来自 Excel 工作表。

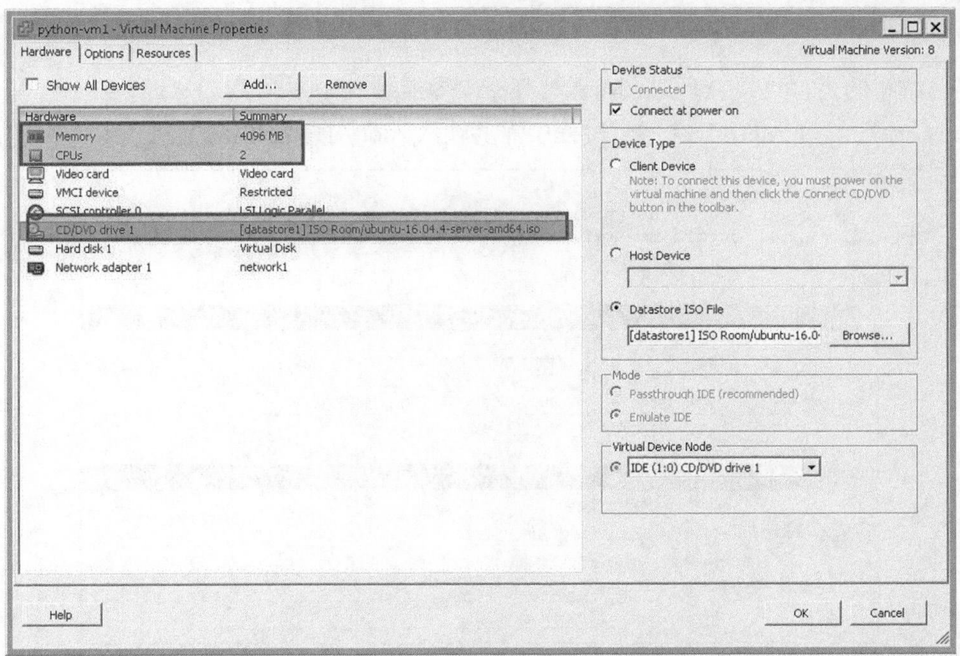

还可以将创建的虚拟机连接到 Cobbler，在 VMware 中完成自动化部署，第 8 章介绍过该方法。Cobbler 将自动完成操作系统的安装及设置，包括 Windows、CentOS 或 Ubuntu。然后可以使用第 13 章介绍的 Ansible 对系统进行管理，包括安全、配置和已安装的软件包等。之后就可以部署自己的应用程序了。这是一个全栈自动化，涵盖了虚拟机创建、启动和运行应用程序等内容。

14.3 VMware Python 客户端

VMware 产品（ESXi 和 vCenter，用于管理 ESXi）支持通过 Web 服务接收外部 API 请求。你可以完成与 vSphere 客户端上相同的管理任务，如新建虚拟机、新建 vSwitch，甚至控制虚拟机状态，但这次没有使用 vSphere 客户端，而是通过 API 请求。我们可以使用多种语言，如 Python、Ruby 和 Go。

vSphere 有一个特殊的库存模型，其中的所有内容都是一个赋值后的对象。通过**托管对象浏览器**（Managed Object Browser，MOB）可以访问此模型，查看基础设施中的值，以及访问所有对象的详细信息（见下图）。我们将使用 VMware 官方中的 Python 绑定（pyvmomi）与该模型进行交互，并在库存中更改（或创建）某些值。

值得注意的是，可以在通过 Web 浏览器中导航到 http://<ESXi_server_ip_or_domain>/mob 访问 MOB，在这个过程中需要输入 root 用户名和密码。

Home

Managed Object Type: **ManagedObjectReference:ServiceInstance**
Managed Object ID: **ServiceInstance**

Properties

NAME	TYPE	VALUE
capability	Capability	capability
content	ServiceContent	content
serverClock	dateTime	"2018-04-14T13:01:18.240839Z"

Methods

RETURN TYPE	NAME
dateTime	CurrentTime
HostVMotionCompatibility[]	QueryVMotionCompatibility
ServiceContent	RetrieveServiceContent
ProductComponentInfo[]	RetrieveProductComponents
Event[]	ValidateMigration

单击任意一个超链接都可查看到更多详细信息，或者访问每棵树的内容或它的每个叶子节点。例如，单击 Content.about 可以看到关于服务器的详细信息，如版本号和全名。

注意观察下表的结构，第 1 列是属性名称，第 2 列是该属性的数据类型，第 3 列是相应的值。

Home

Data Object Type: **AboutInfo**
Parent Managed Object ID: **ServiceInstance**
Property Path: **content.about**

Properties

NAME	TYPE	VALUE
apiType	string	"HostAgent"
apiVersion	string	"5.5"
build	string	"3248547"
dynamicProperty	DynamicProperty[]	Unset
dynamicType	string	Unset
fullName	string	"VMware ESXi 5.5.0 build-3248547"
instanceUuid	string	Unset
licenseProductName	string	"VMware ESX Server"
licenseProductVersion	string	"5.0"
localeBuild	string	"000"
localeVersion	string	"INTL"
name	string	"VMware ESXi"
osType	string	"vmnix-x86"
productLineId	string	"embeddedEsx"
vendor	string	"VMware, Inc."
version	string	"5.5.0"

14.3.1 安装 PyVmomi 库

PyVmomi 库既可以通过 pip 来下载，也可以作为系统包从 repos 中下载。

对于 Python 来说，使用下面的命令进行安装。

```
pip install -U pyvmomi
```

```
[root@AutomationServer ~]#  pip install pyvmomi
Collecting pyvmomi
  Downloading pyvmomi-6.5.0.2017.5-1.tar.gz (252kB)
    100% |████████████████████████████████| 256kB 1.3MB/s
Requirement already satisfied: requests>=2.3.0 in /usr/lib/python2.7/site-packages (from pyvm
omi)
Requirement already satisfied: six>=1.7.3 in /usr/lib/python2.7/site-packages (from pyvmomi)
Requirement already satisfied: certifi>=2017.4.17 in /usr/lib/python2.7/site-packages (from r
equests>=2.3.0->pyvmomi)
Requirement already satisfied: chardet<3.1.0,>=3.0.2 in /usr/lib/python2.7/site-packages (fro
m requests>=2.3.0->pyvmomi)
Requirement already satisfied: idna<2.7,>=2.5 in /usr/lib/python2.7/site-packages (from reque
sts>=2.3.0->pyvmomi)
Requirement already satisfied: urllib3<1.23,>=1.21.1 in /usr/lib/python2.7/site-packages (fro
m requests>=2.3.0->pyvmomi)
Building wheels for collected packages: pyvmomi
  Running setup.py bdist_wheel for pyvmomi ... done
  Stored in directory: /root/.cache/pip/wheels/5a/e2/d8/1a5692c5a3190b0dc406ea9613ad399943b2e
138462b21ae0c
Successfully built pyvmomi
Installing collected packages: pyvmomi
Successfully installed pyvmomi-6.5.0.2017.5-1
[root@AutomationServer ~]#
```

注意，从 `pip` 下载的版本是 `6.5.2017.5-1`，它适用于 vSphere 的 VMware vSphere 6.5。但这并不是说它不兼容之前版本的 ESXi。例如，这里使用的是 VMware vSphere 5.5，并没有发现它与最新版的 PyVmomi 库之间有什么问题。

下面这条命令使用 Linux 的 `repo` 来安装 PyVmomi 库。

```
yum install pyvmomi -y
```

PyVmomi 库使用动态类型，也就是说，无法使用 IDE 中的 Intelli-Sense 和自动补全功能。必须依赖文档和 MOB 来找到完成工作所需的类或方法。一旦找到了它的工作方式，就会发现它其实是非常容易使用的。

14.3.2　使用 PyVmomi 库的第一步

首先要做的是利用用户名、密码和主机 IP 连接到 ESXi MOB，然后通过 MOB 获取所需数据。这一步可以使用 `SmartConnectNoSSL()` 方法完成。

```
from pyVim.connect import SmartConnect, Disconnect,SmartConnectNoSSL
ESXi_connection = SmartConnectNoSSL(host="10.10.10.115", user="root",
pwd='access123')
```

注意，还有另一个方法——`SmartConnect()`，在建立连接时必须为其提供 SSL 上下文，否则会导致连接失败。然而，使用下面的代码可以让 SSL 不用验证证书，并将这部分内容传递给 sslCContext 参数中的 SmartConnect()。

```
import ssl
import requests
certificate = ssl.SSLContext(ssl.PROTOCOL_TLSv1)
certificate.verify_mode = ssl.CERT_NONE
requests.packages.urllib3.disable_warnings()
```

为了保持代码简洁易懂，这里使用了内置的 SmartConnectNoSSL()。

接下来，开始探索 MOB 并在 about 对象中获取服务器的全名和版本。记住，它位于 content 对象下，因此也需要访问它。

```
#!/usr/bin/python
__author__ = "Bassim Aly"
__EMAIL__ = "basim.alyy@gmail.com"

from pyVim.connect import SmartConnect, Disconnect,SmartConnectNoSSL
ESXi_connection = SmartConnectNoSSL(host="10.10.10.115", user="root",
pwd='access123')

full_name = ESXi_connection.content.about.fullName
version = ESXi_connection.content.about.version
print("Server Full name is {}".format(full_name))
print("ESXi version is {}".format(version))
Disconnect(ESXi_connection)
```

输出结果如下图所示。

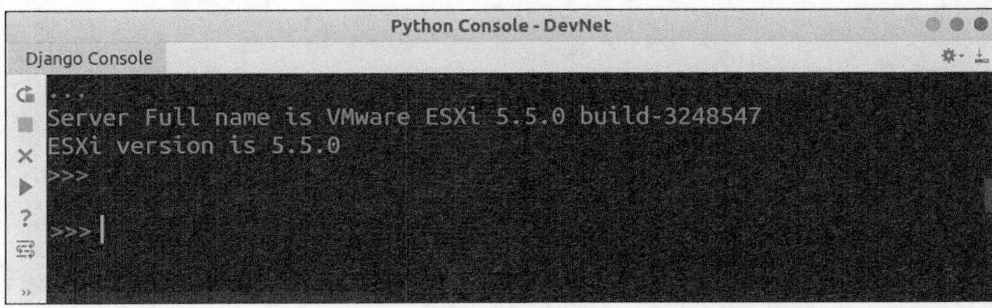

理解了 API 的工作原理之后，让我们开始编写一些更有挑战的脚本，用于在 ESXi 中检索已经部署的虚拟机的一些详细信息。

脚本如下。

```
#!/usr/bin/python
__author__ = "Bassim Aly"
__EMAIL__ = "basim.alyy@gmail.com"
```

```
from pyVim.connect import SmartConnect, Disconnect,SmartConnectNoSSL

ESXi_connection = SmartConnectNoSSL(host="10.10.10.115", user="root",
pwd='access123')

datacenter = ESXi_connection.content.rootFolder.childEntity[0] #First
Datacenter in the ESXi\

virtual_machines = datacenter.vmFolder.childEntity #Access the child inside
the vmFolder

print virtual_machines

for machine in virtual_machines:
    print(machine.name)
    try:
        guest_vcpu = machine.summary.config.numCpu
        print("  The Guest vCPU is {}" .format(guest_vcpu))

        guest_os = machine.summary.config.guestFullName
        print("  The Guest Operating System is {}" .format(guest_os))

        guest_mem = machine.summary.config.memorySizeMB
        print("  The Guest Memory is {}" .format(guest_mem))

        ipadd = machine.summary.guest.ipAddress
        print("  The Guest IP Address is {}" .format(ipadd))
        print "================================="
    except:
        print("  Can't get the summary")
```

在上面的例子中，完成了以下这些操作。

（1）向 SmartConnectNoSSL 方法提供 ESXi/vCenter 验证信息，与 MOB 建立 API 连接。

（2）通过依次访问 content 和 rootFolder 对象，最后找到 childEntity（见下图）。返回的对象是可遍历的，因为虚拟实验室中只有一个 ESXi，所以我们访问了第一个元素（第一个数据中心）。如果有多个数据中心，可以逐个遍历，获取所有已注册的数据中心中所有虚拟机的列表。

（3）通过 vmFolder 和 childEntity 访问虚拟机。同样，返回的结果也是可遍历的。虚拟机列表存储在 virtual_machines 变量中。

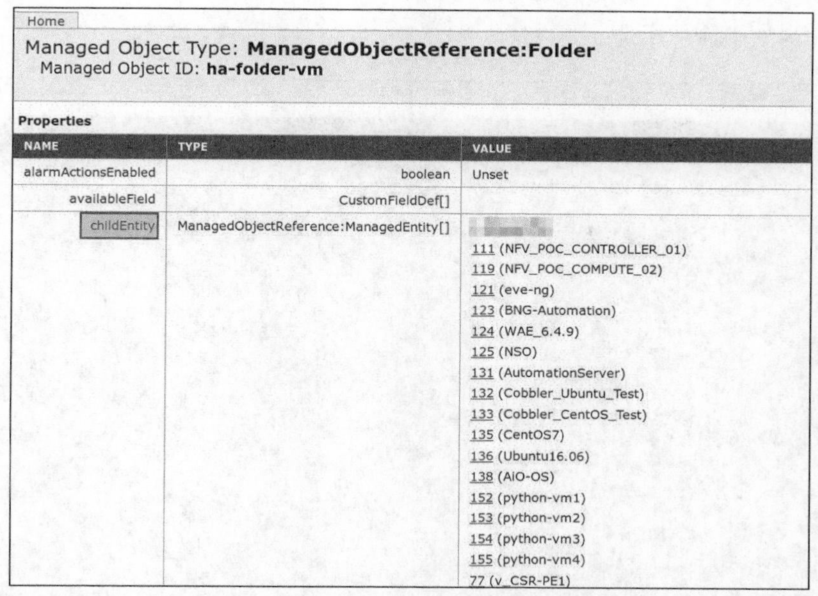

Home

Managed Object Type: **ManagedObjectReference:Folder**
Managed Object ID: **ha-folder-vm**

Properties

NAME	TYPE	VALUE
alarmActionsEnabled	boolean	Unset
availableField	CustomFieldDef[]	
childEntity	ManagedObjectReference:ManagedEntity[]	111 (NFV_POC_CONTROLLER_01) 119 (NFV_POC_COMPUTE_02) 121 (eve-ng) 123 (BNG-Automation) 124 (WAE_6.4.9) 125 (NSO) 131 (AutomationServer) 132 (Cobbler_Ubuntu_Test) 133 (Cobbler_CentOS_Test) 135 (CentOS7) 136 (Ubuntu16.06) 138 (AIO-OS) 152 (python-vm1) 153 (python-vm2) 154 (python-vm3) 155 (python-vm4) 77 (v_CSR-PE1)

（4）遍历 virtual_machines 对象，查询每个元素（即虚拟机）的 CPU、内存、全名和 IP 地址。这些元素位于每棵虚拟机树下的 summary 和 config 叶子节点中。AutomationServer 的配置如下图所示。

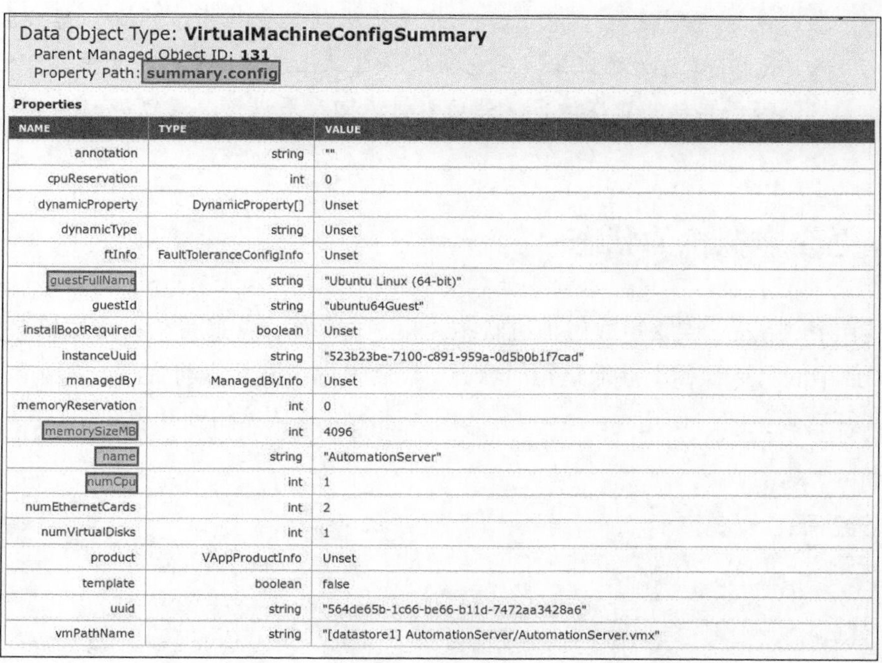

Data Object Type: **VirtualMachineConfigSummary**
Parent Managed Object ID: **131**
Property Path: **summary.config**

Properties

NAME	TYPE	VALUE
annotation	string	""
cpuReservation	int	0
dynamicProperty	DynamicProperty[]	Unset
dynamicType	string	Unset
ftInfo	FaultToleranceConfigInfo	Unset
guestFullName	string	"Ubuntu Linux (64-bit)"
guestId	string	"ubuntu64Guest"
installBootRequired	boolean	Unset
instanceUuid	string	"523b23be-7100-c891-959a-0d5b0b1f7cad"
managedBy	ManagedByInfo	Unset
memoryReservation	int	0
memorySizeMB	int	4096
name	string	"AutomationServer"
numCpu	int	1
numEthernetCards	int	2
numVirtualDisks	int	1
product	VAppProductInfo	Unset
template	boolean	false
uuid	string	"564de65b-1c66-be66-b11d-7472aa3428a6"
vmPathName	string	"[datastore1] AutomationServer/AutomationServer.vmx"

脚本的输出如下图所示。

```
AiO-OS
  The Guest vCPU is 20
  The Guest Operating System is Red Hat Enterprise Linux 6 (64-bit)
  The Guest Memory is 32768
  The Guest IP Address is None
==============================
python-vm1
  The Guest vCPU is 2
  The Guest Operating System is Ubuntu Linux (64-bit)
  The Guest Memory is 4096
  The Guest IP Address is None
==============================
python-vm2
  The Guest vCPU is 2
  The Guest Operating System is CentOS 4/5/6/7 (64-bit)
  The Guest Memory is 2048
  The Guest IP Address is None
==============================
python-vm3
  The Guest vCPU is 1
  The Guest Operating System is Microsoft Windows 7 (64-bit)
  The Guest Memory is 3072
  The Guest IP Address is None
==============================
python-vm4
  The Guest vCPU is 2
  The Guest Operating System is CentOS 4/5/6/7 (64-bit)
  The Guest Memory is 6144
  The Guest IP Address is None
==============================
>>>
```

在本章开头创建的 python-vm 虚拟机信息会显示在后面。可以使用 PyVmomi 库作为验证工具，它集成在自动化工作流程中，用来验证计算机是否已启动并正在运行，然后根据返回结果进行决策。

14.3.3 更改虚拟机的状态

这次使用 PyVmomi 库来更改虚拟机状态。和之前一样，这通过检查虚拟机名称来完成。然后从 MOB 中的另一棵树上获取运行时状态。最后根据机器的当前状态，使用 `PowerOn()` 控制电源从开启到关闭，使用 `PowerOff()` 函数控制电源从关闭到开启。

脚本如下。

```
#!/usr/bin/python
__author__ = "Bassim Aly"
__EMAIL__ = "basim.alyy@gmail.com"

from pyVim.connect import SmartConnect, Disconnect,SmartConnectNoSSL
```

```
ESXi_connection = SmartConnectNoSSL(host="10.10.10.115", user="root",
pwd='access123')

datacenter = ESXi_connection.content.rootFolder.childEntity[0] #First
Datacenter in the ESXi\

virtual_machines = datacenter.vmFolder.childEntity #Access the child inside
the vmFolder

for machine in virtual_machines:
    try:
        powerstate = machine.summary.runtime.powerState
        if "python-vm" in machine.name and powerstate == "poweredOff":
            print(machine.name)
            print("     The Guest Power state is {}".format(powerstate))
            machine.PowerOn()
            print("**Powered On the virtual machine**")

        elif "python-vm" in machine.name and powerstate == "poweredOn":
            print(machine.name)
            print("     The Guest Power state is {}".format(powerstate))
            machine.PowerOff()
            print("**Powered Off the virtual machine**")
    except:
        print(" Can't execute the task")

Disconnect(ESXi_connection)
```

脚本的输出如下图所示。

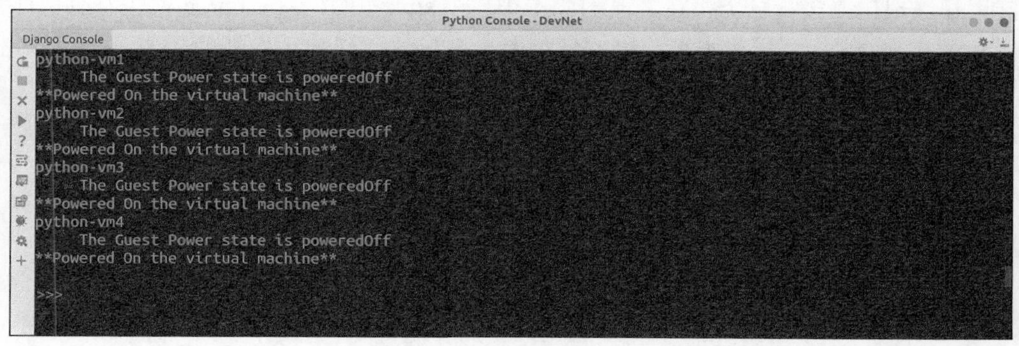

此外，可以从 vSphere 客户端上查看虚拟机状态，检查以 `python-vm *`开头的主机的电源状态是不是从 `poweredOff` 转变成 `poweredOn`（见下图）。

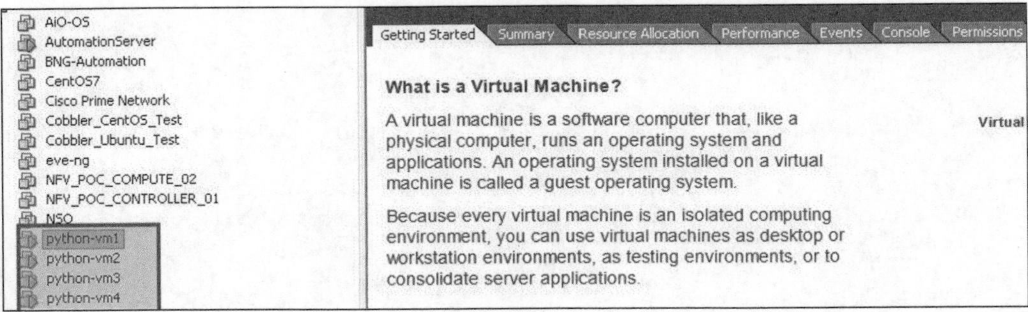

14.3.4　更多内容

在 GitHub 上的 VMware 官方存储库中可以找到许多基于 PyVmomi（使用不同语言）的实用脚本。这些脚本由大量志愿者提供，他们使用这些脚本并每天对其进行测试。大多数脚本提供了输入配置（如 ESXi IP 地址和凭据），在使用时只需要传递参数而无须修改脚本源代码。

14.4　使用 playbook 管理实例

这是关于 VMware 自动化的最后一部分内容，使用 Ansible 工具来管理 VMware 基础设施。Ansible 附带了 20 多个 VMware 模块（参见 Ansible 网站），它们可以执行管理数据中心、群集和虚拟机等多种任务。在之前的版本中，Ansible 使用了 pysphere 模块（不是官方模块，模块的作者自 2013 年以来再也没有维护过）自动执行任务。较新的版本支持 PyVmomi 绑定。

Ansible 还支持 VMware SDN 产品（NSX）。可以从 **VMware vRealize Automation**（vRA）访问 Ansible Tower，从而实现不同工具之间工作流的整合。

下面是 Ansible 中的一个 `playbook`。

```
- name: Provision New VM
  hosts: localhost
  connection: local
  vars:
    - VM_NAME: DevOps
```

```
    - ESXi_HOST: 10.10.10.115
    - USERNAME: root
    - PASSWORD: access123
  tasks:
    - name: current time
      command: date +%D
      register: current_time
    - name: Check for vSphere access parameters
      fail: msg="Must set vsphere_login and vsphere_password in a Vault"
      when: (USERNAME is not defined) or (PASSWORD is not defined)
    - name: debug vCenter hostname
      debug: msg="vcenter_hostname = '{{ ESXi_HOST }}'"
    - name: debug the time
      debug: msg="Time is = '{{ current_time }}'"

    - name: "Provision the VM"
      vmware_guest:
        hostname: "{{ ESXi_HOST }}"
        username: "{{ USERNAME }}"
        password: "{{ PASSWORD }}"
        datacenter: ha-datacenter
        validate_certs: False
        name: "{{ VM_NAME }}"
        folder: /
        guest_id: centos64Guest
        state: poweredon
        force: yes
        disk:
          - size_gb: 100
            type: thin
            datastore: datastore1

        networks:
          - name: network1
            device_type: e1000
#             mac: ba:ba:ba:ba:01:02
#             wake_on_lan: True

          - name: network2
            device_type: e1000

        hardware:
          memory_mb: 4096
          num_cpus: 4
          num_cpu_cores_per_socket: 2
          hotadd_cpu: True
          hotremove_cpu: True
          hotadd_memory: True
          scsi: lsilogic
        cdrom:
```

```
          type: "iso"
          iso_path: "[datastore1] ISO Room/CentOS-7-x86_64-
Minimal-1708.iso"
      register: result
```

在上面的 playbook 中，注意以下几点。

首先，在 vars 部分中定义了 ESXi 主机的 IP 地址和认证信息。在后面的任务中会用到这些信息。

然后，进行简单的校验，如果没有提供用户名或密码，直接返回失败。

接着，使用 Ansible 提供的 vmware_guest 模块来配置虚拟机。在这个任务中，我们提供了一些必要的信息，如磁盘大小、CPU 和内存等硬件需求。注意，我们将虚拟机的状态定义为 poweredon，因此在虚拟机创建完成后 Ansible 将启动虚拟机。

另外，磁盘、网络、硬件和 CD-ROM 都是 vmware_guest 模块中的关键信息，它们描述了 VMware ESXi 创建新 VM 所需的虚拟化硬件规格。

使用下列命令运行 playbook。

```
# ansible-playbook esxi_create_vm.yml -vv
```

playbook 的输出如下图所示。

```
TASK [Provision the VM] ********************************************************************
task path: /root/esxi_create_vm.yml:26
changed: [localhost] => {"changed": true, "instance": {"annotation": "", "current_snapshot":
null, "customvalues": {}, "guest_consolidation_needed": false, "guest_question": null, "guest
_tools_status": "guestToolsNotRunning", "guest_tools_version": "0", "hw_cores_per_socket": 2,
 "hw_datastores": ["datastore1"], "hw_esxi_host": "localhost.localdomain", "hw_eth0": {"addre
sstype": "generated", "ipaddresses": null, "label": "Network adapter 1", "macaddress": "00:0c
:29:55:d5:3e", "macaddress_dash": "00-0c-29-55-d5-3e", "summary": "network1"}, "hw_eth1": {"a
ddresstype": "generated", "ipaddresses": null, "label": "Network adapter 2", "macaddress": "0
0:0c:29:55:d5:48", "macaddress_dash": "00-0c-29-55-d5-48", "summary": "network2"}, "hw_files"
: ["[datastore1] DevOps/DevOps.vmx", "[datastore1] DevOps/DevOps.vmxf", "[datastore1] DevOps/
DevOps.vmsd", "[datastore1] DevOps/DevOps.nvram", "[datastore1] DevOps/DevOps.vmdk"], "hw_fol
der": "/ha-datacenter/vm", "hw_guest_full_name": null, "hw_guest_ha_state": null, "hw_guest_i
d": null, "hw_interfaces": ["eth0", "eth1"], "hw_is_template": false, "hw_memtotal_mb": 4096,
 "hw_name": "DevOps", "hw_power_status": "poweredOn", "hw_processor_count": 4, "hw_product_uu
id": "564d655b-92bd-384a-7d2e-86907e55d53e", "ipv4": null, "ipv6": null, "module_hw": true, "
snapshots": []}}
META: ran handlers
META: ran handlers

PLAY RECAP *********************************************************************************
localhost                  : ok=5    changed=2    unreachable=0    failed=0
```

可以在 vSphere 客户端中验证虚拟机的创建过程以及是否连接到了正确的 CentOS ISO 文件。

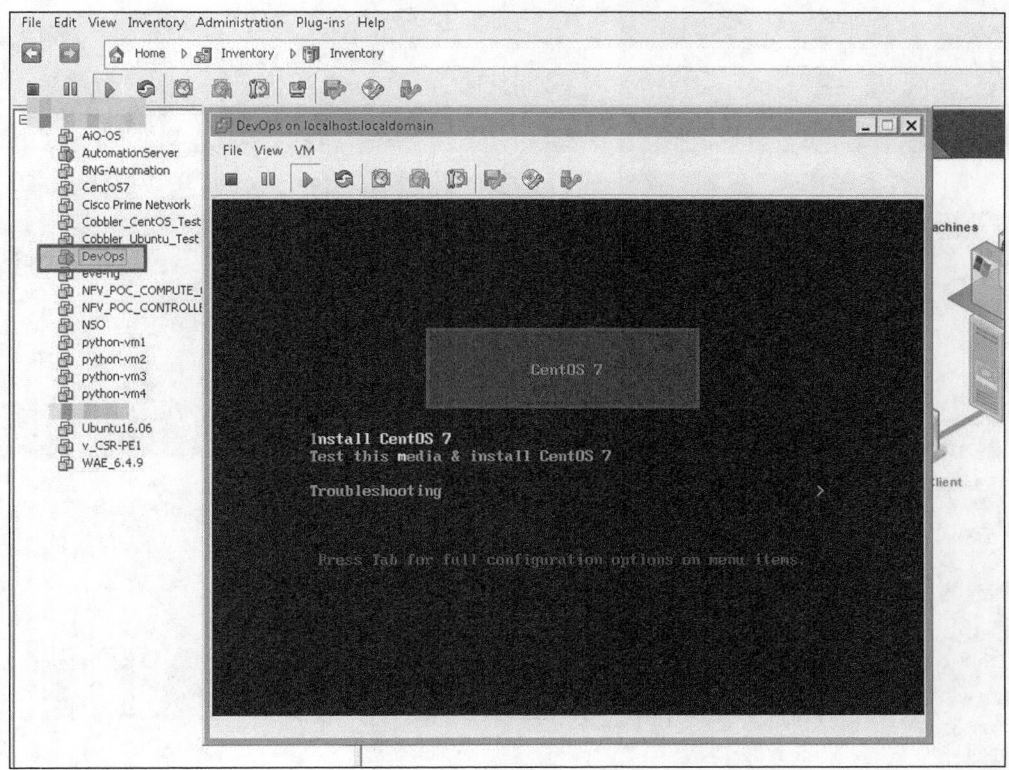

通过更改 `playbook` 中的状态值可以更改虚拟机的状态，这些状态包括 `poweredon`、`poweredoff`、`restarted`、`absent`、`suspended`、`shutdownguest` 和 `rebootguest`。

14.5 小结

VMware 产品广泛用于 IT 基础设施，为运行应用程序和工作负载提供虚拟化环境。同时 VMware 还提供多种语言的 API，用来自动执行管理任务。下一章将探讨 Red Hat 的另一个虚拟化框架 OpenStack，它依赖于 Red Hat 的 KVM 虚拟机管理程序。

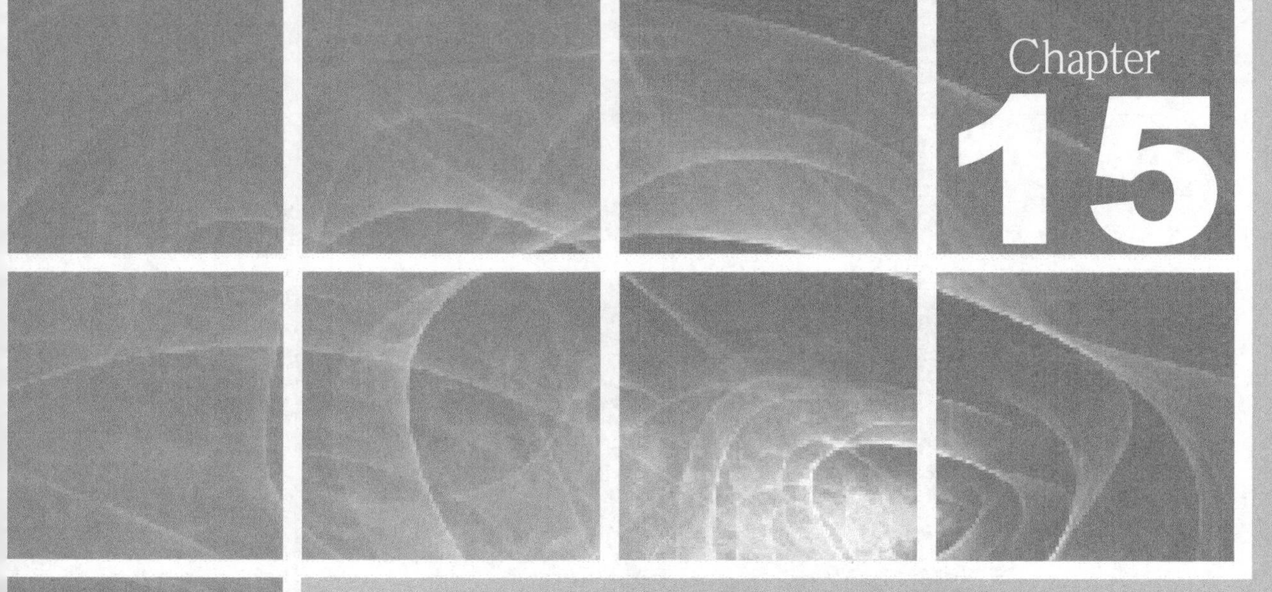

第 15 章 和 OpenStack API 交互

IT 基础设施长期以来一直依赖商业软件（VMware、Microsoft 和 Citrix 等厂商的产品）提供虚拟环境来管理资源（如计算、存储和网络），运行工作负载。然而，IT 行业正在转向云时代，工程师正在将工作负载和应用程序迁移到（公共或私有）云环境。这就需要一个能够管理所有应用程序资源的新框架，它要提供开放且强大的 API，与其他应用程序通过 API 调用进行交互。

OpenStack 为管理所有计算、存储和网络资源提供开放式访问与集成方式，避免在创建云时与设备供应商耦合。OpenStack 可以控制大量计算节点、存储阵列和网络设备，无缝整合所有资源，而不必关心每个资源的供应商。OpenStack 的核心思想是将底层基础设施上应用的所有配置抽象为负责管理资源的组件。所以你会看到负责管理计算资源的组件（称为 Nova）、负责提供网络的组件（neutron）以及负责与不同存储类型（Swift 和 Cinder）交互的组件。在 OpenStack 网站中可以找到当前 OpenStack 的所有组件列表。

此外，OpenStack 还为应用程序开发人员和系统管理员提供了统一的 API 访问，以协调资源的创建。

本章将探讨 OpenStack，介绍如何利用 Python 和 Ansible 与 OpenStack 交互。

本章主要介绍以下内容：

- RESTful Web 服务；
- 设置环境；
- 向 OpenStack 发送请求；
- 用 Python 创建实例；
- 使用 Ansible 管理 OpenStack 实例。

15.1 RESTful Web 服务

表述性状态转移（Representational State Transfer，REST）依赖 HTTP 在客户端和服务器之间传输消息。HTTP 的设计初衷是在有用户请求时，将 HTML 页面从 Web 服务器（服务器）传递到浏览器（客户端）。页面表示用户想要访问的一组资源，在用户请求中使用**统一资源标识符**（Universal Resource Identifier，URI）。

HTTP 请求通常包含一个方法，该方法指示需要在资源上执行的操作类型。例如，从浏览器访问网站时，使用的是 `GET` 方法（见下图）。

```
▸ Frame 503: 414 bytes on wire (3312 bits), 414 bytes captured (3312 bits) on interface 0
▸ Ethernet II, Src: Dell_cb:b7:1e (d4:81:d7:cb:b7:1e), Dst: HuaweiTe_31:5e:11 (98:e7:f5:31:5e:11)
▸ Internet Protocol Version 4, Src: 192.168.1.99, Dst: 104.20.104.11
▸ Transmission Control Protocol, Src Port: 49904, Dst Port: 80, Seq: 473, Ack: 1582, Len: 360
▾ Hypertext Transfer Protocol
  ▸ GET /files//Downloads/8678545300.jpg HTTP/1.1\r\n
    Host: www.masrawy.com\r\n
    User-Agent: Mozilla/5.0 (X11; Ubuntu; Linux x86_64; rv:60.0) Gecko/20100101 Firefox/60.0\r\n
    Accept: */*\r\n
    Accept-Language: en-GB,en;q=0.5\r\n
    Accept-Encoding: gzip, deflate\r\n
    Referer: http://www.masrawy.com/\r\n
    Connection: keep-alive\r\n
    \r\n
    [Full request URI: http://www.masrawy.com/files//Downloads/8678545300.jpg]
    [HTTP request 2/4]
    [Prev request in frame: 315]
    [Response in frame: 824]
```

下表展示了最常见的 HTTP 方法及其用法。

HTTP 方法	动　作
GET	客户端请求服务器检索资源
POST	客户端指示服务器创建新资源
PUT	客户端要求服务器修改/更新资源
DELETE	客户端要求服务器删除资源

应用程序开发人员可以公开其应用程序的某些资源以供外部客户端使用。一方面，承载从客户端到服务器的请求并返回响应的传输协议是 HTTP。HTTP 负责使用服务器能够接受的合适的数据编码机制来保护通信和编码报文，属于端到端的无状态通信。

另一方面，报文的有效负载通常使用 XML 或 JSON 编码，以表示服务器要处理的请求以及客户端期待的响应。

世界上有许多公司为开发人员提供了实时数据访问。例如，Twitter API（参见 Twitter 网站）提供实时数据，允许其他开发人员在第三方应用程序（如广告、搜索和营销）中使用这些数据。诸如谷歌、LinkedIn 和 Facebook 等也提供类似服务。

为了避免耗尽公共资源，通常会限制单个应用程序使用公共 API 的请求数量，比如每小时或者每天只能访问一次。

为了方便使用 API、编码消息和解析响应，Python 提供了大量工具和库。例如，Python 有一个 requests 包，该包可以格式化 HTTP 请求并将其发送出去以请求外部资源。同时

Python 还提供了一些工具，以解析 JSON 格式的响应并将其转换为 Python 的标准字典结构。

Python 还有许多框架，这些框架可以将资源暴露给外界。其中 Django 和 Flask 是两个最优秀的全栈框架。

15.2 设置环境

OpenStack 是一个免费的开源项目。它与基础设施即服务（Infrastructure as a Service，IaaS）一起使用，可以控制 CPU、内存和存储设备等硬件资源，并为设备厂商创建和集成插件提供开发框架。

作者在 CentOS 7.4.1708 上使用较新的 OpenStack-rdo 版本——Queens，来创建虚拟实验室。安装步骤非常简单，参见 rdoproject 网站。

我们的环境包括一台拥有 100 GB 存储空间、12 个 vCPU 和 32 GB RAM 的计算机。该服务器上同时包含 OpenStack 控制器、计算节点和网络节点 3 个角色。OpenStack 服务器和我们的自动化服务器连接在同一个交换机上，并处于同一个子网中。注意，在生产环境中可能不会使用这种网络结构，只需要保证运行 Python 代码的服务器可以访问 OpenStack 即可。

实验室拓扑结构如下图所示。

15.2.1 安装 rdo-OpenStack 包

下面给出了在 RHEL 7.4 和 CentOS 上安装 rdo-OpenStack 包的步骤。

1. 在 RHEL 7.4 中安装 rdo-OpenStack 包

首先确保系统是最新的，然后利用网站资源安装 rdo-release.rpm 以获取最新版本，最后安装 OpenStack-packstack 软件包，该软件包将自动安装 OpenStack。具体命令如下。

```
$ sudo yum install -y https***.rdoproject.***/repos/rdo-release.rpm
$ sudo yum update -y
$ sudo yum install -y OpenStack-packstack
```

2. 在 CentOS 7.4 中安装 rdo-OpenStack 包

首先确保系统是最新的，然后从 rdoproject 网站获取最新版本，最后安装 centos-release-OpenStack-queens 包，该软件包将自动安装 OpenStack，具体命令如下。

```
$ sudo yum install -y centos-release-OpenStack-queens
$ sudo yum update -y
$ sudo yum install -y OpenStack-packstack
```

15.2.2 生成 answer 文件

现在需要生成有部署参数的 answer 文件。我们只需要修改部分设置，保留其中大多数参数的默认值即可。

```
# packstack --gen-answer-file=/root/EnterpriseAutomation
```

15.2.3 编辑 answer 文件

用自己喜欢的编辑器编辑 EnterpriseAutomation 文件，修改下面的内容。

```
CONFIG_DEFAULT_PASSWORD=access123
CONFIG_CEILOMETER_INSTALL=n
CONFIG_AODH_INSTALL=n
CONFIG_KEYSTONE_ADMIN_PW=access123
CONFIG_PROVISION_DEMO=n
```

CELIOMETER 和 AODH 是 OpenStack 生态系统中的可选组件，在实验室环境中可以忽略。

这是设置了一个 KEYSTONE 密码，用来生成临时令牌（token），供 API 访问资源以及访问 OpenStack GUI。

15.2.4 运行 packstack

保存文件，然后通过 packstack 开始安装。

```
# packstack answer-file=EnterpriseAutomation
```

该命令将从 Queens 存储库下载软件包，然后安装并启动 OpenStack 服务。安装成功后控制台上会出现下面的信息。

```
 **** Installation completed successfully ******

Additional information:
 * Time synchronization installation was skipped. Please note that
unsynchronized time on server instances might be problem for some OpenStack
components.
 * File /root/keystonerc_admin has been created on OpenStack client host
10.10.10.150. To use the command line tools you need to source the file.
 * To access the OpenStack Dashboard browse to
http://10.10.10.150/dashboard .
Please, find your login credentials stored in the keystonerc_admin in your
home directory.
 * The installation log file is available at:
/var/tmp/packstack/20180410-155124-CMpsKR/OpenStack-setup.log
 * The generated manifests are available at:
/var/tmp/packstack/20180410-155124-CMpsKR/manifests
```

15.2.5 访问 OpenStack GUI

现在可以在浏览器上输入 http://<server_ip_address>/dashboard 来访问 OpenStack GUI。用户名与密码分别是 **admin**（见下图）和 **access123**（取决于前面步骤中在 CONFIG_KEYSTONE_ADMIN_PW 中填写的内容）。

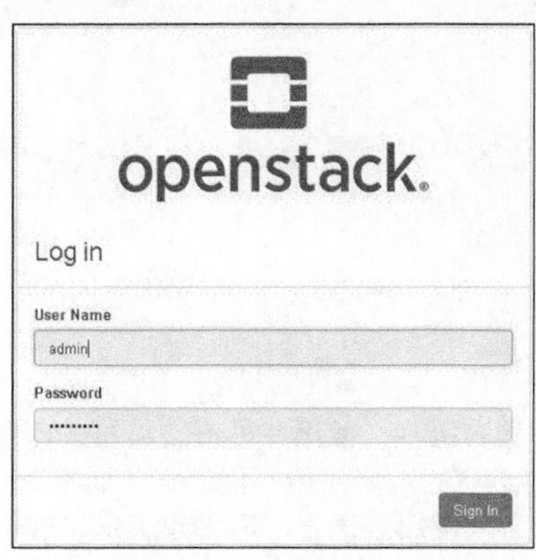

我们的云已经启动并且正在运行，随时等待接收请求。

15.3 向 OpenStack keystone 发送请求

OpenStack 包含一套相互协作的服务来管理虚拟机的创建、读取、更新和删除（create、read、update、delete，CRUD）操作。每个服务都可以对外公开它的资源，通过外部请求调用。例如，nova 服务负责产生虚拟机并充当虚拟机管理程序层（虽然它本身不是虚拟机管理程序，但它可以控制其他虚拟机管理程序，如 KVM 和 vSphere）。另一项服务是 glance，负责以 ISO 或 qcow2 格式托管实例镜像。neutron 服务负责为创建的实例提供网络服务，并确保不同租户（项目）的实例之间相互隔离，而同一租户的实例可通过网络（VxLAN 或 GRE）相互联系。

要访问上述服务的 API，需要拥有经过身份验证的令牌。这些令牌可以控制访问时间，如仅允许在特定时间段内访问。这就是 keystone 组件的功能，它提供身份服务，管理每个用户的角色和权限。

首先需要在自动化服务器上安装 Python 绑定。[①]Python 绑定提供了访问各个服务以及使用由 KEYSTONE 生成的令牌验证请求所需的 Python 代码，同时 Python 绑定还支持各组件提供的操作（如 create/delete/update/list）。

```
yum install -y gcc openssl-devel python-pip python-wheel
pip install python-novaclient
pip install python-neutronclient
pip install python-keystoneclient
pip install python-glanceclient
pip install python-cinderclient
pip install python-heatclient
pip install python-OpenStackclient
```

Python 客户端的名称是 python-<service_name>client。

将这些包下载到 Python 的全局位置或 Python 的 virtualenv 环境中。接下来，需要

① 也可以简写为 Python 绑定。通过语言绑定，使用一种语言编写的库可以使用另一种语言调用。许多软件库是用 C 或 C ++等系统编程语言编写的。要使用其他语言（通常是更高级别的语言，如 Java、Common Lisp、Scheme、Python 或 Lua），必须使用该语言对库创建绑定，这可能需要重新编译代码。——译者注

OpenStack 有管理员权限，该权限可以在下面的 OpenStack 服务器的路径中找到。

```
cat /root/keystonerc_admin
unset OS_SERVICE_TOKEN
export OS_USERNAME=admin
export OS_PASSWORD='access123'
export OS_AUTH_URL=http://10.10.10.150:5000/v3
export PS1='[\u@\h \W(keystone_admin)]\$ '
export OS_PROJECT_NAME=admin
export OS_USER_DOMAIN_NAME=Default
export OS_PROJECT_DOMAIN_NAME=Default
export OS_IDENTITY_API_VERSION=3
```

注意，在与 OpenStack keystone 服务通信时，我们在 `OS_AUTH_URL` 和 `OS_IDENTITY_API_VERSION` 参数中使用的 keystone 版本为 3。大多数 Python 客户端兼容旧版本，但可能需要对脚本稍微进行修改。在令牌生成期间还需要其他参数，因此请确保能够访问 `keystonerc_admin` 文件。认证信息（证书）可以在这个文件的 `OS_USERNAME` 和 `OS_PASSWORD` 中找到。

Python 脚本如下。

```
from keystoneauth1.identity import v3
from keystoneauth1 import session

auth = v3.Password(auth_url="http://10.10.10.150:5000/v3",
                   username="admin",
                   password="access123",
                   project_name="admin",
                   user_domain_name="Default",
                   project_domain_name="Default")
sess = session.Session(auth=auth, verify=False)
print(sess)
```

在前面的例子中注意以下几点。

首先，`python-keystoneclient` 使用 `v3` 类（表示 keystone API 版本）向 keystone API 发出请求，这个类位于 `keystoneayth1.identity` 中。

然后，将 `keystonerc_admin` 文件中的认证信息赋给 `auth` 变量。

最后，使用 `keystone` 客户端内部的会话管理器建立会话。注意，由于我们没有使用证书来生成令牌，因此这里将 `verify` 设置为 `False`；否则，需要提供证书路径。生成的令牌在一小时内有效，可以与任何服务一起使用。另外，如果改变了用户角色，令牌立即失效，而不是等一小时之后才过期。

OpenStack 管理员可以在/etc/keystone/keystone.conf 文件中配置 admin_token 字段，该字段永不过期。但出于安全考虑，不建议在生产环境中使用这个功能。

如果不想将认证信息存储在 Python 脚本中，可以将其存储在 ini 文件中并使用 configparser 模块来加载。首先，在自动化服务器中创建一个 creds.ini 文件，为其设置合适的 Linux 权限，这样只有使用你自己的账户才能访问它。

```
#vim /root/creds.ini

[os_creds]
auth_url="http://10.10.10.150:5000/v3"
username="admin"
password="access123"
project_name="admin"
user_domain_name="Default"
project_domain_name="Default"
```

修改后的脚本如下。

```
from keystoneauth1.identity import v3
from keystoneauth1 import session
import ConfigParser
config = ConfigParser.ConfigParser()
config.read("/root/creds.ini")
auth = v3.Password(auth_url=config.get("os_creds","auth_url"),
                   username=config.get("os_creds","username"),
                   password=config.get("os_creds","password"),
                   project_name=config.get("os_creds","project_name"),
user_domain_name=config.get("os_creds","user_domain_name"),
project_domain_name=config.get("os_creds","project_domain_name"))
sess = session.Session(auth=auth, verify=False)
print(sess)
```

configparser 模块会解析 creds.ini 文件并查看文件中的 os_creds 部分，然后使用 get()方法获取每个参数前面的值。

config.get()方法有两个输入参数。第一个是.ini 文件中的 section 名称；第二个是 ini 文件中的参数名称，返回值是参数对应的值。

该方法为云证书提供了额外的安全性。另一种保护文件的方法是使用 Linux 系统的 source 命令将 keystonerc_admin 文件加载到环境变量中，并使用 os 模块内的 environ()方法读取证书。

15.4 用 Python 创建实例

要启动并运行 OpenStack 实例，需要 3 个组件，分别是由 glance 提供的启动镜像，由 neutron 提供的网络端口，以及是类型模板，其中定义了要分配给该实例的 CPU 数量、RAM 大小，以及磁盘大小。类型模板由 nova 组件提供。

15.4.1 创建镜像

首先，将 cirros 镜像下载到自动化服务器。cirros 是一个基于 Linux 系统的轻量级镜像。世界各地的 OpenStack 开发人员和测试人员都在用它来验证 OpenStack 服务的功能。

```
#cd /root/ ; wget
***download.cirros-cloud***/0.4.0/cirros-0.4.0-x86_64-disk.img
```

然后，使用 glanceclient 将镜像上传到 OpenStack 镜像存储库。注意，为了与 glance 通信，首先需要会话参数和 keystone 令牌；否则，glance 不会接受任何一个 API 请求。

脚本如下。

```
from keystoneauth1.identity import v3
from keystoneauth1 import session
from glanceclient import client as gclient
from pprint import pprint


auth = v3.Password(auth_url="http://10.10.10.150:5000/v3",
                   username="admin",
                   password="access123",
                   project_name="admin",
                   user_domain_name="Default",
                   project_domain_name="Default")


sess = session.Session(auth=auth, verify=False)

#Upload the image to the Glance
glance = gclient.Client('2', session=sess)

image = glance.images.create(name="CirrosImage",
                             container_format='bare',
                             disk_format='qcow2',
                             )
```

```
glance.images.upload(image.id, open('/root/cirros-0.4.0-x86_64-disk.img',
'rb'))
```

在上面的例子中注意以下几点。

- 由于接下来要与 `glance`（镜像管理组件）通信，因此，首先从安装的 `glanceclient` 模块中导入 `client`。
- 相同的 keystone 脚本用来生成包含 keystone 令牌的 `sess`。
- 创建了一个 `glance` 变量，使用 `glance` 参数初始化客户端管理器，包括版本号（version 2）和前面生成的令牌。
- 通过 **OpenStack GUI** 的 **API Access** 选项卡可以看到所有支持的 API 版本，如下图所示。另请注意，每个组件都有自己的版本。

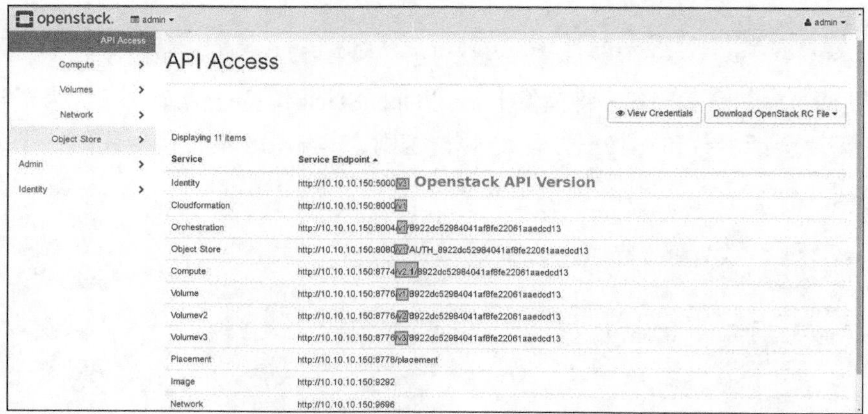

- glance 客户端管理器用来操纵 OpenStack glance 服务。管理器指示 glance 新建一个 `qcow2` 格式的名为 `CirrosImage` 的镜像。
- 用 `'rb'` 方式以二进制形式打开之前下载的镜像文件，将其上传到新建的镜像。现在 `glance` 会将该镜像导入镜像存储库里新建的文件中。

通过以下两种方法可以验证该操作是否成功。

- 如果执行 `glance.images.upload()` 后没有提示错误，则表示请求格式正确并且已被 OpenStack 中的 `glance` API 所接受。
- 运行 `glance.images.list()`，遍历返回的结果，以查看已上传镜像的详细信息。

```
print("=========================Image
Details===========================")
```

```
for image in glance.images.list(name="CirrosImage"):
    pprint(image)

{u'checksum': u'443b7623e27ecf03dc9e01ee93f67afe',
 u'container_format': u'bare',
 u'created_at': u'2018-04-11T03:11:58Z',
 u'disk_format': u'qcow2',
 u'file': u'/v2/images/3c2614b0-e53c-4be1-b99d-bbd9ce14b287/file',
 u'id': u'3c2614b0-e53c-4be1-b99d-bbd9ce14b287',
 u'min_disk': 0,
 u'min_ram': 0,
 u'name': u'CirrosImage',
 u'owner': u'8922dc52984041af8fe22061aaedcd13',
 u'protected': False,
 u'schema': u'/v2/schemas/image',
 u'size': 12716032,
 u'status': u'active',
 u'tags': [],
 u'updated_at': u'2018-04-11T03:11:58Z',
 u'virtual_size': None,
 u'visibility': u'shared'}
```

15.4.2 分配类型模板

类型模板（flavor）用来指定实例的 CPU、内存和存储大小。OpenStack 具有一组预定义的类型模板，尺寸从小到大对应不同的需求。对于 cirros 镜像，2 GB RAM、1 个 vCPU 和 20 GB 存储空间的"small"类型模板已经足够了。作为 nova 的一部分，没有单独的 API 客户端来访问类型模板。

在 **OpenStack GUI** 中选择 **admin→Flavors** 中可以看到所有可用的内置类型模板（见下图）。

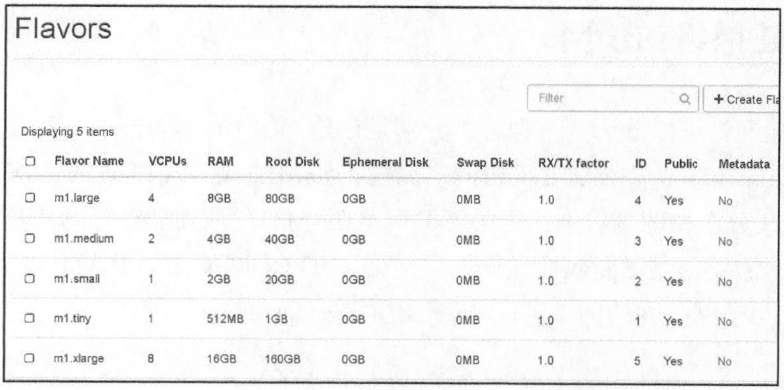

Flavors

Filter | + Create Fl

Displaying 5 items

Flavor Name	VCPUs	RAM	Root Disk	Ephemeral Disk	Swap Disk	RX/TX factor	ID	Public	Metadata
m1.large	4	8GB	80GB	0GB	0MB	1.0	4	Yes	No
m1.medium	2	4GB	40GB	0GB	0MB	1.0	3	Yes	No
m1.small	1	2GB	20GB	0GB	0MB	1.0	2	Yes	No
m1.tiny	1	512MB	1GB	0GB	0MB	1.0	1	Yes	No
m1.xlarge	8	16GB	160GB	0GB	0MB	1.0	5	Yes	No

脚本如下。

```
from keystoneauth1.identity import v3
from keystoneauth1 import session
from novaclient import client as nclient
from pprint import pprint

auth = v3.Password(auth_url="http://10.10.10.150:5000/v3",
                   username="admin",
                   password="access123",
                   project_name="admin",
                   user_domain_name="Default",
                   project_domain_name="Default")

sess = session.Session(auth=auth, verify=False)

nova = nclient.Client(2.1, session=sess)
instance_flavor = nova.flavors.find(name="m1.small")
print("==========================Flavor Details==========================")
pprint(instance_flavor)
```

在上面的脚本中注意以下几点。

- 由于需要与 nova（计算服务）通信来获取类型模板，因此将 novaclient 模块导入为 nclient。
- 相同的 keystone 脚本用来生成包含 keystone 令牌的 sess。
- 创建 nova 参数，用 nova 初始化客户端管理器，并将版本（version 2）和生成的令牌提供给客户端。
- 使用 nova.flavors.find() 方法找到所需的类型模板，即 m1.small。该名称必须与 OpenStack 中的名称完全匹配，否则会引发错误。

15.4.3 创建网络和子网

为实例创建网络可以分为两个部分，分别是创建网络（network）本身，以及创建与之相关联的子网（subnet）。首先，需要提供网络属性，如 ML2 驱动（Flat、VLAN、VxLAN 等），网段 ID（用来区分在相同接口上运行的不同网络），MTU，物理接口，实例是否需要访问外部网络。其次，需要提供子网属性，例如，网络 CIDR、网关 IP、IPAM 参数（DHCP/DNS 服务器），以及与子网关联的网络 ID，如下图所示。

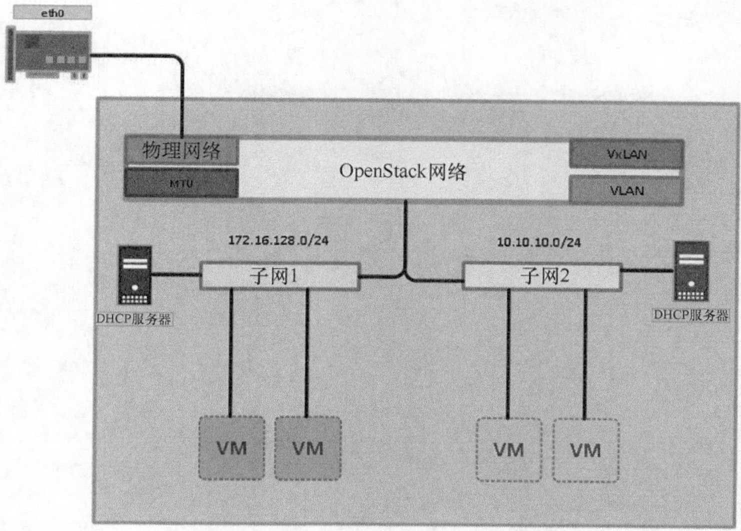

现在开发一个 Python 脚本，通过与 neutron 组件交互创建一个带子网的网络。

```
from keystoneauth1.identity import v3
from keystoneauth1 import session
import neutronclient.neutron.client as neuclient

auth = v3.Password(auth_url="http://10.10.10.150:5000/v3",
                   username="admin",
                   password="access123",
                   project_name="admin",
                   user_domain_name="Default",
                   project_domain_name="Default")

sess = session.Session(auth=auth, verify=False)

neutron = neuclient.Client(2, session=sess)

# Create Network

body_network = {'name': 'python_network',
                'admin_state_up': True,
                #'port_security_enabled': False,
                'shared': True,
                # 'provider:network_type': 'vlan|vxlan',
                # 'provider:segmentation_id': 29
                # 'provider:physical_network': None,
                # 'mtu': 1450,
                }
neutron.create_network({'network':body_network})
network_id =
```

```
neutron.list_networks(name="python_network")["networks"][0]["id"]


# Create Subnet

body_subnet = {
            "subnets":[
                {
                    "name":"python_network_subnet",
                    "network_id":network_id,
                    "enable_dhcp":True,
                    "cidr": "172.16.128.0/24",
                    "gateway_ip": "172.16.128.1",
                    "allocation_pools":[
                        {
                            "start": "172.16.128.10",
                            "end": "172.16.128.100"
                        }
                    ],
                    "ip_version": 4,
                }
            ]
        }
neutron.create_subnet(body=body_subnet)
```

在上面的脚本中注意以下几点。

由于需要与 neutron（网络服务）通信来创建网络和相关子网，因此首先将 neutronclient 模块导入为 neuclient。

然后，使用同样的 keystone 脚本生成包含 keystone 令牌的 sess，用于在后面访问 neutron 资源。

接下来，创建了 neutron 参数，用 neutron 初始化客户端管理器，并为客户端提供版本（version 2）和生成的令牌。

接下来，创建了两个 Python 字典 body_network 和 body_subnet，分别保存网络和子网的消息体。字典的键是静态的且无法更改，而值可以更改（通常由外部系统或 Excel 工作表提供，具体取决于部署）。此外，这里注释掉了网络创建过程中不需要的部分，如 provider:physical_network 和 provider:network_type，因为 cirros 镜像不会与 provider 网络（在 OpenStack 域外定义的网络）通信。为了保持配置的完整性，这些注释掉的部分仅供参考。

最后，通过 list_networks()方法首先获取 network_id 并将其作为 body_subnet

变量中 network_id 键的值传递给子网，将网络和子网关联在一起。

15.4.4 启动实例

最后要做的就是融会贯通。我们已经有了启动镜像、实例类型的模板，以及将机器与其他实例连在一起的网络。现在准备使用 nova 客户端启动实例（记住，nova 负责虚拟机生命周期和 VM 上的 CRUD 操作）。

```
print("=================Launch The Instance=================")

image_name = glance.images.get(image.id)
network1 = neutron.list_networks(name="python_network")
instance_nics = [{'net-id': network1["networks"][0]["id"]}]

server = nova.servers.create(name = "python-instance",
                             image = image_name.id,
                             flavor = instance_flavor.id,
                             nics = instance_nics,)
status = server.status
while status == 'BUILD':
    print("Sleeping 5 seconds till the server status is changed")
    time.sleep(5)
    instance = nova.servers.get(server.id)
    status = instance.status
    print(status)
print("Current Status is: {0}".format(status))
```

在上面的脚本中，我们以生成实例所需的所有信息（实例名称、操作系统、风格和网络）作为参数，调用了 nova.servers.create()方法。此外，还实现了一个轮询机制，轮询 nova 服务以获取服务器（就是创建的实例）当前状态。如果服务器仍处于 BUILD 阶段，脚本将休眠 5s，然后再次轮询。当服务器状态更改为 ACTIVE 或 FAILURE 时循环退出，并在结束时输出服务器状态。

脚本的输出如下。

```
Sleeping 5 seconds till the server status is changed
Sleeping 5 seconds till the server status is changed
Sleeping 5 seconds till the server status is changed
Current Status is: ACTIVE
```

此外，还可以从 **OpenStack GUI** 中选择 **Compute→Instances** 以查看实例（见下图）。

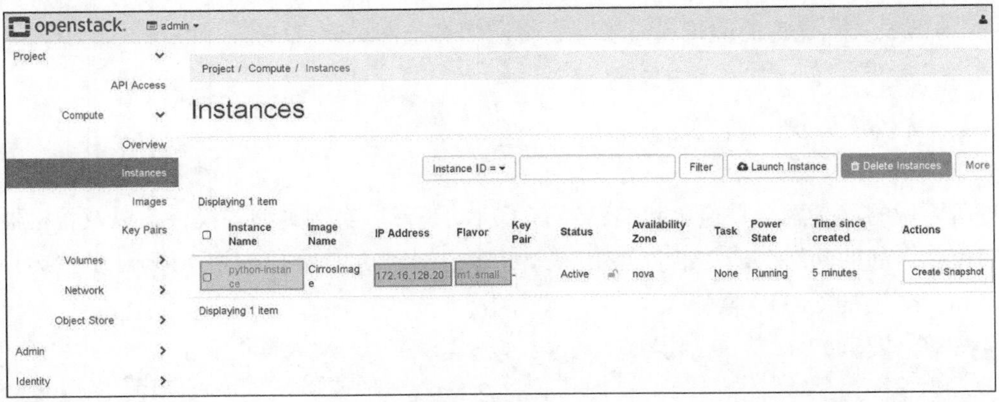

15.5　使用 Ansible 管理 OpenStack 实例

Ansible 提供了管理 OpenStack 实例生命周期的模块，这有点类似于使用 API。通过 Ansible 网站可以找到这类模块的列表。

所有 OpenStack 模块都依赖于一个叫作 `shade` 的 Python 库，它相当于对 OpenStack 客户端的一个封装。

在自动化服务器上安装了 `shade` 之后，就可以访问 `os-*`模块。这类模块可以操作 OpenStack 配置，如 `os_image`（用来处理 OpenStack 镜像），`os_network`（用来创建网络），`os_subnet`（用来创建子网以及将子网关联到创建的网络），`os_nova_flavor`（创建类型模板，指定 RAM、CPU 和磁盘），以及 `os_server` 模块（用来操作 OpenStack 实例）。

15.5.1　Shade 和 Ansible 的安装

在自动化服务器中，使用 `pip` 下载并安装 `shade`，同时也包括所有依赖。

```
pip install shade
```

安装完成后 `shade` 会出现在 Python 的 `site-packages` 下，但是我们不直接使用 `shade` 而借助 Ansible 来完成相应的操作。

如果在前面的章节中你没有安装 Ansible，那么现在需要在自动化服务器中安装它。

```
# yum install ansible -y
```

通过命令行查询 Ansible 版本来验证 Ansible 是否安装成功。

```
[root@AutomationServer ~]# ansible --version
ansible 2.5.0
  config file = /etc/ansible/ansible.cfg
  configured module search path = [u'/root/.ansible/plugins/modules',
u'/usr/share/ansible/plugins/modules']
  ansible python module location = /usr/lib/python2.7/site-packages/ansible
  executable location = /usr/bin/ansible
  python version = 2.7.5 (default, Aug  4 2017, 00:39:18) [GCC 4.8.5
20150623 (Red Hat 4.8.5-16)]
```

15.5.2 创建 Ansible playbook

如第 13 章所述，使用 Ansible 进行管理依赖于 YAML 文件，该文件需要包含所有期望对设备清单中的主机执行的操作。在这种情况下，我们让 playbook 和自动化服务器上的 shade 库建立本地连接，并为 playbook 提供 keystonerc_admin 认证信息，帮助 shade 将请求发送到 OpenStack 服务器。

playbook 的脚本如下。

```
---
- hosts: localhost
  vars:
      os_server: '10.10.10.150'
  gather_facts: yes
  connection: local
  environment:
    OS_USERNAME: admin
    OS_PASSWORD: access123
    OS_AUTH_URL: http://{{ os_server }}:5000/v3
    OS_TENANT_NAME: admin
    OS_REGION_NAME: RegionOne
    OS_USER_DOMAIN_NAME: Default
    OS_PROJECT_DOMAIN_NAME: Default

  tasks:
    - name: "Upload the Cirros Image"
      os_image:
        name: Cirros_Image
        container_format: bare
        disk_format: qcow2
        state: present
        filename: /root/cirros-0.4.0-x86_64-disk.img
      ignore_errors: yes

    - name: "CREATE CIRROS_FLAVOR"
      os_nova_flavor:
```

```
        state: present
        name: CIRROS_FLAVOR
        ram: 2048
        vcpus: 4
        disk: 35
      ignore_errors: yes

    - name: "Create the Cirros Network"
      os_network:
        state: present
        name: Cirros_network
        external: True
        shared: True
      register: Cirros_network
      ignore_errors: yes


    - name: "Create Subnet for The network Cirros_network"
      os_subnet:
        state: present
        network_name: "{{ Cirros_network.id }}"
        name: Cirros_network_subnet
        ip_version: 4
        cidr: 10.10.128.0/18
        gateway_ip: 10.10.128.1
        enable_dhcp: yes
        dns_nameservers:
          - 8.8.8.8
      register: Cirros_network_subnet
      ignore_errors: yes


    - name: "Create Cirros Machine on Compute"
      os_server:
        state: present
        name: ansible_instance
        image: Cirros_Image
        flavor: CIRROS_FLAVOR
        security_groups: default
        nics:
          - net-name: Cirros_network
      ignore_errors: yes
```

在 playbook 中，首先利用 os_*模块将镜像上传到 OpenStack 中的 glance 服务器，创建新的类型模板（而不是使用内置的），并创建与子网关联的网络。然后将所有内容存放到 os_server 中，使 os_server 与 nova 服务器通信，从而生成虚拟机实例。

注意，如果将 OpenStack 里 keystone 的认证信息添加到环境变量中，那么新建的虚拟机的主机名可能是 localhost（或 shade 库中的主机名）。

运行 playbook

将 playbook 上传到自动化服务器，然后通过下面的命令来运行。

```
ansible-playbook os_playbook.yml
```

playbook 的输出如下。

```
[WARNING]: No inventory was parsed, only implicit localhost is available

[WARNING]: provided hosts list is empty, only localhost is available. Note
that the implicit localhost does not match 'all'


PLAY [localhost]
****************************************************************************
*

TASK [Gathering Facts]
***********************************************************************
ok: [localhost]

TASK [Upload the Cirros Image]
***************************************************************
changed: [localhost]

TASK [CREATE CIRROS_FLAVOR]
******************************************************************
ok: [localhost]

TASK [Create the Cirros Network]
*************************************************************
changed: [localhost]

TASK [Create Subnet for The network Cirros_network]
*****************************************
changed: [localhost]

TASK [Create Cirros Machine on Compute]
******************************************************
changed: [localhost]

PLAY RECAP
****************************************************************************
*******
localhost                  : ok=6    changed=4    unreachable=0    failed=0
```

访问 OpenStack GUI 验证该实例是不是利用 Ansible 中的 playbook 创建的。

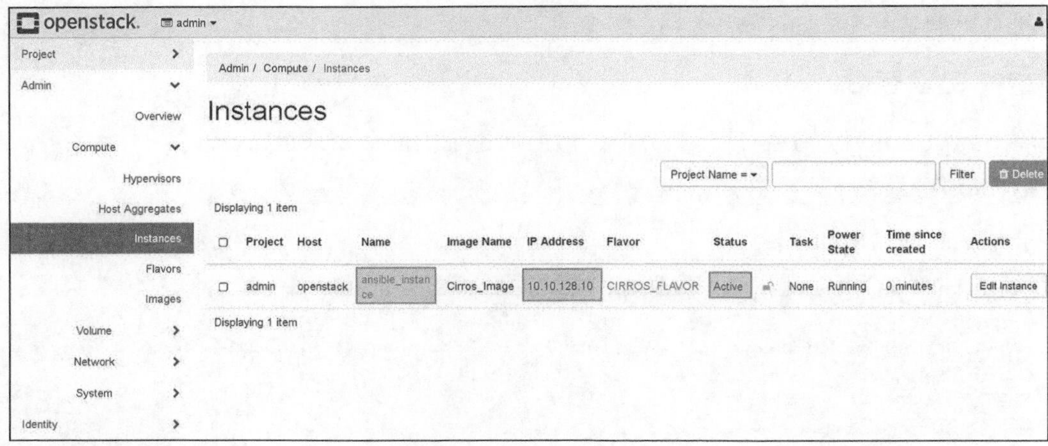

15.6　小结

如今，IT 行业正试图转移到开源领域，从而避免依赖某个硬件供应商。OpenStack 为这个开源领域提供了一个窗口。许多大型组织和电信运营商正在考虑把工作负载转移到 OpenStack，在其数据中心内构建私有云，并创建自己的工具与 OpenStack 提供的开源 API 进行交互。

下一章将探索另一个（付费的）公共亚马逊云，并讲述如何利用 Python 自动创建实例。

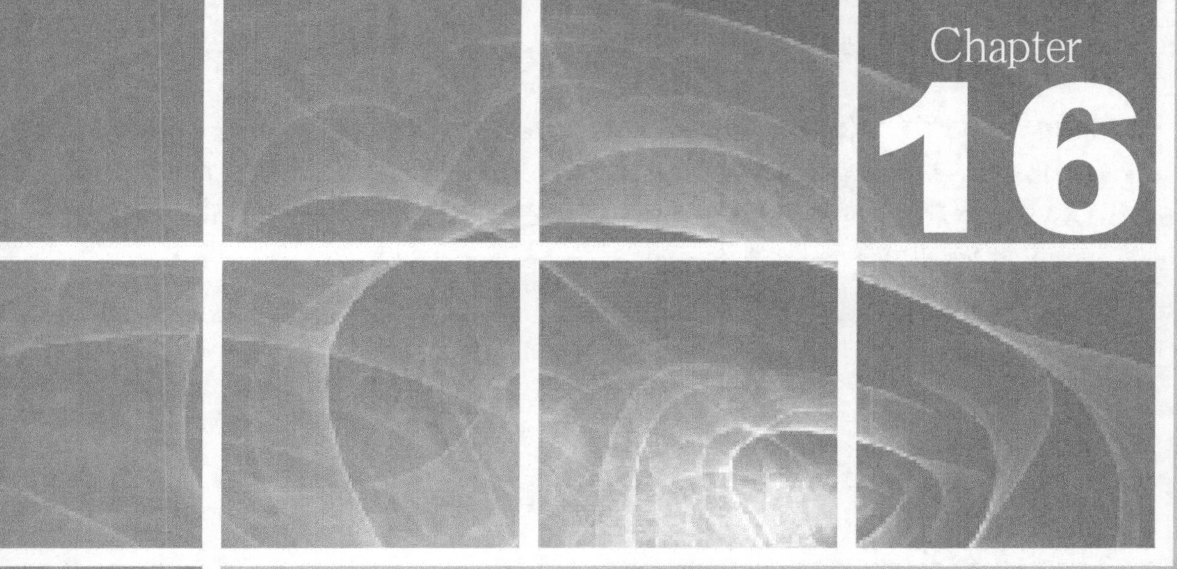

第 16 章 使用 Python 和 Boto3 自动化 AWS

前面的章节探讨了如何使用 Python 自动化 OpenStack 和 VMware 私有云。接下来继续我们的云自动化之旅，讨论自动化中最流行的公有云之一——**亚马逊 Web 服务**（Amazon Web Service，AWS）。本章将探讨如何使用 Python 脚本创建亚马逊弹性计算云（Elastic Compute Cloud，EC2）和亚马逊简单存储系统（Simple Storage System，S3）。

本章主要介绍以下内容：

- AWS Python 模块；
- 管理 AWS 实例；
- 自动化 AWS S3 服务。

16.1 AWS Python 模块

亚马逊 EC2 是一个可扩展的计算系统，用来提供托管不同虚拟机的虚拟化层（例如，OpenStack 生态系统中的 nova-compute 组件）。Amazon EC2 可以与其他服务（如 S3、Route 53 和 AMI）通信来实例化实例。简单地说，我们可以将 EC2 视为其他虚拟机管理程序（如 KVM 和 VMware）上的抽象层，由虚拟化基础设施管理器（Virtual Infrastructure Manager，VIM）来管理。EC2 接受 API 调用，根据虚拟机管理程序的类型将其转换为正确的调用。

亚马逊系统镜像（Amazon Machine Image，AMI）是一个打包的镜像系统，包含启动虚拟机所需的操作系统和软件包（如 OpenStack 中的 glance）。可以利用现有虚拟机创建自己的 AMI，当需要在其他基础设施上复制这些虚拟机时使用，或者直接使用互联网或亚马逊商城上公开可用的 AMI。我们将从亚马逊 Web 控制台获取 AMI ID 并将它添加到 Python 脚本中。

AWS 设计了一个名为 Boto3 的 SDK（参见 GitHub 网站），它支持 Python 2.6.5、2.7+和 3.3，允许 Python 开发人员通过脚本和软件与不同服务的 API（如亚马逊 EC2 和亚马逊 S3）交互。

Boto3 的主要特性详见 Boto3 官网。下面仅列出一些重要特性。

- **资源**：一个面向对象的高级接口。
- **集合**：遍历和操作资源组的工具。
- **客户端**：低层次的服务连接。

- **Paginators**：自动分页处理。
- **Waiters**：在某个状态或者发生故障时暂停执行。每个 AWS 资源都有一个通过 <resource_name> .waiter_names 访问的 waiter 名。

安装 Boto3

在连接到 AWS 之前需要一些准备工作。

（1）需要一个 Amazon 管理员账户，它应拥有在基础设施上创建、修改和删除的权限。

（2）安装与 AWS 交互的 Python 模块 Boto3。可以在 AWS **身份与访问管理**（Identity and Access Management，IAM）控制台中添加一个新用户以专门发送 API 请求。在 **Access Type** 部分可以看到 **Programmatic access** 选项。

（3）需要分配一个允许跨亚马逊服务（如 EC2 和 S3）进行完全访问的策略。单击 **Attach existing policy to user**，为用户添加 **AmazonEC2FullAccess** 和 **AmazonS3FullAccess** 策略。

（4）单击 **Create user** 添加用户，该用户拥有前面配置的选项和策略。

AWS 提供免费的 tier 账户注册功能，可以在 12 个月内免费试用亚马逊提供的多项服务。访问亚马逊网站获取免费账户。

当使用 Python 脚本管理 AWS 时，一种方法是使用 access key ID 来发送 API 请求并从 API 服务器上获取响应。我们不会使用用户名或密码来发送请求，因为这些信息很容易被他人截获。创建用户名后会出现一个文本文件，其中包含了 ID 之类的信息。下载该文件并将其保存在安全的地方，设置合适的 Linux 权限，方便我们打开和读取文件内容。

另一种方法是在主目录下创建一个 `.aws` 目录。在这个目录中创建两个文件——`credentials` 和 `config`。第一个文件中存放 access key ID 和 secret access ID。

`~/.aws/credentials` 的内容如下。

```
[default]
aws_access_key_id=AKIAIOSFODNN7EXAMPLE
aws_secret_access_key=wJalrXUtnFEMI/K7MDENG/bPxRfiCYEXAMPLEKEY
```

第二个文件用来保存用户配置，如创建 VM 的数据中心（区域）（这类似于 OpenStack 中的 availability zone 选项）。在下面的例子中，指定了在 `us-west-2` 数据中心上创建虚拟机。

配置文件~/.aws/config 的内容如下。

```
[default]
region=us-west-2
```

现在使用 pip 命令安装最新版本的 Boto3。

```
pip install boto3
```

```
bassim:~$ pip install boto3
Collecting boto3
  Downloading https://files.pythonhosted.org/packages/b8/29/f35b0a055014296bf4188043e2cc1fd4
ca041a085917655988422 32c2f5/boto3-1.7.26-py2.py3-none-any.whl (128kB)
    100% |████████████████████████████████| 133kB 351kB/s
Collecting jmespath<1.0.0,>=0.7.1 (from boto3)
  Downloading https://files.pythonhosted.org/packages/b7/31/05c8d001f7f87f0f07289a5fc0fc3832
e9a57f2dbd4d3b0fee70e0d51365/jmespath-0.9.3-py2.py3-none-any.whl
Collecting botocore<1.11.0,>=1.10.26 (from boto3)
  Downloading https://files.pythonhosted.org/packages/87/c5/7ed94b700d30534f346bb55408ca8501
325840bcdc371628cff10d7ba68d/botocore-1.10.26-py2.py3-none-any.whl (4.2MB)
    100% |████████████████████████████████| 4.2MB 324kB/s
Collecting s3transfer<0.2.0,>=0.1.10 (from boto3)
  Downloading https://files.pythonhosted.org/packages/d7/14/2a0004d487464d120c9fb85313a75cd3
d71a7506955be458eebfe19a6b1d/s3transfer-0.1.13-py2.py3-none-any.whl (59kB)
    100% |████████████████████████████████| 61kB 363kB/s
Collecting docutils>=0.10 (from botocore<1.11.0,>=1.10.26->boto3)
  Downloading https://files.pythonhosted.org/packages/50/09/c53398e0005b11f7ffb27b7aa720c617
aba53be4fb4f4f3f06b9b5c60f28/docutils-0.14-py2-none-any.whl (543kB)
    100% |████████████████████████████████| 552kB 391kB/s
Requirement already satisfied: python-dateutil<3.0.0,>=2.1; python_version >= "2.7" in ./.lo
cal/lib/python2.7/site-packages (from botocore<1.11.0,>=1.10.26->boto3) (2.6.1)
Collecting futures<4.0.0,>=2.2.0; python_version == "2.6" or python_version == "2.7" (from s
3transfer<0.2.0,>=0.1.10->boto3)
  Downloading https://files.pythonhosted.org/packages/2d/99/b2c4e9d5a30f6471e410a146232b4118
e697fa3ffc06d6a65efde84debd0/futures-3.2.0-py2-none-any.whl
```

在 Python 控制台中导入 Boto3，验证模块是否安装成功。如果没有出现错误，说明安装成功了。

```
bassim:~$ python
Python 2.7.15rc1 (default, Apr 15 2018, 21:51:34)
[GCC 7.3.0] on linux2
Type "help", "copyright", "credits" or "license" for more information.
>>> import boto3
>>>
```

16.2　管理 AWS 实例

现在我们已准备好使用 Boto3 创建虚拟机。前面已经讨论过，创建虚拟机时需要用到 AMI。将 AMI 看作 Python 类，创建虚拟机需要从中创建一个对象。这里我们选择使用亚马逊 Linux AMI，它是一个由亚马逊维护的特殊的 Linux 操作系统，用来部署 Linux 机器，无须任何额外费用。在亚马逊网站上可以找到对应不同地区的完整的 AMI ID。

Amazon Linux AMI IDs

The latest Amazon Linux AMI 2017.09.1 was released on 2018-01-17.

Region	HVM (SSD) EBS-Backed 64-bit	HVM Instance Store 64-bit	PV EBS-Backed 64-bit	PV Instance Store 64-bit	HVM (NAT) EBS-Backed 64-bit	HVM (Graphics) EBS-Backed 64-bit
US East N. Virginia	ami-97785bed	ami-f6795a8c	ami-c87053b2	ami-a4795ade	ami-8d7655f7	AWS Marketplace
US East Ohio	ami-f63b1193	ami-ca3b11af	n/a	n/a	ami-fc3b1199	n/a
US West Oregon	ami-f2d3638a	ami-74d8680c	ami-31d86849	ami-08d66670	ami-35d6664d	AWS Marketplace
US West N. California	ami-824c4ee2	ami-aa4f4dca	ami-d8494bb8	ami-bc4e4cdc	ami-394e4c59	AWS Marketplace
Canada Central	ami-a954d1cd	ami-2f4ecb4b	n/a	n/a	ami-2b4acf4f	n/a
EU Ireland	ami-d834aba1	ami-072eb17e	ami-e539a69c	ami-d535aaac	ami-a136a9d8	AWS Marketplace
EU	ami-403e2524	ami-b3312ad7	n/a	n/a	ami-87312ae3	n/a

实现上述操作的代码如下。

```
import boto3
ec2 = boto3.resource('ec2')
instance = ec2.create_instances(ImageId='ami-824c4ee2', MinCount=1,
            MaxCount=1, InstanceType='m5.xlarge',
            Placement={'AvailabilityZone': 'us-
                                    west-2'},
            )
print(instance[0])
```

在上面的例子中，按照以下步骤进行操作。

（1）导入之前安装的 Boto3 模块。

（2）指定我们希望与之交互的资源类型（即 EC2），并将其赋给 `ec2` 对象。

（3）使用 `create_instance()` 方法并为其提供实例参数（如 `ImageID` 和 `InstanceType`，类似于 OpenStack 中的类型模板，规定了虚拟机实例的规格，如 CPU 和内存等），以及我们应该在哪个 `AvailabilityZone` 中创建该实例。

（4）MinCount 和 MaxCount 定义了 EC2 对实例的扩展范围。例如，当其中一个实例的 CPU 使用率非常高时，EC2 可以自动部署另一个实例来分担负载，维持服务的健康状态。

（5）输出在下一个脚本中使用的实例 ID。

输出如下图所示。

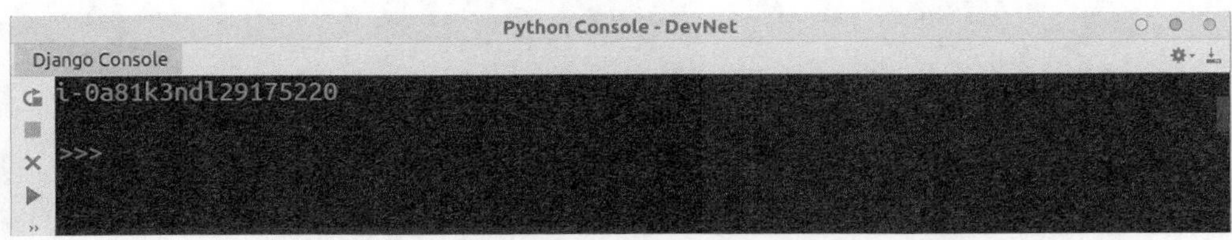

在亚马逊网站上可以看到所有有效的亚马逊 EC2 实例类型，请仔细阅读，以免因选错类型而被收取额外费用。

实例终止

接下来，在 CRUD 操作中使用上面输出的 ID 管理或终止实例。例如，可以使用前面创建的 ec2 资源，通过 terminate()方法来终止实例。

```
import boto3
ec2 = boto3.resource('ec2')
instance_id = "i-0a81k3ndl29175220"
instance = ec2.Instance(instance_id)
instance.terminate()
```

注意，在上面的代码中硬编码了 instance_id（如果需要在不同环境中使用动态 Python 脚本，就不能使用硬编码）。我们可以使用 Python 的其他输入方法（如 raw_input()），来获取用户输入或查询账户中的可用实例，让 Python 提示我们需要终止哪些实例。实践中另一个常见的例子是创建 Python 脚本来检查实例中上次的登录时间或资源消耗，如果超过限定值就终止该实例。终止实例在不希望因为恶意软件而造成资源浪费的实验环境中非常有用。

16.3 自动化 AWS S3 服务

AWS 简单存储系统（Simple Storage System，S3）提供安全且高度可扩展的对象存储服务，使用该服务可以存储任意大小的数据并从任意位置还原。系统提供版本控制选项，因此能够回滚到文件的任意一个历史版本。此外，AWS S3 还提供 REST Web 服务 API，你可以从外部应用程序中访问。

在数据进入 S3 时，S3 为其创建一个对象，这些对象存储在 `Buckets`（类似于文件夹）中。可以为每个存储桶提供复杂的用户权限并控制其可见性（公共、共享或私有）。存储桶访问可以使用策略或**访问控制列表**（Access Control List，ACL）。

存储桶中还存储了使用键值对来描述对象的元数据（metadata），可以通过 HTTP 的 POST 方法创建和设置键值对。元数据可以包括对象的名称、大小和日期，或者你想要的任何其他自定义键值。对于用户账户，最多有 100 个存储桶，但每个存储桶内托管的对象大小没有限制。

16.3.1 创建存储桶

在与 AWS S3 服务交互时，首先要做的是创建一个用来存储文件的存储桶。这就需要我们将 S3 传递给 `boto3.resource()`，它告诉 Boto3 启动初始化过程并加载与 S3 API 系统交互所需的命令。

```
import boto3
s3_resource = boto3.resource("s3")

bucket = s3_resource.create_bucket(Bucket="my_first_bucket",
CreateBucketConfiguration={
    'LocationConstraint': 'us-west-2'})
print(bucket)
```

在上面的例子中，按照以下步骤进行操作。

（1）导入之前安装的 Boto3 模块。

（2）指定一个期望与之交互的资源类型（即 `s3`），并将其赋给 `s3_resource` 对象。

（3）在 `s3_resource` 中使用 `create_bucket()` 方法，并传入创建存储桶所需的第一个参数（如用来指定名称的 `Bucket`）。记住，存储桶的名称必须是唯一的。第二个参数是

CreateBucketConfiguration 字典，其中指定了要在哪个数据中心上创建存储桶。

16.3.2 上传文件到存储桶

现在将文件上传到刚刚创建的存储桶中。记住，文件在存储桶中就是一个对象，因此 Boto3 中的一些方法就包含了对象。我们从使用 put_object() 方法开始。该方法将文件上传到存储桶中并将它另存为对象。

```
import boto3
s3_resource = boto3.resource("s3")
bucket = s3_resource.Bucket("my_first_bucket")

with open('~/test_file.txt', 'rb') as uploaded_data:
    bucket.put_object(Body=uploaded_data)
```

在上面的例子中，按照以下步骤进行操作。

（1）导入之前安装的 Boto3 模块。

（2）指定一个期望与之交互的资源类型（即 s3），并将其赋给 s3_resource 对象。

（3）通过 Bucket() 方法访问 my_first_bucket 并将返回值赋给 bucket 变量。

（4）使用 with 子句打开一个文件，并将其命名为 uploaded_data。注意，我们需要以二进制形式打开文件，这里使用了 rb 标志。

（5）使用存储桶提供的 put_object() 方法将二进制数据上传到存储桶中。

16.3.3 删除存储桶

现在对于存储桶来说，距离完整的 CRUD 操作只剩最后一步——删除存储桶。和上传数据一样，在 bucket 变量上调用 delete() 方法即可删除桶（该变量的创建方法在前面已经介绍过）。然而，当存储桶不为空时，delete() 可能会失败。因此首先使用 bucket_objects.all().delete() 方法获取存储桶中的所有对象，对它们应用 delete() 操作，然后再删除存储桶。

```
import boto3
s3_resource = boto3.resource("s3")
bucket = s3_resource.Bucket("my_first_bucket")
bucket.objects.all().delete()
bucket.delete()
```

16.4 小结

本章介绍了如何安装亚马逊弹性计算云，讨论了 Boto3 及其安装方法，还展示了如何自动化 AWS S3 服务。

下一章将介绍 Scapy 框架。它是一个功能强大的 Python 工具，用来构造网络报文并将其发送到网络上。

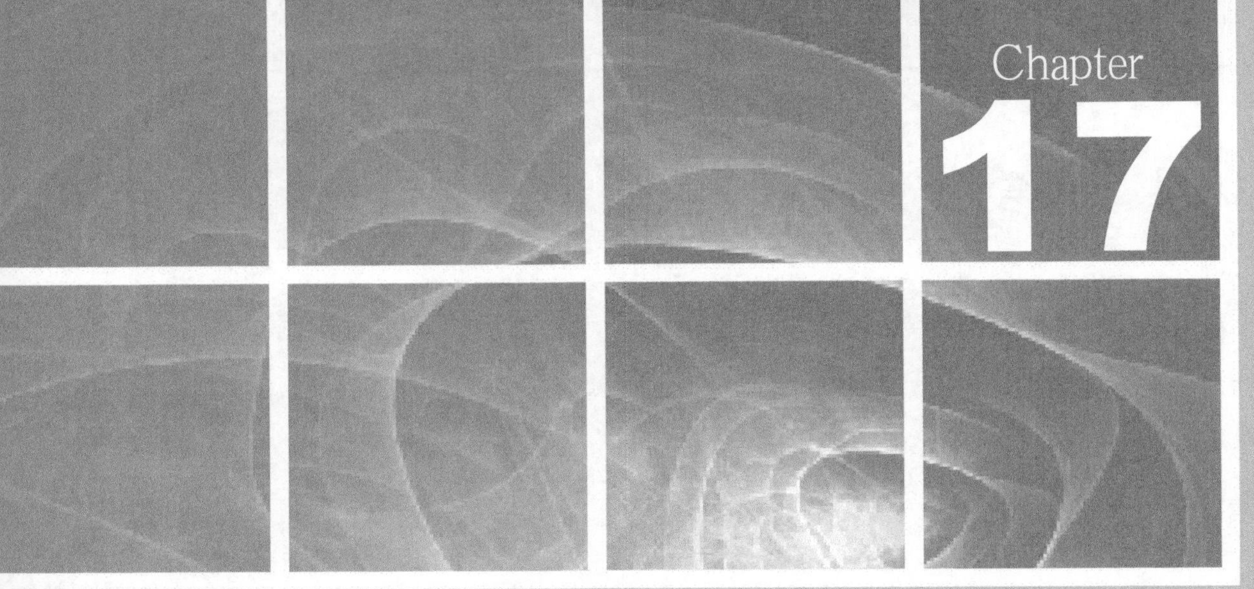

第 17 章 使用 Scapy 框架

Scapy 是一款功能强大的 Python 工具，用来创建和制作网络报文，然后将其发送到网络中。Scapy 可以构造任意类型的网络流并将其发送到网络中。在 Scapy 的帮助下我们可以使用不同的网络报文测试网络，以及操纵网络上返回的应答报文。

本章主要介绍以下内容：

- Scapy 框架；
- 安装 Scapy；
- 使用 Scapy 生成报文和网络流；
- 捕获和重播报文。

17.1 Scapy

Scapy 是一款功能强大的 Python 工具，用来捕获、嗅探、分析和操作网络报文。Scapy 还可以构造出不同网络协议的包，并将数据流注入网络中。可以用 Scapy 构造各种协议，设置协议中每个字段的值，还可以让 Scapy 发挥魔力，根据协议自动选择适当的值来构造有效报文。如果用户没有指定，Scapy 将尝试使用默认值构建报文。Scapy 将为每个流自动填充下列内容。

- 根据目的地和路由表选择 IP 源。
- 自动计算校验和。
- 根据输出接口选择源 MAC 地址。
- 根据上层协议选择合适的以太网类型和 IP。

通过编程，Scapy 可以将数据帧注入网络流中并再次发送它。例如，将 802.1q VLAN ID 注入流中并再次发送，从而在网络上执行攻击或分析网络行为。此外，还可以使用 Graphviz 和 ImageMagick 模块将两个端点之间的会话可视化。

Scapy 拥有自己的领域特定语言（Domain Specific Language，DSL），使用户能够描述他想要构建或操作的报文，并以相同的结构接收应答包。DSL 能够很好地利用 Python 内置数据类型（如列表和词典）。在接下来的例子中，我们可以看到从网络上接收的报文实际上就是一个 Python 列表，它可以使用正常的列表函数遍历数据。

17.2 安装 Scapy

从 Scapy 2.*x* 开始，Scapy 同时支持 Python 2.7.*x* 和 3.4+。然而，对于低于 2.3.3 的 Scapy 版本，需要使用 Python 2.5 和 2.7，2.3.3 之后的版本需要 Python 3.4+。我们已经安装了最新的 Python 版本，因此可以运行最新版本的 Scapy。

此外，Scapy 有一个已经废弃的旧版本（1.*x*），它不支持 Python 3，仅适用于 Python 2.4。

17.2.1 在基于 UNIX 的系统上安装 Scapy

要获得最新并且最好的 Scapy 版本，需要使用 Python 的 `pip` 命令。

```
pip install scapy
```

命令的输出如下所示。

```
[root@AutomationServer ~]# pip install scapy
Collecting scapy
  Downloading https://files.pythonhosted.org/packages/68/01/b9943984447e7ea6f8948e90c1729b78
161c2bb3eef908430638ec3f7296/scapy-2.4.0.tar.gz (3.1MB)
    100% |████████████████████████████████| 3.1MB 256kB/s
Building wheels for collected packages: scapy
  Running setup.py bdist_wheel for scapy ... done
  Stored in directory: /root/.cache/pip/wheels/cf/03/88/296bf69fee1f9ec7a87e122da52253b65f30
67f6ea8719b473
Successfully built scapy
Installing collected packages: scapy
Successfully installed scapy-2.4.0
You are using pip version 9.0.3, however version 10.0.1 is available.
You should consider upgrading via the 'pip install --upgrade pip' command.
[root@AutomationServer ~]#
```

访问 Python 控制台并尝试导入 `scapy` 模块，以验证安装是否成功。如果没有提示任何错误，说明安装成功。

```
[GCC 4.8.5 20150623 (Red Hat 4.8.5-16)] on linux2
Type "help", "copyright", "credits" or "license" for more information.
>>> import scapy
>>>
```

可视化对话以及捕获报文需要一些其他软件包。根据自己的平台使用后面介绍的命令完成安装。

1. 在 Debian 和 Ubuntu 系统中安装软件包

在 Debian 和 Ubuntu 系统中使用下面的命令安装其他软件包。

```
sudo apt-get install tcpdump graphviz imagemagick python-gnuplot
python-cryptography python-pyx
```

2. 在 Red Hat Linux 系统和 CentOS 中安装软件包

在 Red Hat Linux 系统和 CentOS 中使用下面的命令安装其他软件包。

```
yum install tcpdump graphviz imagemagick python-gnuplot python-
cryptopython-pyx -y
```

在基于 CentOS 的系统上可能需要安装 epel 存储库，如果在主存储库中找不到上面的软件包，可能需要更新系统后重新尝试。

17.2.2 Windows 系统和 macOS 对 Scapy 的支持情况

Scapy 主要是为基于 Linux 的系统开发的，但是也可以在其他操作系统上运行，比如在 Windows 和 macOS 上安装和使用。每个平台都会有一些限制。对于 Windows 系统，需要删除 WinPcap 驱动程序并使用 Npcap 驱动程序（不要同时安装这两个驱动程序以避免冲突）。关于在 Windows 系统上安装和使用的详细信息可以参考 readthedocs 网站。

对于 macOS，你需要安装一些 Python 绑定项并使用 libdnet 和 libpcap 库。完整的安装步骤详见 readthedocs 网站。

17.3 使用 Scapy 生成报文和网络流

前面提到过，Scapy 有自己的 DSL，它与 Python 集成在一起。此外，通过访问 Scapy 控制台可直接从 Linux shell 发送和接收报文。

```
sudo scapy
```

该命令的输出如下。

```
[root@AutomationServer ~]# sudo scapy
WARNING: Cannot read wireshark manuf database
INFO: Can't import matplotlib. Won't be able to plot.
INFO: Can't import PyX. Won't be able to use psdump() or pdfdump().
WARNING: No route found for IPv6 destination :: (no default route?)
WARNING: IPython not available. Using standard Python shell instead.
AutoCompletion, History are disabled.

                     aSPY//YASa
             apyyyyCY//////////YCa       |
            sY//////YSpcs  scpCY//Pp     | Welcome to Scapy
 ayp ayyyyyyySCP//Pp           syY//C    | Version 2.4.0
 AYAsAYYYYYYYY///Ps              cY//S   |
         pCCCCY//p          cSSps y//Y   | https://github.com/secdev/scapy
         SPPPP///a          pP///AC//Y   |
              A//A            cyP////C   | Have fun!
              p///Ac            sC///a   |
              P////YCpc           A//A   | We are in France, we say Skappee.
       scccccp///pSP///p          p//Y   | OK? Merci.
      sY/////////y  caa           S//P   |             -- Sebastien Chabal
       cayCyayP//Ya              pY/Ya   |
        sY/PsY////YCc          aC//Yp
         sc  sccaCY//PCypaapyCP//YSs
                  spCPY//////YPSps
                       ccaacs
```

注意，有些警告消息提醒缺少某些可选包（如 Matplotlib 和 PyX），但缺少它们不会影响 Scapy 的核心功能。

首先，检查 Scapy 支持的协议。运行 `ls()` 函数列出所有支持的协议。

```
>>> ls()
```

输出非常长，如果复制在这里可能会占用很多页，请自行在终端上查看。

我们一起来开发 hello world 程序并使用 Scapy 来运行。该程序向服务器的网关发送一个简单的 ICMP 报文。作者在自动化服务器（Scapy 就运行在上面）上安装了 Wireshark 并使用它来抓取从网络接口接收到的数据流。

在 Scapy 终端上执行下列代码。

```
>>> send(IP(dst="10.10.10.1")/ICMP()/"Welcome to Enterprise Automation
Course")
```

在 Wireshark 上可以看到以下消息。

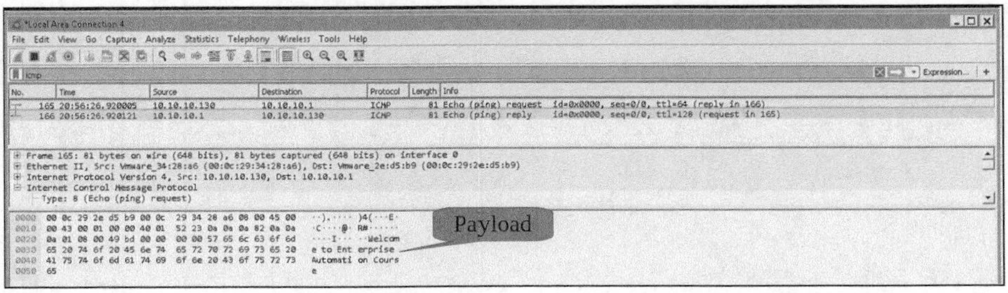

下面分析 Scapy 执行的命令。

- **Send**：这是 Scapy DSL 中的内置函数，它命令 Scapy 发送单个报文（不会等待任何应答报文，发送一个报文之后退出）。
- **IP**：在这个类中开始构造报文。从 IP 层开始，需要指定接收报文的目的主机（使用 `dst` 参数指定目的 IP 地址），还可以使用 `src` 参数指定源 IP 地址。这里让 Scapy 通过查询主机路由表找到合适的源 IP 地址，然后将其放入报文中。还可以指定其他参数，如**生存时间**（TTL）等，Scapy 将用它们替换默认参数。
- `/`：虽然看起来像 Python 中使用的普通除法运算符，但 Scapy DSL 用它区分报文层并将它们叠加在一起。
- **ICMP()**：内置类，用来创建具有默认值的 ICMP 报文。可以向该函数传递 ICMP 类型——`echo`、`echo reply`、`unreachable` 等。
- **Welcome to Enterprise Automation Course**：如果将字符串作为 ICMP 报文的内容，则 Scapy 会自动将其转换为正确的格式。

注意，这里没有在协议栈中指定以太网层，也没有提供任何 MAC 地址（源或目的地址）。默认情况下，Scapy 会自动填充这些字段从而创建有效的报文。Scapy 将自动检查主机的 ARP 表并找到源接口的 MAC 地址（以及目的地址，如果存在的话），然后将它们格式化为以太网帧。

在继续下一个例子之前，需要注意一点，可以使用 `ls()` 函数来获取每个协议中各个字段的默认值，然后在使用这些协议时设置相应的字段。

```
>>> ls(IP)
version    : BitField (4 bits)                    = (4)
ihl        : BitField (4 bits)                    = (None)
tos        : XByteField                           = (0)
len        : ShortField                           = (None)
id         : ShortField                           = (1)
flags      : FlagsField (3 bits)                  = (<Flag 0 ()>)
frag       : BitField (13 bits)                   = (0)
ttl        : ByteField                            = (64)
proto      : ByteEnumField                        = (0)
chksum     : XShortField                          = (None)
src        : SourceIPField                        = (None)
dst        : DestIPField                          = (None)
options    : PacketListField                      = ([])
>>> 
```

现在我们做一些更复杂的事情。假设有两个配置了 VRRP 的路由器，我们要打破这种关系，即切换一个新的主服务器，或至少造成一个网络抖动问题，拓扑结构如下。

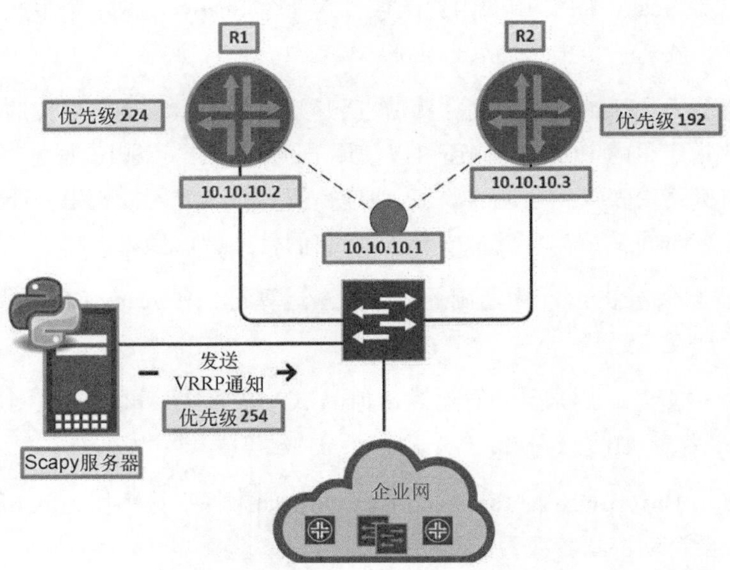

回忆一下，配置了 VRRP 的路由器会加入组播组中（255.0.0.18），以便从其他路由器接收通告(advertisement)。RRP 报文的目的 MAC 地址的最后两字节是 VRRP 组号(VRID)。VRRP 报文中还有一个路由器优先级，用来选择主路由器。我们将创建一个 Scapy 脚本，该脚本发送的 VRRP 通告的优先级高于网络中配置的优先级。这会导致 Scapy 服务器被选为新的主路由器。

```
from scapy.layers.inet import *
from scapy.layers.vrrp import VRRP

vrrp_packet =
Ether(src="00:00:5e:00:01:01",dst="01:00:5e:00:00:30")/IP(src="10.10.10.130
", dst="224.0.0.18")/VRRP(priority=254, addrlist=["10.10.10.1"])
sendp(vrrp_packet, inter=2, loop=1)
```

在这个例子中，注意以下几点。

首先，从 scapy.layers 模块导入了一些网络层，例如，inet 模块包含 IP()、Ether()、ARP()、ICMP()等层。需要的 VRRP 层可以从 scapy.layers.vrrp 中导入。

然后，构建一个 VRRP 报文并将其存储在 vrrp_packet 变量中。该报文的 MAC 地址中包含了 VRRP 组号（VRID）。以多播地址作为 IP 层的目的 IP 地址，同时在 VRRP 层内配置了更高的优先级。这样我们就有一个有效的 VRRP 通告，路由器会接收它。我们为每一层都提供了相应的信息，如目标 MAC 地址（VRRP MAC +VRID）和组播 IP（`225.0.0.18`）等信息。

最后，将精心设计的 `vrrp_packet` 传递给 `sendp()` 函数。`sendp()` 函数用来在 MAC 层（L2）发送报文，而不是像在前面的例子中使用的 `send()` 函数那样，在 IP 层（L3）发送报文。`sendp()` 不会像 `send()` 函数那样尝试解析主机名，仅操作 MAC（L2）层。此外，由于需要连续发送该通告，因此我们配置了 `loop` 和 `inter` 参数，每 2s 发送一次通告。

脚本的输出如下图所示。

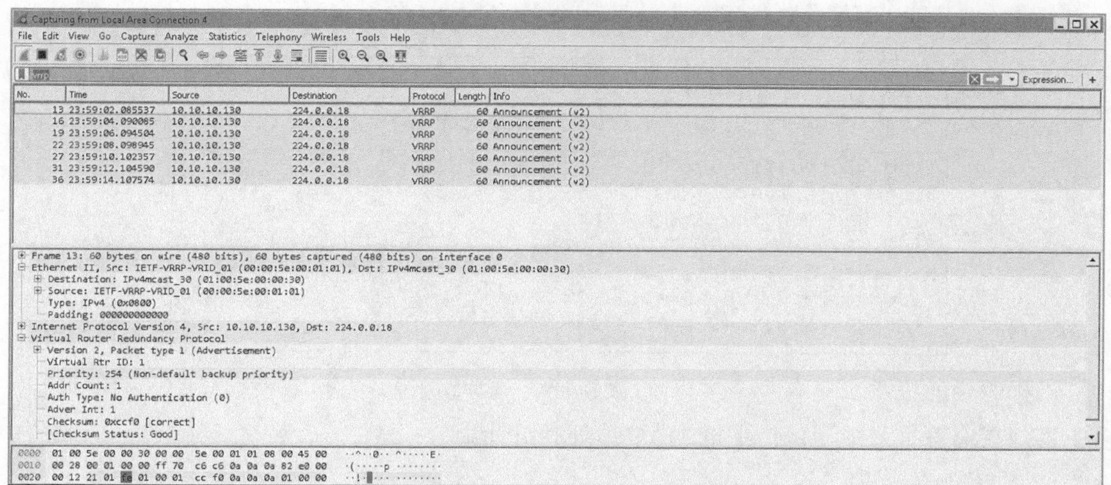

结合 ARP 欺骗和 VLAN 跳跃攻击，可以将 L2 中的 MAC 地址更改成 Scapy 服务器的 MAC 地址，进行中间人（Man in the Middle，MITM）攻击。

Scapy 的一些类提供了扫描功能。例如，`arping()` 接收 regex 格式的 IP 地址，并能够对网络进行 ARP 扫描。Scapy 会向这些子网内的所有主机发送 ARP 请求并检查应答报文。

```
from scapy.layers.inet import *
arping("10.10.10.*")
```

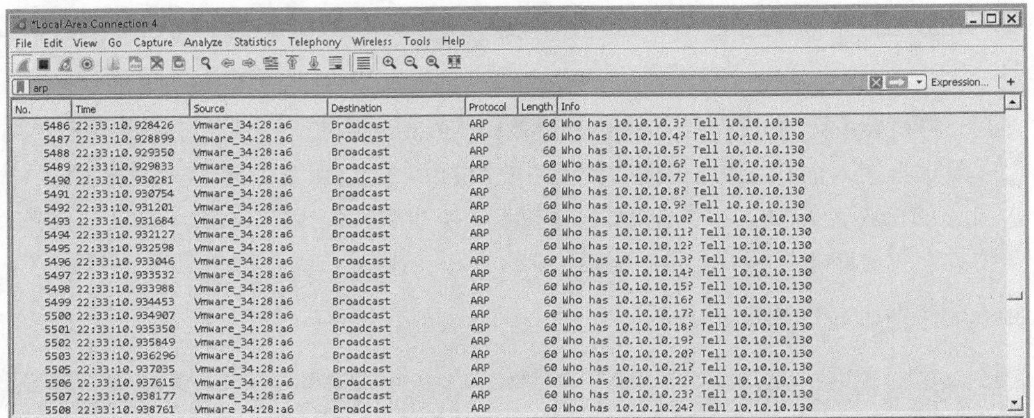

脚本的输出结果如下。

```
[root@AutomationServer ~]# python ping_arp.py
Begin emission:
Finished sending 256 packets.
*
Received 1 packets, got 1 answers, remaining 255 packets
  00:0c:29:2e:d5:b9 10.10.10.1
[root@AutomationServer ~]#
```

根据收到的报文，只有一个主机响应 Scapy，也就是说，在全部被扫描的子网中只有一台主机。在应答报文中还包括主机 MAC 地址和 IP 地址。

17.4 抓取和重播报文

Scapy 能够监听网络接口并捕获该接口上的所有输入报文。Scapy 可以像 tcpdump 一样将监听到的报文写入 pcap 文件中，但 Scapy 能够读取 pcap 文件的内容并将其重播到网络中。

从简单的报文重播开始，我们将介绍如何使用 Scapy 读取一个正常的 pcap 文件（使用 tcpdump 或 Scapy 从网络上抓取）并再次将其发送到网络上。该方法对于需要测试网络在收到某些特定数据流时的行为非常有用。例如，如果在防火墙上配置了阻止 FTP 的规则，就可以使用 Scapy 重播 FTP 数据来测试防火墙的设置。

在下面的例子中，我们将使用现有的含 FTP 流量的 pcap 文件，并将其内容重播到网络上。

```
from scapy.layers.inet import *
from pprint import pprint
```

```
pkts = PcapReader("/root/ftp_data.pcap") #should be in wireshark-tcpdump
format

for pkt in pkts:
    pprint(pkt.show())
```

PcapReader()把 pcap 文件作为输入并进行分析，获取每个报文并将其添加到 pkts 列表中。可以遍历这个列表来显示每个报文的内容。

脚本的输出如下。

```
[root@AutomationServer ~]# python reading_pkt.py
###[ Ethernet ]###
  dst       = 00:0c:29:34:28:a6
  src       = 00:0c:29:2e:d5:b9
  type      = IPv4
###[ IP ]###
     version   = 4
     ihl       = 5
     tos       = 0x0
     len       = 195
     id        = 27000
     flags     = DF
     frag      = 0
     ttl       = 128
     proto     = tcp
     chksum    = 0x0
     src       = 10.10.10.1
     dst       = 10.10.10.130
     \options   \
###[ TCP ]###
        sport     = ftp
        dport     = 45380
```

此外，通过 get_layer()函数可以从报文中获取某一层的信息。例如，在构建新的报文时，需要获取不带包头的原始数据。下面的脚本演示了如何以十六进制格式获取所需的数据。稍后将它转换为 ASCII 格式。

```
from scapy.layers.inet import *
from pprint import pprint
pkts = PcapReader("/root/ftp_data.pcap") #should be in wireshark-tcpdump
format

ftp_data = b""
for pkt in pkts:
    try:
        ftp_data += pkt.get_layer(Raw).load
    except:
        pass
```

注意，这里必须将 get_layer()方法放在 try...except 子句，因为某些层不包含原始数据（如 FTP 控制消息）。这时 Scapy 会抛出错误，脚本能够继续运行。当然，也可以将脚本改为 if 子句，只有当报文中包含 FTP 数据时才将数据加入 ftp_data 中。

为了避免出现读取错误，不要使用默认格式保存 pcap 文件，而是将其另存（或导出）为 Wireshark/tcpdump 支持的格式，如下图所示。

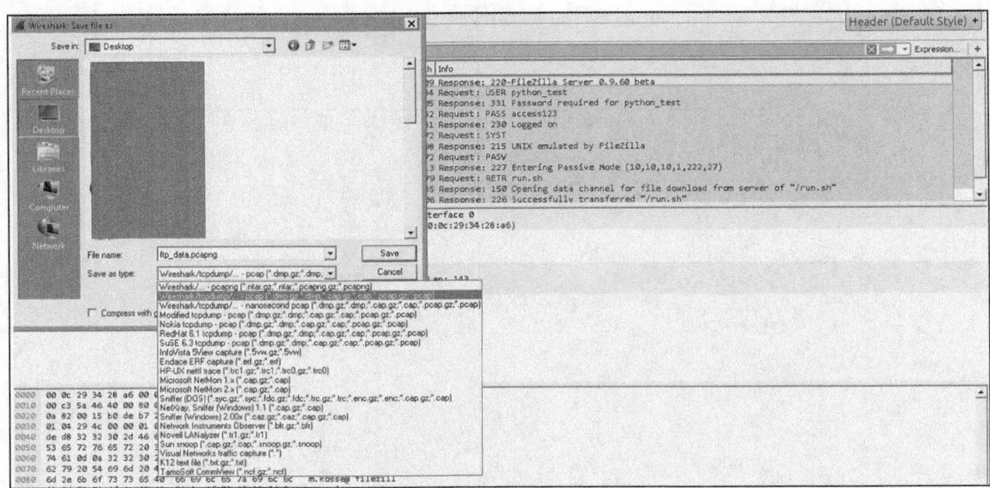

17.4.1 向报文注入数据

Scapy 可以在改变报文的内容之后再将其发送回网络。报文实际上可以看作由存储在列表中的一个个元素组成的。因此我们可以通过遍历这些元素来替换某些内容，比如改变 MAC 地址、IP 地址，给每个报文或符合某个条件的报文添加别的层。然而，改变报文中某些层的内容（如 IP 层、TCP 层），将改变报文的校验和，导致错误的校验和，接收方可能因此而丢弃报文。

Scapy 还有一个很强大的功能。针对前面提到的校验和问题，如果改变了 pcap 文件的内容，Scapy 能够根据新的内容自动计算校验和。

现在修改前面的脚本，改变报文的某个参数，然后在发送到网络之前重建校验和。

```
from scapy.layers.inet import *
from pprint import pprint
pkts = PcapReader("/root/ftp_data.pcap") #should be in wireshark-tcpdump
format


p_out = []
```

```
for pkt in pkts:
    new_pkt = pkt.payload

    try:
        new_pkt[IP].src = "10.10.88.100"
        new_pkt[IP].dst = "10.10.88.1"
        del (new_pkt[IP].chksum)
        del (new_pkt[TCP].chksum)
    except:
        pass

    pprint(new_pkt.show())
    p_out.append(new_pkt)
send(PacketList(p_out), iface="eth0")
```

在上面的脚本中，注意以下几点。

首先，利用 PcapReader()类读取 FTP pcap 文件的内容并将报文存储在 pkts 变量中。

然后，遍历报文并将内容保存到 new_pkt 中，以便接下来改变报文参数。记住，报文本身是类的对象，可以通过访问 src 和 dst 成员来改变其值。在这里我们将目标地址改成网关的地址，将源地址改为与原始报文不同的值。

接下来，由于新的 IP 值改变了原来的校验和，因此需要使用 del 关键字删除 IP 和 TCP 的校验和。Scapy 会根据报文的新内容重新计算校验和。

最后，将 new_pkt 添加到空的 p_out 列表中，并使用 send()函数将其发送出去。在 send 函数中可以指定发送的网卡接口，或者让 Scapy 根据主机路由表为报文选择正确的发送网络接口。

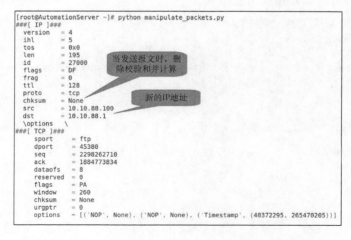

脚本的输出结果如下。

```
[root@AutomationServer ~]# python manipulate_packets.py
###[ IP ]###
  version   = 4
  ihl       = 5
  tos       = 0x0
  len       = 195
  id        = 27000
  flags     = DF
  frag      = 0
  ttl       = 128
  proto     = tcp
  chksum    = None
  src       = 10.10.88.100
  dst       = 10.10.88.1
  \options   \
###[ TCP ]###
     sport     = ftp
     dport     = 45380
     seq       = 2298262710
     ack       = 1884773834
     dataofs   = 8
     reserved  = 0
     flags     = PA
     window    = 260
     chksum    = None
     urgptr    = 0
     options   = [('NOP', None), ('NOP', None), ('Timestamp', (40372295, 265470205))]
```

如果网关中的 Wireshark 还在运行，可以在 Wireshark 中看到捕获的 ftp 报文使用的就是重新计算的校验和（见下图）。

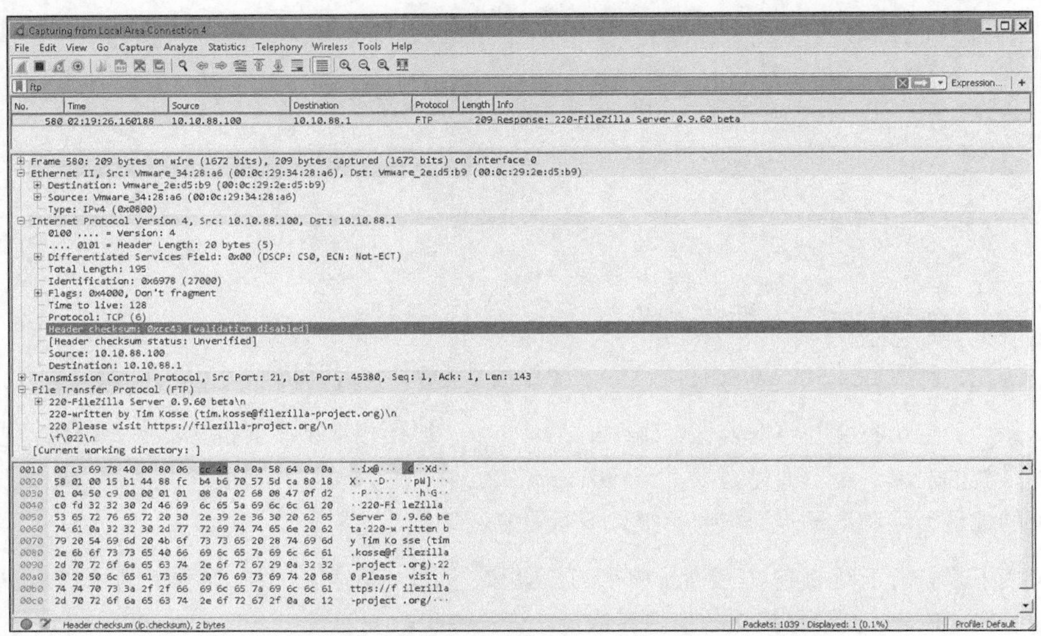

17.4.2 报文嗅探

Scapy 内嵌了报文捕获函数 sniff()。默认情况下，如果不指定过滤器或网络接口，sniff()将监控所有接口并捕获所有报文。

```
from scapy.all import *
from pprint import pprint

print("Begin capturing all packets from all interfaces. send ctrl+c to
terminate and print summary")
pkts = sniff()

pprint(pkts.summary())
```

脚本的输出结果如下。

```
[root@AutomationServer ~]# python sniff_all.py
^CEther / IPv6 / UDP fe80::c1ec:5f5d:9e9b:c874:dhcpv6_client > ff02::1:2:dhcpv6_server / DHC
P6_Solicit / DHCP6OptElapsedTime / DHCP6OptClientId / DHCP6OptIA_NA / DHCP6OptClientFQDN / D
HCP6OptVendorClass / DHCP6OptOptReq
Ether / ARP who has 10.10.10.130 says 10.10.10.1 / Padding
Ether / ARP is at 00:0c:29:34:28:a6 says 10.10.10.130
Ether / IP / ICMP 10.10.10.1 > 10.10.10.130 echo-request 0 / Raw
Ether / IP / ICMP 10.10.10.130 > 10.10.10.1 echo-reply 0 / Raw
Ether / IPv6 / UDP fe80::c1ec:5f5d:9e9b:c874:dhcpv6_client > ff02::1:2:dhcpv6_server / DHCP6
_Solicit / DHCP6OptElapsedTime / DHCP6OptClientId / DHCP6OptIA_NA / DHCP6OptClientFQDN / DHC
P6OptVendorClass / DHCP6OptOptReq
Ether / IP / ICMP 10.10.10.1 > 10.10.10.130 echo-request 0 / Raw
Ether / IP / ICMP 10.10.10.130 > 10.10.10.1 echo-reply 0 / Raw
Ether / IP / ICMP 10.10.10.1 > 10.10.10.130 echo-request 0 / Raw
Ether / IP / ICMP 10.10.10.130 > 10.10.10.1 echo-reply 0 / Raw
Ether / IP / ICMP 10.10.10.1 > 10.10.10.130 echo-request 0 / Raw
Ether / IP / ICMP 10.10.10.130 > 10.10.10.1 echo-reply 0 / Raw
Ether / IP / TCP 10.10.10.1:49250 > 10.10.10.130:ssh PA / Raw
Ether / IP / TCP 10.10.10.130:ssh > 10.10.10.1:49250 A
```

当然，也可以指定过滤器及网络接口来改变监听条件。例如，在前面的输出中，我们可以看到所有接口上的报文，包括 ICMP、TCP、SSH 和 DHCP 等。如果希望看到 eth0 上的 ICMP 报文，可以在 sniff()函数中指定 filter（过滤器）以及 iface 参数，使其仅记录 eth0 接口上的 ICMP 报文。

```
from scapy.all import *
from pprint import pprint

print("Begin capturing all packets from all interfaces. send ctrl+c to
terminate and print summary")
pkts = sniff(iface="eth0", filter="icmp")

pprint(pkts.summary())
```

脚本的输出结果如下。

```
[root@AutomationServer ~]# python sniff_icmp_eth0.py
Begin capturing all packets from all interfaces. send ctrl+c to terminate and print summary
^CEther / IP / ICMP 10.10.10.1 > 10.10.10.130 echo-request 0 / Raw
Ether / IP / ICMP 10.10.10.130 > 10.10.10.1 echo-reply 0 / Raw
Ether / IP / ICMP 10.10.10.1 > 10.10.10.130 echo-request 0 / Raw
Ether / IP / ICMP 10.10.10.130 > 10.10.10.1 echo-reply 0 / Raw
Ether / IP / ICMP 10.10.10.1 > 10.10.10.130 echo-request 0 / Raw
Ether / IP / ICMP 10.10.10.130 > 10.10.10.1 echo-reply 0 / Raw
Ether / IP / ICMP 10.10.10.1 > 10.10.10.130 echo-request 0 / Raw
Ether / IP / ICMP 10.10.10.130 > 10.10.10.1 echo-reply 0 / Raw
None
```

注意，在上面的脚本中，由于使用了过滤器，sniff()仅捕获 eth0 接口上的 ICMP 报文，其他报文将被丢弃。参数 iface 支持单个接口或接口列表。

sniff 还有个高级功能——stop_filter，该函数能够检查每个捕获的报文，以确定是否在收到该报文后停止监听。例如，如果设置了 stop_filter = lambda x:

x.haslayer(TCP)，那么一旦捕获带 TCP 层的报文就会停止监听。利用 store 选项可以选择是将报文存储在内存中（默认启用）还是处理后直接丢弃。Store 选项能够帮助我们从网络上获取报文而不必将其写入内存。在 sniff 函数中将 store 参数设置为 false，Scapy 依然能够使用之前定义的那些函数（比如从报文中获取一些信息或将它们重新发送到不同的目的地址等）来处理报文，只不过不会将原始报文存储在内存中，而是处理完后直接丢弃，从而节约内存资源。

17.4.3 将报文写入 pcap 文件

借助 wrpcap() 函数，可以将捕获的报文写入标准的 pcap 文件，方便使用 Wireshark 打开。wrpcap() 函数有两个参数，第一个是文件完整的存储路径，第二个是使用 sniff() 函数捕获的报文列表。

```
from scapy.all import *

print("Begin capturing all packets from all interfaces. send ctrl+c to
terminate and print summary")
pkts = sniff(iface="eth0", filter="icmp")

wrpcap("/root/icmp_packets_eth0.pcap",pkts)
```

17.5 小结

本章介绍了如何利用 Scapy 框架，如何通过自定义数据构建各种包含任意网络层的报文。同时，本章还讨论了如何在网络接口上捕获并重播报文。

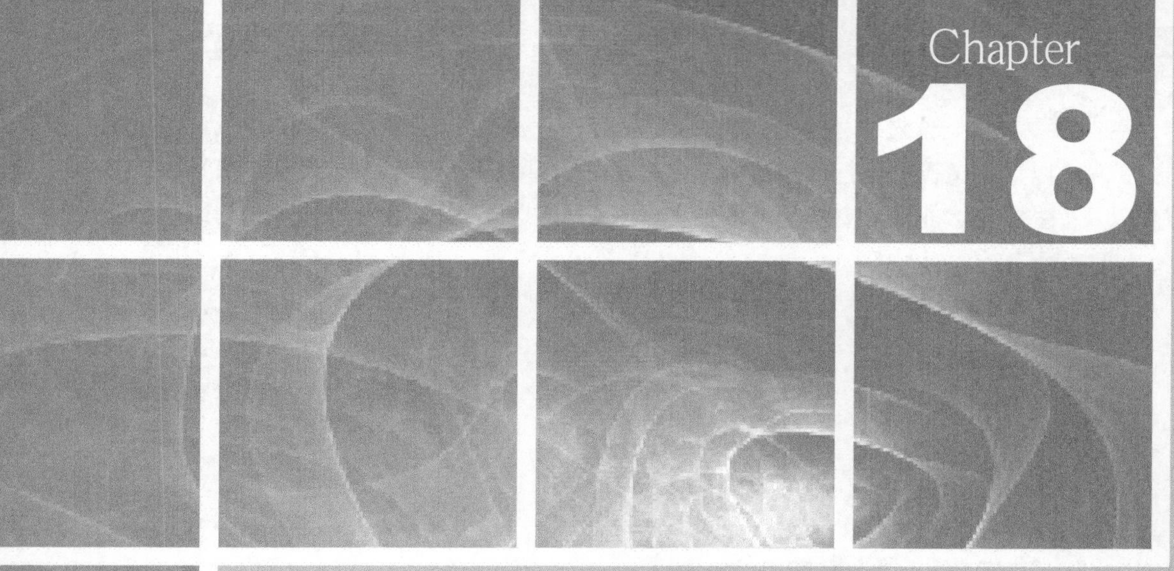

第 18 章 使用 Python 编写网络扫描程序

在本章中，我们首先编写一个网络扫描程序，该程序可以识别网络上的主机。然后对其进行扩展，以识别主机上运行的操作系统并打开/关闭某些端口。通常收集这些信息需要多个工具以及一些技巧。但是在 Python 的帮助下我们可以自己实现包含各种工具的网络扫描程序，同时自己定义输出内容。

本章主要介绍以下内容：

- 网络扫描程序；
- 使用 Python 编写网络扫描程序；
- 在 GitHub 上共享代码。

18.1　网络扫描程序

网络扫描程序通过向成百上千台计算机发送请求并分析其响应，扫描第 2 层和第 3 层网络中指定范围内的网络 ID。利用某些扩展技术，网络扫描程序还可以获得通过 Samba 和 NetBIOS 协议提供的共享资源，以及运行共享协议的服务器上未受保护的数据。在渗透测试中也会用到网络扫描程序——白帽黑客模拟对网络资源的攻击以发现漏洞并评估公司的安全性。渗透测试的最终目的是生成一个包含目标系统中所有缺陷的报告，帮助用户针对潜在的攻击提升安全策略。

18.2　使用 Python 编写网络扫描程序

Python 本身有许多模块，能够支持套接字（socket）及 TCP/IP 应用。此外，Python 还可以调用主机系统上的第三方命令扫描网络并获取相应的返回结果。这里会用到在第 9 章中讨论过的 subprocess 库。举一个简单的例子，使用 Nmap 扫描子网，代码如下。

```
import subprocess
from netaddr import IPNetwork
network = "192.168.1.0/24"
p = subprocess.Popen(["sudo", "nmap", "-sP", network],
stdout=subprocess.PIPE)

for line in p.stdout:
    print(line)
```

在这个例子中应注意以下几点。

首先，在脚本中导入 subprocess 库。

然后，使用 `network` 参数指定需要扫描的网络。注意，这里使用了 CIDR 表示法。当然，也可以使用子网掩码，并使用 Python 中的 netaddr 库将其转换为 CIDR 表示法。

接下来，使用 subprocess 中的 `Popen()` 类来创建对象。该对象将发送 Nmap 命令并扫描网络。这里在 Nmap 命令中加上了 `-sP` 标志，将输出重定向到由 `subprocess.PIPE` 创建的管道（stdout）中。

最后，遍历管道，逐行输出结果。

脚本的输出结果如下。

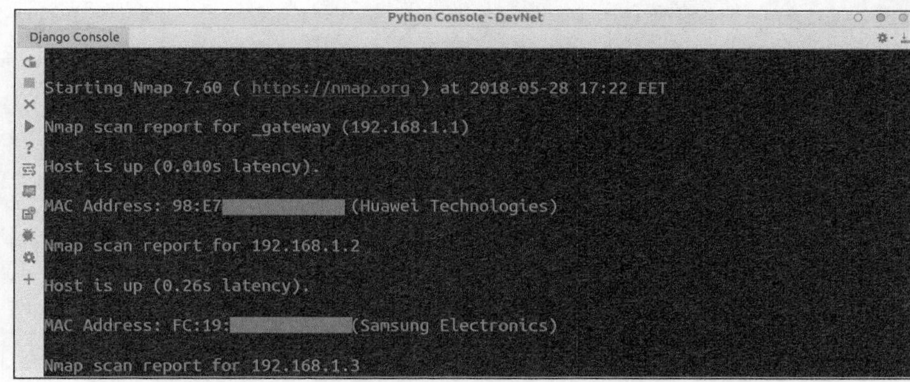

访问 Linux 系统上的网络接口需要 root 权限，或者你的账户必须隶属于 sudoers 组，以免脚本中出现权限问题。此外，在运行 Python 代码之前，需要先在系统上安装 nmap 包。

这是一个十分简单的 Python 脚本，我们可以直接使用 Nmap 工具而不必在 Python 中调用它。但是使用 Python 代码封装 Nmap（或任何其他系统命令）能够使我们灵活地定制输出，以及在之后的操作中随意使用这些输出结果。在下一节中我们将改进这个脚本，为其添加更多功能。

18.2.1 增加功能

Nmap 能够获得被扫描网络上所有主机的概述。我们可以继续改进脚本以获取更多信息。例如，需要在输出结果的开头部分显示主机总数，然后以表格形式显示每个主机的 IP 地址、

MAC 地址和 MAC 供应商，这样就可以轻松地找到各个主机及其相关信息。

出于这个原因，作者将设计一个函数并将其命名为 nmap_report()。该函数将获取从 subprocess 管道产生的输出，然后提取所需信息并以表格形式格式化输出。

```
def nmap_report(data):
    mac_flag = ""
    ip_flag = ""
    Host_Table = PrettyTable(["IP", "MAC", "Vendor"])
    number_of_hosts = data.count("Host is up ")

    for line in data.split("\n"):
        if "MAC Address:" in line:
            mac = line.split("(")[0].replace("MAC Address: ", "")
            vendor = line.split("(")[1].replace(")", "")
            mac_flag = "ready"
        elif "Nmap scan report for" in line:
            ip = re.search(r"Nmap scan report for (.*)", line).groups()[0]
            ip_flag = "ready"


        if mac_flag == "ready" and ip_flag == "ready":
            Host_Table.add_row([ip, mac, vendor])
            mac_flag = ""
            ip_flag = ""

    print("Number of Live Hosts is {}".format(number_of_hosts))
    print Host_Table
```

从最简单的部分开始，通过计算输出中的 Host is up events，能够获取网络中开机的主机数量，然后将其赋值给 number_of_hosts。

接下来，利用 Python 中一个非常好用的模块 PrettyTable 来创建文本表格。PrettyTable 能够根据数据大小自动调整单元格的大小。PrettyTable 使用列表添加表头，使用 add_row() 函数向创建的表中添加行。当然，首先要做的依然是导入该模块（模块需要安装之后才能导入）。在这里的例子中，将包含 3 个元素（IP、Mac、Vendor）的列表传递给 PrettyTable 类（从 PrettyTable 模块导入），创建表头。

现在，为了填充这个表，我们使用\n（回车符）将输出结果拆分成不同的行，拆分结果又是一个列表。遍历列表获取所需信息，如 MAC 地址和 IP 地址。为了获取 MAC 地址，需要使用一些拆分和替换技巧。而 IP 地址部分则使用了正则表达式中的搜索功能以便将其从输出中分离出来（如果启用了 DNS，获取的将会是主机名而不是 IP 地址）。

最后，将这些信息添加到新创建的 Host_Table 中，接着继续遍历输出结果。

下面给出了完整的脚本。

```
#!/usr/bin/python
__author__ = "Bassim Aly"
__EMAIL__ = "basim.alyy@gmail.com"

import subprocess
from netaddr import IPNetwork, AddrFormatError
from prettytable import PrettyTable
import re


def nmap_report(data):
    mac_flag = ""
    ip_flag = ""
    Host_Table = PrettyTable(["IP", "MAC", "Vendor"])
    number_of_hosts = data.count("Host is up ")

    for line in data.split("\n"):
        if "MAC Address:" in line:
            mac = line.split("(")[0].replace("MAC Address: ", "")
            vendor = line.split("(")[1].replace(")", "")
            mac_flag = "ready"
        elif "Nmap scan report for" in line:
            ip = re.search(r"Nmap scan report for (.*)", line).groups()[0]
            ip_flag = "ready"


        if mac_flag == "ready" and ip_flag == "ready":
            Host_Table.add_row([ip, mac, vendor])
            mac_flag = ""
            ip_flag = ""

    print("Number of Live Hosts is {}".format(number_of_hosts))
    print Host_Table

network = "192.168.1.0/24"
try:
    IPNetwork(network)
    p = subprocess.Popen(["sudo", "nmap", "-sP", network],
stdout=subprocess.PIPE)
    nmap_report(p.stdout.read())
except AddrFormatError:
    print("Please Enter a valid network IP address in x.x.x.x/y format")
```

注意，这里使用 `netaddr.IPNetwork()` 类为 `subprocess` 命令添加了一个预检查。这个类在执行 `subprocess` 命令前验证网络地址的格式是否正确，发现格式错误后将会抛出异常。异常由 `AddrFormatError` 异常类来处理，并向用户输出自定义的错误消息。

脚本的输出结果如下。

```
Python Console - DevNet
Django Console
...       print Host_Table
...
... network = "192.168.1.0/24"
...
... try:
...     IPNetwork(network) #This will validate the network is correctly formatted
...     p = subprocess.Popen(["sudo","nmap","-sP",network],stdout=subprocess.PIPE)
...     nmap_report(p.stdout.read())
... except AddrFormatError:
...     print("Please Enter a valid network IP address in x.x.x.x/y format")
...
Number of Live Hosts is 11
+------------------------+----------------------+---------------------------------------------+
|          IP            |         MAC          |                   Vendor                    |
+------------------------+----------------------+---------------------------------------------+
|  _gateway (192.168.1.1) | 98:E7                |            Huawei Technologies              |
|      192.168.1.2       | FC:19                |            Samsung Electronics              |
|      192.168.1.3       | AC:37                |                    HTC                      |
|      192.168.1.5       | 60:E3                |            Tp-link Technologies             |
|      192.168.1.7       | 88:32                |         Samsung Electro-mechanics           |
|      192.168.1.10      | DC:55                | Guangdong Oppo Mobile Telecommunications    |
|      192.168.1.16      | 00:18                |        Terabytes Server Storage Tech        |
|      192.168.1.19      | 24:00                |            Huawei Technologies              |
|      192.168.1.50      | 4C:E6                |               Buffalo.inc                   |
|      192.168.1.91      | 68:05                |            Samsung Electronics              |
|     192.168.1.254      | 3C:1E                |            D-Link International             |
```

如果现在将网络地址改成不正确的值（子网掩码错误或网络 ID 无效），`IPNetwork()` 类将抛出异常并输出错误消息。

```
network = "192.168.300.0/24"
```

```
Python Console - DevNet
Django Console
...
Please Enter a valid network IP address in x.x.x.x/y format

>>>
```

18.2.2 扫描服务

在主机上运行的服务通常都会打开并监听操作系统中的某个端口，等待接收来自客户端的请求，如收到 TCP 请求之后将启动三次握手。在 Nmap 中，可以向某个端口发送 SYN 报文。如果主机回应了 SYN-ACK 报文，说明主机上运行的某个服务正在监听该端口。

使用 `nmap` 测试一下谷歌网站上的 HTTP 端口。

```
nmap -p 80 谷歌网站的域名
```

```
bassim:~$ nmap -p 80 ***google.***

Starting Nmap 7.60 ( https://nmap.org ) at 2018-05-28 23:18 EET
Nmap scan report for www.google.com (172.217.19.36)
Host is up (0.058s latency).
Other addresses for www.google.com (not scanned): 2a00:1450:4006:802::200
rDNS record for 172.217.19.36: ham02s11-in-f36.1e100.net

PORT   STATE SERVICE
80/tcp open  http

Nmap done: 1 IP address (1 host up) scanned in 0.31 seconds
bassim:~$
```

80端口是打开的

同样，该方法也可以用来发现路由器上正在运行的服务。例如，运行 BGP 守护程序的路由器将监听 179 端口以获取 open/update/keep alive/notification 中的消息。如果要监控路由器，需要启用 SNMP 服务，并监听传入的 SNMP get/set 消息。MPLS LDP 通常会监听 646 端口以建立与其他邻居的关系。下面的表格给出了路由器上常用的服务及其端口。

服务	端口
FTP	21
SSH	22
TELNET	23
SMTP	25
HTTP	80
HTTPS	443
SNMP	161
BGP	179
LDP	646
RPCBIND	111
NETCONF	830
XNM-CLEAR-TEXT	3221

可以创建一个包含这些端口的字典，然后使用 subprocess 和 Nmap 逐个进行扫描。之后根据返回的输出结果创建一个表格，列出每次扫描发现的打开或关闭的端口。此外，通过某些逻辑，可以尝试利用这些信息猜测设备的功能或操作系统类型。例如，如果设备正在监听 179 端口（BGP 端口），则该设备很可能是网络网关；如果设备监听的是 389 或 636 端口，则该设备上运行了 LDAP 应用程序，其中可能存储了公司的活动目录。这能够帮助我们在渗透测试（penetration testing 或 pen testing）期间选择合适的方法对设备进行攻击。

接下来，我们快速将这些想法变成脚本。

```
#!/usr/bin/python
```

```
__author__ = "Bassim Aly"
__EMAIL__ = "basim.alyy@gmail.com"

from prettytable import PrettyTable
import subprocess
import re

def get_port_status(port, data):
    port_status = re.findall(r"{0}/tcp (\S+) .*".format(port), data)[0]
    return port_status

Router_Table = PrettyTable(["IP Address", "Opened Services"])
router_ports = {"FTP": 21,
                "SSH": 22,
                "TELNET": 23,
                "SMTP": 25,
                "HTTP": 80,
                "HTTPS": 443,
                "SNMP": 161,
                "BGP": 179,
                "LDP": 646,
                "RPCBIND": 111,
                "NETCONF": 830,
                "XNM-CLEAR-TEXT": 3221}


live_hosts = ["10.10.10.1", "10.10.10.2", "10.10.10.65"]


services_status = {}
for ip in live_hosts:
    for service, port in router_ports.iteritems():
        p = subprocess.Popen(["sudo", "nmap", "-p", str(port), ip],
stdout=subprocess.PIPE)
        port_status = get_port_status(port, p.stdout.read())
        services_status[service] = port_status

    services_status_joined = "\n".join("{} : {}".format(key, value) for
key, value in services_status.iteritems())

    Router_Table.add_row([ip, services_status_joined])


print Router_Table
```

在这个例子中应注意以下几点。

首先，我们定义了函数 `get_port_status()` 来获取 Nmap 的端口扫描结果，并使用 `findall()` 函数中的正则表达式搜索端口状态［打开（open）、关闭（closed）、过滤（filtered）

等]，之后返回端口状态。

然后，在 router_ports 字典中添加了端口和服务名的映射关系，因此可以使用相应的服务名称（字典键）来获取对应的端口值。此外，在 live_hosts 列表中给出了路由器主机的 IP 地址。注意，也可以像前面脚本那样使用带-sP 标志的 nmap 扫描某个网段内在线的主机。

接下来，遍历 live_hosts 列表中的每个 IP 地址，运行 Nmap 扫描 router_ports 字典中的每个端口。这里需要一个 for 循环嵌套，对于每个设备都要遍历端口列表，以此类推。结果会存储到 services_status 字典中，服务名称是字典的键，而端口状态为字典的值。

最后，将结果添加到使用 prettytable 模块创建的 Router_Table 中，得到一个漂亮的表格。

脚本的输出结果如下。

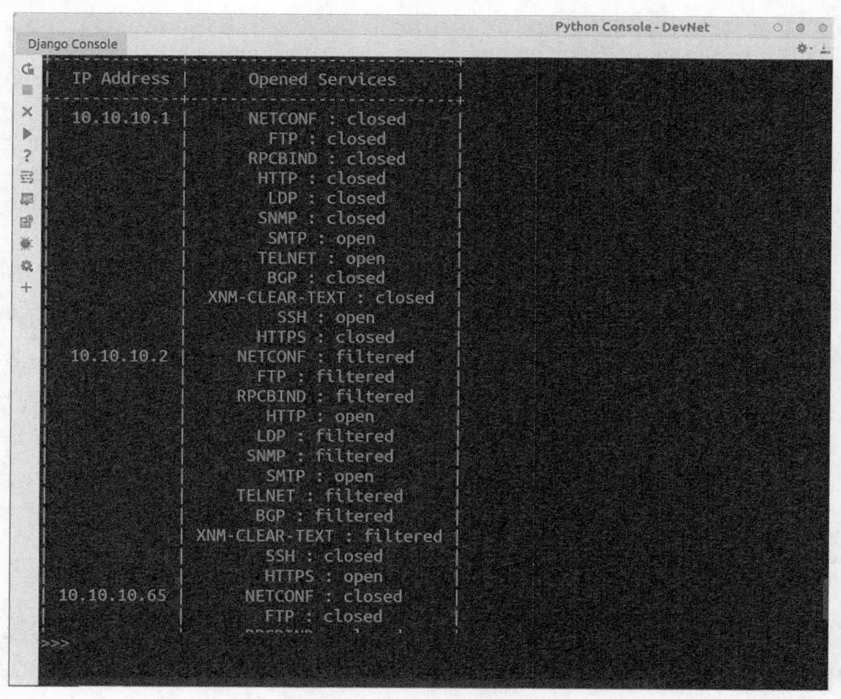

18.3 在 GitHub 上共享代码

GitHub 是一个可以使用 Git 共享代码的网站，能够方便地与其他人协作完成某个项目。

Git 是由 Linus Trovalds 发明和创建的源码版本控制平台。Linus Trovalds 创造了 Linux 系统，但由于 Linux 系统拥有大量的开发人员，因此在维护 Linux 开发方面存在很多问题。他创建了这个非集中式版本控制工具，使任何人都可以获取整个代码（称为克隆或分叉），对其进行更改，然后将它们推送回中央存储库，完成与其他开发人员的代码合并。Git 成为许多开发人员合作完成某个项目的首选。可以通过 GitHub 网站提供的一个 15min 的教程，以交互方式学习如何使用 Git。

GitHub 是托管这些项目的网站，使用 Git 进行版本控制。GitHub 就像是一个专门针对开发人员的社交平台，你可以在它上面跟踪代码开发、提出问题/错误报告以及获得开发人员的反馈。同一项目的人员可以讨论项目进度并共享代码，以开发更好的软件。此外，一些公司会将你在 GitHub 账户中共享的代码和存储库作为你的线上简历，用来衡量你的技能以及你是如何使用感兴趣的语言进行编程的。

18.3.1　创建 GitHub 账户

共享代码或下载其他代码之前要做的第一件事就是创建账号。

打开 GitHub 网站，填写用户名、密码和电子邮件地址，然后单击 **Create an account** 按钮。

接下来选择账户类型，默认情况下免费账户就够了。它提供了不限量的公开存储库，你可以向 GitHub 推送用自己喜欢的语言开发的各种代码。但免费账户不能创建私有存储库，其他人可以搜索和下载所有存储库中的代码。[①]如果需要存储的不是公司的机密或商业项目，公开存储库也不是什么大不了的事情，但需要确保不要共享任何敏感信息，如代码中的密码、令牌或公共 IP 地址。

18.3.2　创建和推送代码

现在我们已经准备好向其他人分享代码了。创建 GitHub 账户之后要做的第一件事就是创建一个存储库来托管文件。通常需要为每个项目（不是每个文件）创建一个存储库，包括项目配置及相关文件。

---

① Microsoft 收购了 GitHub 之后，GitHub 的免费用户现在可以获得无限制的非公开项目权限，支持最多 3 名合作者。——译者注

单击右上角的“+”图标，选择 **New repository**（见下图）创建一个新的存储库。

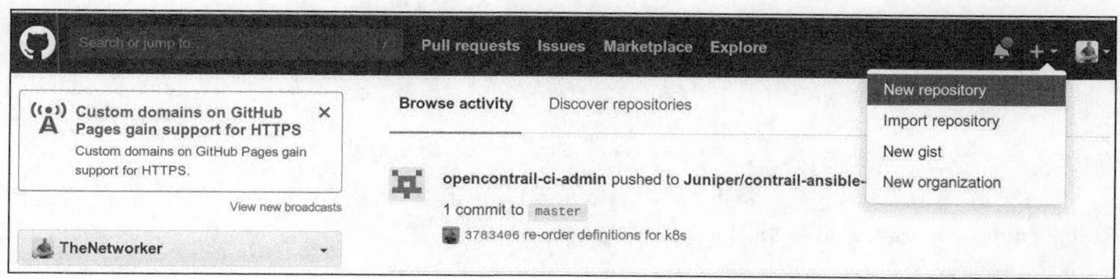

此时会转到一个新页面，用来输入存储库名称。可以选择与账户中其他存储库不冲突的任意名字。同时，你会得到一个唯一的 URL，用来访问该存储库，其他人使用该 URL 也可以访问该存储库。你可以设置存储库的属性[如公共还是私有（仅适用于付费计划）]，以及是否为其创建 README 文件来初始化该存储库。该文件使用 **markdown** 格式，包含项目的相关信息，以及其他开发人员在使用项目时要遵循的步骤。

最后，可以选择添加**.gitignore** 文件，它告诉 Git 忽略跟踪目录中某种类型的文件，例如，日志、pyc、编译文件、视频等。

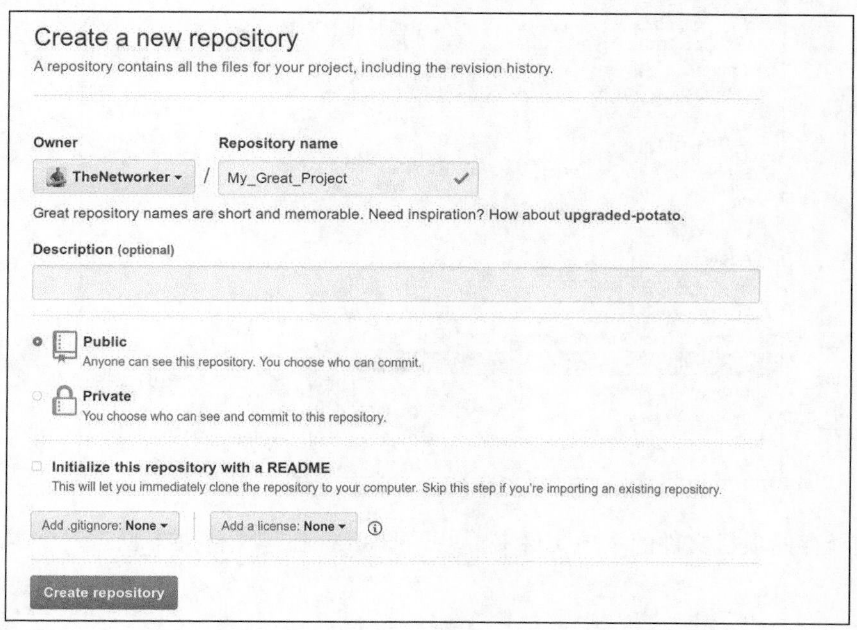

恭喜你创建了第一个存储库，这时将获得一个唯一的 URL（见下图）。记下这个 URL，因为稍后向该存储库推送文件时需要用到它。

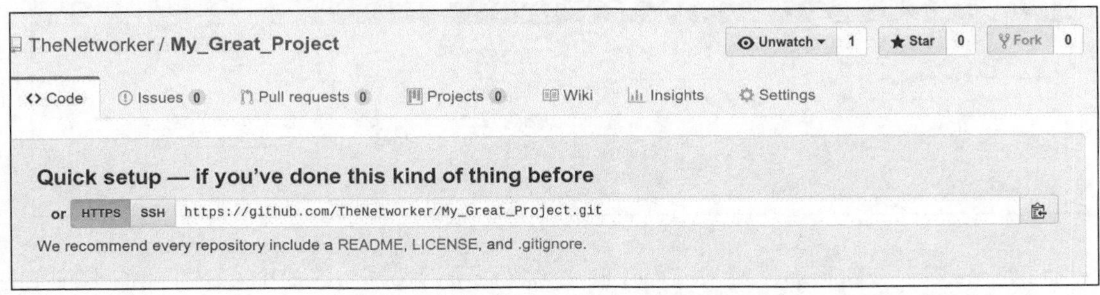

现在是时候分享你的代码了。作者使用 PyCharm 中集成的 Git 功能，你也可以在 CLI 中完成相同的操作。此外，还有许多其他 GUI 工具（包括 GitHub 中的工具），这些工具可以管理 Git 存储库。强烈建议你在执行下面的步骤之前参加 GitHub 网站提供的 Git 培训。

（1）在 PyCharm 中，从 **VCS** 菜单中选择 **Import into Version Control→Create Git Repository**（见下图）。

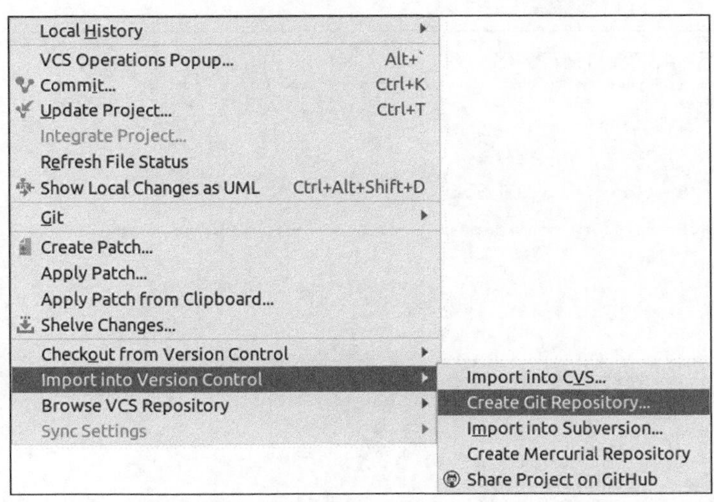

（2）选择存储项目文件的本地文件夹（见下图），并在该文件夹中创建一个本地的 Git 存储库。

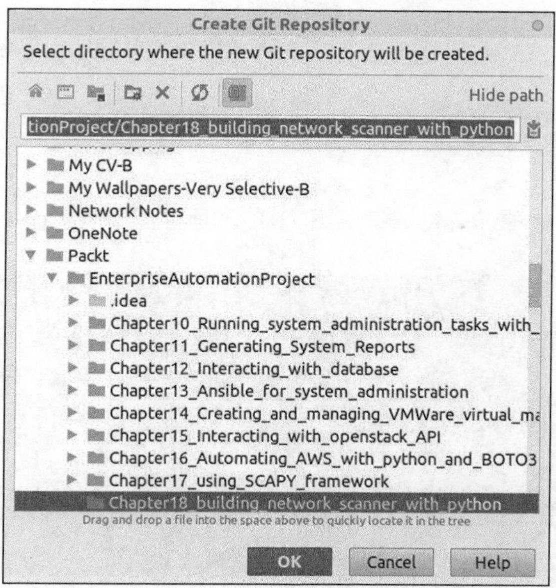

（3）在项目栏中选中需要加入 Git 存储库的所有文件，然后右击，选择 **Git→Add**（见下图）。

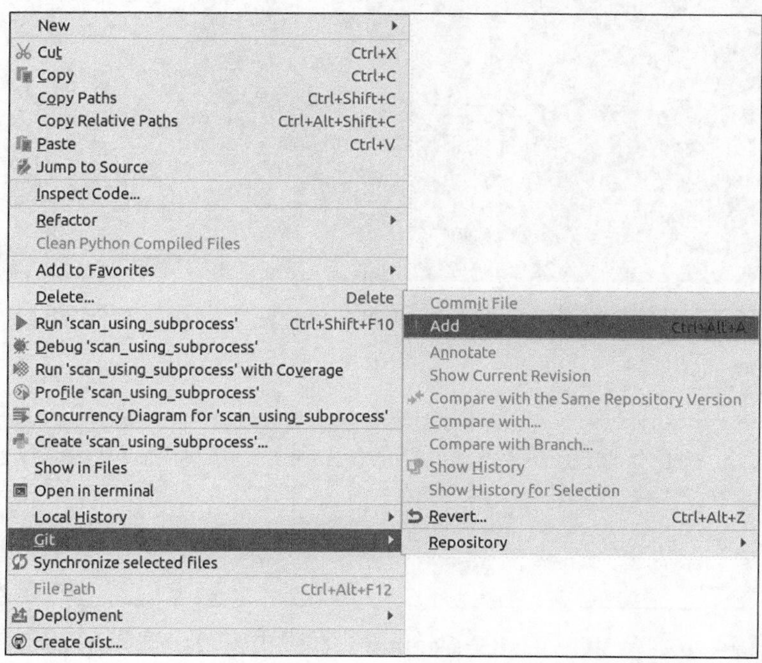

PyCharm 使用文件颜色来表示文件在 Git 中的状态。当文件未加入存储库时，显示为红色；文件添加到 Git 中之后，显示为绿色。这样无须使用命令即可轻松了解文件状态。

（4）选择 **VCS→Git→Remotes**（见下图），使本地存储库映射至 GitHub 上的远程存储库。

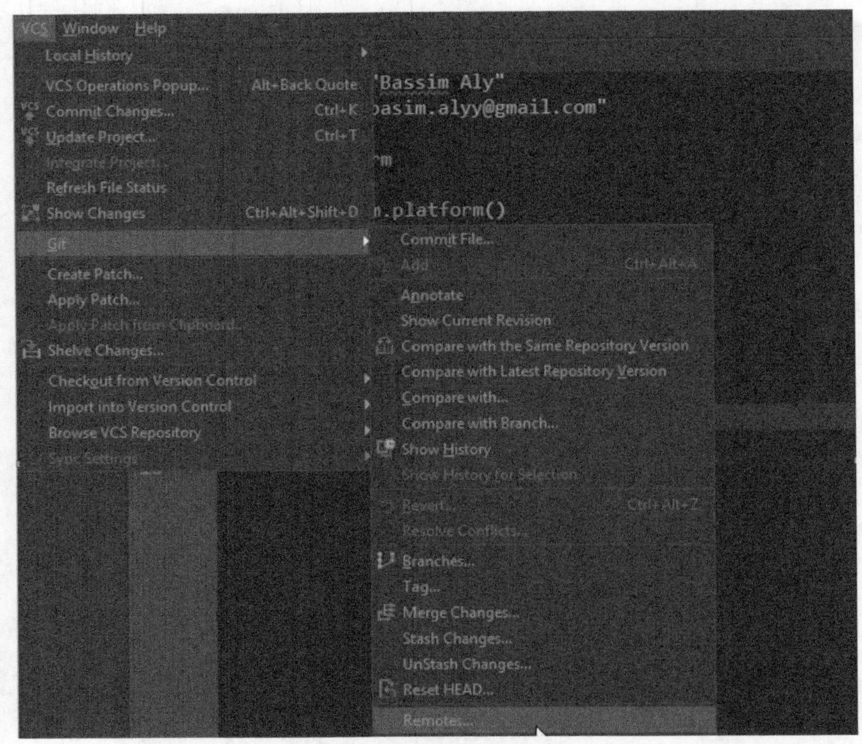

（5）如下图所示，输入前面记下的（在创建存储库时填写的）存储库名称以及 URL，单击两次 **OK** 按钮，退出窗口。

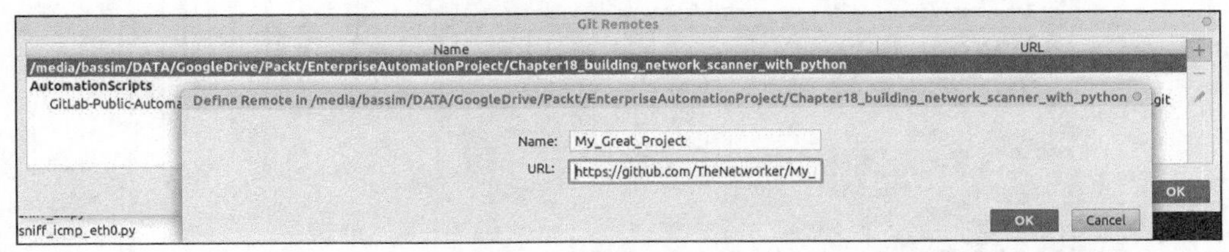

（6）提交代码。选择 **VCS→Git→Commit**，在弹出窗口中选择添加存储库的文件，在

Commit Message 中输入提交信息（见下图），不要单击 **Commit** 按钮，而单击它旁边的小箭头，选择 **Commit and Push**。此时可能会打开一个对话框，告诉你 **Git user Name Is Not Defined**（Git 用户名未定义）。只需要输入你的姓名和电子邮件，确保选中 **Set properties globally** 框并单击 **Set and Commit**。

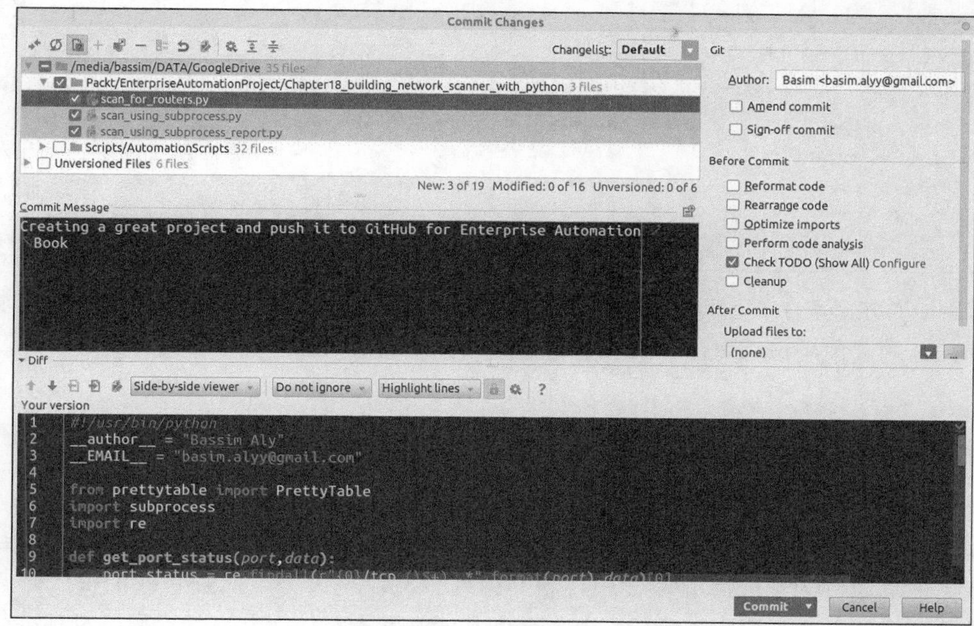

PyCharm 提供了一个选项，它可以将代码推送到 Gerrit 进行代码审查。如果有 Gerrit，也可以共享文件；否则，要单击 **Push** 按钮。

推送完成之后会显示一条通知消息（见下图）。

在浏览器中刷新 GitHub 中存储库的 URL，可以看到刚刚推送的文件（见下图）。

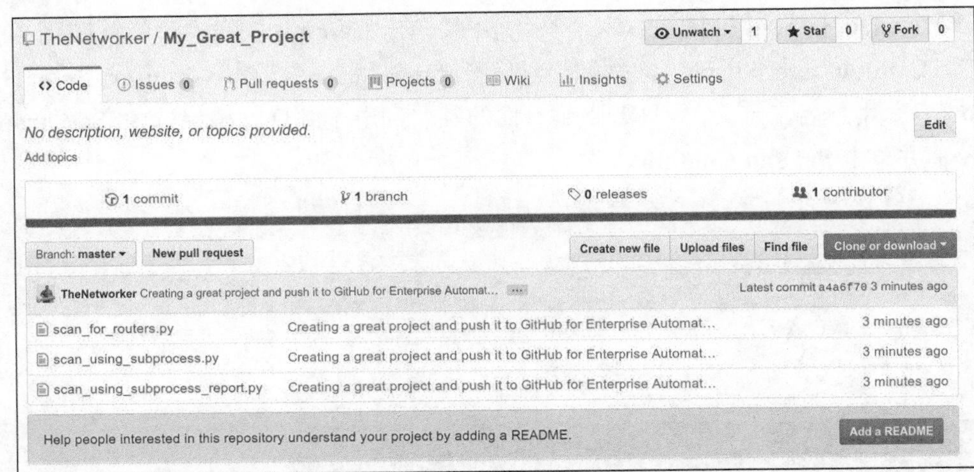

现在，当你修改了存储库中的文件并提交到存储库之后，这些改动将会记录在版本系统中，GitHub 的其他用户都可以下载和评论这些改动。

18.4　小结

在本章中，我们创建了一个可以在授权的渗透测试期间使用的网络扫描程序，学习了如何扫描设备上运行的不同服务和应用程序并据此推测设备类型。此外，我们将代码共享到 GitHub 上，以便保留不同版本的代码，也允许其他开发人员使用共享的代码，对其进行改进并将这些改动共享给其他人。